*Annerose Hahn, Bernhard Behle,*
*Dieter Lischewski, Wolfgang Rein*
**Produktionstechnische Praxis**

*Weitere empfehlenswerte Bücher*

Eckhardt, S., Gottwald, W., Stieglitz, B.

## 1x1 der Laborpraxis

**Prozessorientierte Labortechnik
für Studium und Berufsausbildung**

2002
ISBN 3-527-30573-4

Reichwein, J., Hochheimer, G., Simic. D.

## Messen, Regeln und Steuern

**Grundoperationen der Prozessleittechnik**

2002
ISBN 3-527-30572-6

Reschetilowski, W.

## Technisch-Chemisches Praktikum

2002
ISBN 3-527-30619-6

Baerns, M., Hofmann, H., Renken, A.

## Chemische Reaktionstechnik

**Lehrbuch der Technischen Chemie Band 1**

3. Auflage
1999
ISBN 3-527-30841-5

Gmehling, J., Brehm, A.

## Grundoperationen

**Lehrbuch der Technischen Chemie Band 2**

1996
ISBN 3-527-30851-2

Onken, U., Behr, A.

## Chemische Prozeßkunde

**Lehrbuch der Technischen Chemie Band 3**

1996
ISBN 3-527-30864-4

Annerose Hahn,
Bernhard Behle,
Dieter Lischewski,
Wolfgang Rein

# Produktionstechnische Praxis
Grundlagen chemischer Betriebstechnik

WILEY-VCH

*Annerose Hahn*
Provadis Partner für Bildung und
Beratung GmbH
Production Technologies
Industriepark Höchst / Gebäude B 836
65926 Frankfurt a. Main

*Bernhard Behle*
Provadis Partner für Bildung und
Beratung GmbH
Production Technologies
Industriepark Höchst / Gebäude B 836
65926 Frankfurt a. Main

*Dieter Lischewski*
Provadis Partner für Bildung und
Beratung GmbH
Production Technologies
Industriepark Höchst / Gebäude B 836
65926 Frankfurt a. Main

*Wolfgang Rein*
Provadis Partner für Bildung und
Beratung GmbH
Production Technologies
Industriepark Höchst / Gebäude B 836
65926 Frankfurt a. Main

■ Das vorliegende Werk wurde sorgfältig erarbeitet.
Dennoch übernehmen Autoren und Verlag für die
Richtigkeit von Angaben, Hinweisen und Ratschlägen
sowie für eventuelle Druckfehler keine Haftung

**Bibliografische Information Der Deutschen Bibliothek**
Die Deutsche Bibliothek verzeichnet diese Publikation
in der Deutschen Nationalbibliografie; detaillierte
bibliografische Daten sind im Internet über
<http://dnb.ddb.de> abrufbar.

© 2003 WILEY-VCH Verlag GmbH & Co. KGaA,
Weinheim

Gedruckt auf säurefreiem Papier.

**Satz**  TypoDesign Hecker GmbH, Leimen

**Umschlag**  Litges & Dopf, Heppenheim

**ISBN**  978-3-527-28758-1

# Inhalt

Vorwort   *XII*

| | | |
|---|---|---|
| **1** | **Verantwortliches Handeln**   *1* | |
| 1.1 | Themen und Lerninhalte   *1* | |
| 1.2 | Umweltschutz   *2* | |
| 1.2.1 | Inhalte und Ziele   *2* | |
| 1.2.2 | Reststoffverwertung   *2* | |
| 1.2.3 | Umweltgerechte Durchführung von Versuchen   *3* | |
| 1.2.4 | Umgang mit Abwasser, Abluft und festem Abfall   *7* | |
| 1.2.5 | Fragen zum Thema   *9* | |
| 1.3 | Arbeitssicherheit   *9* | |
| 1.3.1 | Regelungen zur Arbeitssicherheit   *9* | |
| 1.3.2 | Grundlagen der Unfallverhütung   *10* | |
| 1.3.3 | Überwachung der Arbeitssicherheit im Betrieb   *11* | |
| 1.3.4 | Umgang mit Gefahrstoffen   *11* | |
| 1.3.5 | Betriebsbereitschaft einer Anlage   *16* | |
| 1.4 | Qualität und Dokumentation   *16* | |
| 1.4.1 | Qualitätssicherungssysteme   *16* | |
| 1.4.2 | GMP – Was ist das?   *19* | |
| 1.4.3 | Dokumentation   *20* | |
| | Begriffserklärungen   *21* | |
| | | |
| **2** | **Werkstoffe**   *23* | |
| 2.1 | Theoretische Grundlagen   *23* | |
| 2.1.1 | Themen und Lerninhalte   *23* | |
| 2.1.1 | Metalle   *24* | |
| 2.1.2.1 | Eisenmetalle   *24* | |
| 2.1.2.2 | Nichteisenmetalle   *27* | |
| 2.1.2.3 | Bezeichnung der Werkstoffe   *29* | |
| 2.1.3 | Nichtmetalle   *31* | |
| 2.1.4 | Verbundwerkstoffe   *36* | |
| 2.1.5 | Korrosion   *37* | |
| 2.1.5.1 | Ursache und Erscheinungsformen   *37* | |

2.1.5.2   Korrosionsschutz   *39*
2.1.6     Bearbeiten von Werkstoffen   *40*
2.1.6.1   Vorbereiten des Werkstücks   *40*
2.1.6.2   Formen von Werkstoffen   *41*
2.1.6.3   Bohren und Gewinde schneiden   *43*
2.1.6.4   Verbinden von Werkstücken   *45*
2.2       Arbeitsanweisungen   *49*
2.2.1     Herstellen von Testblechen   *49*
2.2.2     Herstellen einer Grundplatte   *49*
2.2.3     Herstellen einer Bohrplatte   *51*
2.2.4     Herstellen von Schutzbacken   *52*
2.2.5     Herstellen einer Rohrschelle   *53*
2.2.6     Herstellen eines Winkelstahlrahmens   *55*
2.2.7     Herstellen eines Bilderhalters   *55*
2.2.8     Herstellen einer Spardose   *57*
2.2.9     Untersuchen des Korrosionsverhaltens von Werkstoffen   *58*
2.3       Fragen zum Thema   *59*
          Begriffserklärungen   *59*

**3         Rohrleitungssysteme**   *61*
3.1       Theoretische Grundlagen   *61*
3.1.1     Themen und Lerninhalte   *61*
3.1.2     Kenngrößen der Rohrleitung   *61*
3.1.3     Strömungsverhalten in Rohrleitungen   *63*
3.1.4     Kennlinien von Rohrleitungen   *65*
3.1.5     Rohrleitungen   *66*
3.1.6     Rohrverbindungen   *69*
3.1.7     Dichtungen und Wellenabdichtungen   *71*
3.1.7.1   Dichtungslose Abdichtung   *71*
3.1.7.2   Abdichten mit Dichtungsmaterial   *72*
3.1.8     Einbauten in Rohrleitungen   *76*
3.1.8.1   Nichtregelbare Absperrvorrichtungen   *76*
3.1.8.2   Regelbare Absperrvorrichtungen   *77*
3.1.8.3   Selbsttätige Absperr- und Reguliervorrichtungen   *81*
3.1.8.4   Sicherheitseinrichtungen   *83*
3.1.8.5   Einrichtungen bei Energieträgern   *85*
3.2       Arbeitsanweisungen   *87*
3.2.1     Untersuchen des Druckverlaufs in einer Rohrleitung   *87*
3.2.2     Montage von Glasverbindungen   *89*
3.2.3     Montage einer Glasapparatur   *90*
3.2.4     Demontage und Montage von Rohrverbindungen an
          einem Druckbehälter   *91*
3.2.5     Abdichten einer Welle mit einer Stopfbuchse   *92*
3.2.6     Demontage und Montage einer Kesselkaskade   *93*
3.2.7     Montageübung an einem Druckfilter   *95*

3.2.8   Montage und Demontage eines Rohrleitungssystems mit nicht
        regelbaren Absperrvorrichtungen   96
3.2.9   Demontage und Montage von regelbaren Absperrvorrichtungen   97
3.2.10  Demontage und Montage von Kondensatableitern   98
3.2.11  Demontage und Montage von Sicherheitsvorrichtungen   98
3.2.12  Montage und Demontage eines Rohrleitungssystems   99
3.3     Fragen zum Thema   100
        Begriffserklärungen   100

4       **Fördern und Lagern**   *101*
4.1     Fördern von Flüssigkeiten   *101*
4.1.1   Theoretische Grundlagen   *101*
4.1.1.1 Themen und Lerninhalte   *101*
4.1.1.2 Physikalische Grundlagen   *101*
4.1.1.4 Zentrifugalpumpen   103
4.1.1.5 Verdrängerpumpen   107
4.1.2   Arbeitsanweisungen   *111*
4.1.2.1 Demontage und Montage verschiedener Pumpen   *111*
4.1.2.2 Untersuchen der Fördereigenschaften einer Hubkolbenpumpe   112
4.1.2.3 Vergleich der Fördereigenschaften einer Kreiselpumpe mit denen
        einer Membranpumpe   112
4.1.2.4 Untersuchen der Fördereigenschaften einer
        Exzenterschneckenpumpe   114
4.1.2.5 Untersuchen der Fördereigenschaften einer
        Schlauchquetschpumpe   114
4.1.2.6 Untersuchen des Druckverlusts in Rohrleitungen   116
4.1.2.7 Kennlinie einer Kreiselpumpe   117
4.1.2.8 Untersuchen der Fördereigenschaften einer Membranpumpe
        in Abhängigkeit von Hubfrequenz und Hubhöhe   117
4.1.3   Fragen zum Thema   118
4.2     Fördern von Gasen   118
4.2.1   Theoretische Grundlagen   118
4.2.1.1 Themen und Lerninhalte   118
4.2.1.2 Vakuumpumpen   120
4.2.1.3 Ventilatoren   122
4.2.1.4 Gebläse   123
4.2.1.5 Kompressoren   125
4.2.2   Arbeitsanweisungen   126
4.2.2.1 Demontage und Montage verschiedener Vakuumpumpen   126
4.2.2.2 Untersuchen der Abhängigkeit des Druckes einer
        Drehschiebervakuumpumpe vom Volumenstrom   127
4.2.3   Fragen zum Thema   128
4.3     Fördern und Dosieren von Feststoffen   128
4.3.1   Theoretische Grundlagen   128
4.3.1.1 Themen und Lerninhalte   128

4.3.1.2 Diskontinuierlicher Feststofftransport in Gebinden  *128*
4.3.1.3 Kontinuierlicher Feststofftransport mit mechanischen
       Einrichtungen  *129*
4.3.1.4 Kontinuierlicher Feststofftransport mit pneumatischen
       Einrichtungen  *131*
4.3.2 Arbeitsanweisung  *134*
4.3.2.1 Pneumatische Förderung von Feststoffen  *134*
4.3.3 Fragen zum Thema  *135*
4.4 Lagern von Stoffen  *135*
4.4.1 Theoretische Grundlagen  *135*
4.4.1.1 Themen und Lerninhalte  *135*
4.4.1.2 Lagern von Feststoffen  *136*
4.4.1.3 Lagern von Flüssigkeiten  *137*
4.4.1.4 Lagern von Gasen  *138*
4.4.2 Fragen zum Thema  *140*
       Begriffserklärungen  *140*

**5** **Mischen und Agglomerieren**  *141*
5.1 Mischen von Stoffen  *141*
5.1.1 Theoretische Grundlagen  *141*
5.1.1.1 Themen und Lerninhalte  *141*
5.1.1.2 Herstellen von gasförmigen und flüssigen Mischphasen  *142*
5.1.1.3 Herstellen von festen Mischungen  *144*
5.1.1.4 Herstellen von pastösen oder teigigen Mischungen  *147*
5.1.1.5 Hinweise zur Arbeitssicherheit  *148*
5.1.2 Arbeitsanweisung  *148*
5.1.2.1 Herstellen einer Feststoffmischung  *148*
5.1.3 Fragen zum Thema  *149*
5.2 Agglomerieren  *149*
5.2.1 Theoretische Grundlagen  *149*
5.2.1.1 Themen und Lerninhalte  *149*
5.2.1.2 Herstellen von Agglomeraten  *150*
5.2.2 Arbeitsanweisung  *153*
5.2.2.1 Untersuchen der Abhängigkeit des Pressvolumens vom Pressdruck
       beim Brikettieren von Papier  *153*
5.2.3 Fragen zum Thema  *155*
       Begriffserklärungen  *155*

**6** **Trennen und Zerkleinern**  *157*
6.1 Mechanisches Trennen von Feststoffgemischen  *157*
6.1.1 Theoretische Grundlagen  *157*
6.1.1.1 Themen und Lerninhalte  *157*
6.1.1.2 Sortieren  *157*
6.1.1.3 Klassieren durch Sieben  *159*
6.1.1.4 Korngrößenanalytik  *162*

6.1.1.5 Klassieren durch Sichten   *165*
6.1.2   Arbeitsanweisung   *166*
6.1.2.1 Analyse der Korngrößenverteilung durch Sieben
        mit einer Laborsiebmaschine   *166*
6.1.3   Fragen zum Thema   *167*
6.2     Mechanisches Trennen von Suspensionen und Emulsionen   *167*
6.2.1   Theoretische Grundlagen   *167*
6.2.1.1 Themen und Lerninhalte   *167*
6.2.1.2 Sedimentieren und Dekantieren   *168*
6.2.1.3 Physikalische Grundlagen des Filtrieren   *169*
6.2.1.4 Filterapparate   *175*
6.2.1.5 Physikalische Grundlagen des Zentrifugierens   *179*
6.2.1.6 Zentrifugen   *180*
6.2.1.7 Hinweise zur Arbeitssicherheit   *183*
6.2.2   Arbeitsanweisungen   *183*
6.2.2.1 Filtration mit einer Handfilterplatte unter Verwendung verschiedener
        Filtertücher zur Auslegung eines Trommelzellenfilters   *183*
6.2.2.2 Trennen einer Suspension mit unterschiedlichen Filterapparaten   *183*
6.2.2.3 Trennen einer Suspension mit einer Laborsiebzentrifuge   *191*
6.2.2.4 Trennen einer Emulsion durch Zentrifugieren   *192*
6.2.3   Fragen zum Thema   *193*
6.3     Zerkleinern von Stoffen   *194*
6.3.1   Theoretische Grundlagen   *194*
6.3.1.1 Themen und Lerninhalte   *194*
6.3.1.2 Brechen und Mahlen   *194*
6.3.1.3 Brecher   *196*
6.3.1.4 Mühlen   *197*
6.3.1.5 Hinweise zur Arbeitssicherheit   *201*
6.3.2   Arbeitsanweisungen   *201*
6.3.2.1 Brechen von Kalkstein und Klassieren des entstandenen
        Haufwerks   *201*
6.3.2.2 Mahlen mit verschiedenen Mahlapparaten und Bestimmen der
        Korngrößenverteilung   *202*
6.3.2.3 Untersuchen der Abhängigkeit der Korngrößenverteilung von
        der Mahldauer bei einer Kugelmühle   *203*
6.3.2.4 Untersuchen der Abhängigkeit der Korngrößenverteilung von
        der Art der Mahlkörper bei einer Kugelmühle   *204*
6.3.2.5 Mahlversuche mit einer Fliehkraftkugelmühle   *204*
6.3.2.6 Untersuchen der Abhängigkeit der Korngrößenverteilung
        von der Größe der Mahlkörper bei einer Schwingmühle   *205*
6.3.2.7 Mahlen mit einer Mörsermühle und Klassieren des Haufwerks
        mit einem Luftstrahlsieb   *205*
6.3.3   Fragen zum Thema   *206*
        Begriffserklärungen   *206*

**7      Wärmeübertragung** *207*
7.1       Theoretische Grundlagen  *207*
7.1.1     Themen und Lerninhalte  *207*
7.1.2     Physikalische Grundlagen  *207*
7.1.3     Energieträger  *209*
7.1.4     Wärmeübertragungsverfahren  *209*
7.1.5     Apparate zur Wärmeübertragung  *210*
7.1.5.1   Direkte Wärmeübertragung  *210*
7.1.5.2   Indirekte Wärmeübertragung  *212*
7.2       Arbeitsanweisungen  *214*
7.2.1     Direktes Heizen und indirektes Kühlen an einem
          Reaktionskessel  *214*
7.2.2     Indirektes Heizen und indirektes Kühlen an einem
          Reaktionskessel  *216*
7.2.3     Herstellen und Mischen von Salzlösungen unterschiedlicher
          Temperatur  *216*
7.3       Fragen zum Thema  *217*

**8      Verdampfen, Trocknen, Kristallisieren** *219*
8.1       Verdampfen  *219*
8.1.1     Theoretische Grundlagen  *219*
8.1.1.1   Themen und Lerninhalte  *219*
8.1.1.2   Verdampfer  *219*
8.1.1.3   Mehrkörperverdampfer  *222*
8.1.2     Fragen zum Thema  *222*
8.2       Trocknen  *222*
8.2.1     Theoretische Grundlagen  *222*
8.2.1.1   Themen und Lerninhalte  *222*
8.2.1.2   Trockenverfahren  *223*
8.2.1.3   Trockner  *224*
8.2.2     Arbeitsanweisung  *227*
8.2.2.1   Untersuchen des Trocknungsverhaltens eines Wirbelschichttrockners
          bei unterschiedlicher Beladung  *227*
8.2.3     Fragen zum Thema  *228*
8.3       Kristallisieren  *229*
8.3.1     Theoretische Grundlagen  *229*
8.3.1.1   Themen und Lerninhalte  *229*
8.3.1.2   Kühlkristallisation  *230*
8.3.1.3   Verdampfungskristallisation  *231*
8.3.2     Arbeitsanweisung  *232*
8.3.2.1   Kristallisation einer Salzlösung durch kontinuierliche Verdampfungs-
          kristallisation  *232*
8.3.3     Fragen zum Thema  *233*
          Begriffserklärungen  *233*

**9**      **Destillieren und Rektifizieren**   235
9.1      Theoretische Grundlagen   235
9.1.1      Themen und Lerninhalte   235
9.1.2      Gleichstromdestillation   235
9.1.2.1      Physikalische Grundlagen   235
9.1.2.2      Destillierverfahren   237
9.1.3      Gegenstromdestillation   240
9.1.3.1      Physikalische Grundlagen   240
9.1.3.2      Apparatetechnik   242
9.1.3.3      Rektifizierverfahren   246
9.2      Arbeitsanweisungen   247
9.2.1      Diskontinuierliche Rektifikation von Ethanol-Wasser-Gemisch mit einer Glockenbodenkolonne bei Normaldruck   247
9.2.2      Diskontinuierliche Rektifikation von Ethanol-Wasser-Gemisch mit einer Füllkörperkolonne bei Normaldruck   249
9.2.3      Reinigung von Ethanol-Wasser-Gemisch durch Vakuumrektifikation   250
9.2.4      Reinigung von Chlorbenzol durch Wasserdampfdestillation   251
9.3      Fragen zum Thema   252
     Begriffserklärungen   252

**10**      **Extrahieren**   253
10.1      Theoretische Grundlagen   253
10.1.1      Themen und Lerninhalte   253
10.1.2      Physikalische Grundlagen   253
10.1.3      Feststoffextraktion   254
10.1.4      Flüssigkeitsextraktion   257
10.1.4.1      Allgemeines   257
10.1.4.2      Flüssigkeitsextraktoren   259
10.2      Arbeitsanweisung   261
10.2.1      Feststoffextraktion nach dem Soxhlet-Verfahren   261
10.3      Fragen zum Thema   262
     Begriffserklärungen   262

**11**      **Betriebliche Reaktionstechnik**   263
11.1      Theoretische Grundlagen   263
11.1.1      Themen und Lerninhalte   263
11.1.2      Disposition von Arbeitsabläufen   263
11.1.3      Protokollierung   265
11.2      Arbeitsanweisungen   271
11.2.1      Umkristallisation von Carboxipyrazolsäure-4   273
11.2.2      Umfällen von 4-Aminobenzolsulfonsäure   274
11.2.3      Destillation von ethanolhaltigen Gemischen   276
11.2.4      Rektifikation eines Ethanol-Wasser-Gemisches bei Normaldruck   277
11.2.5      Fällen von Schwermetallionen   278

11.2.6    Neutralisation   *279*
11.2.7    Umsetzung von Schwefelsäure mit Calciumcarbonat   *280*
11.2.8    Herstellen von basischem Kupfercarbonat   *281*
11.2.9    Herstellen von Kupfersulfat   *282*
11.2.10   Herstellen von Calciumcarbonat   *283*
11.2.11   Herstellen des Azofarbstoffes Tartrazin O   *284*
11.2.12   Herstellen von Benzoesäureethylester   *288*
11.2.13   Herstellen von Benzoesäure   *289*
          Begriffserklärungen   *291*

## Vorwort

Die Unternehmen der chemischen Industrie erzeugen eine Vielzahl unterschiedlicher Produkte, die im täglichen Leben Anwendung finden. Fundamentales Anliegen hinsichtlich Produkt und Herstellungsprozess ist daher die Sicherheit sowie der Schutz von Mensch und Umwelt. Ziel der Selbstverpflichtung »Verantwortliches Handeln« unter wirtschaftlichem Einsatz aller Ressourcen besteht im Optimieren der Produktqualität. Als wichtige Voraussetzung für sicheres und umweltgerechtes Produzieren gelten fachgerecht ausgebildete Mitarbeiter, die den Umgang mit den Apparaturen und Anlagen sicher beherrschen.

Die »Produktionstechnische Praxis« eignet sich als Lehrmittel für die Ausbildung dieses Fachpersonals. Es kann insbesondere im Unterricht und in der betrieblichen Ausbildung der Chemieberufe Chemikant, Pharmakant und Chemiebetriebsjungwerker eingesetzt werden. Darüber hinaus ist das vorliegende Buch eine sinnvolle Lernhilfe in der beruflichen Fortbildung aller Produktionsmitarbeiter. Auch zukünftige Meister und Techniker unterstützt es in ihrer Aus- und Weiterbildung.

In abgeschlossenen Kapiteln vermittelt die »Produktionstechnische Praxis« fundiertes, durch anschauliche praktische Versuche ergänztes Basiswissen in den folgenden Fachgebieten
- Verantwortliches Handeln
- Werkstoffe
- Rohrleitungssysteme
- Fördern und Lagern
- Mischen und Agglomerieren
- Trennen und Zerkleinern
- Wärmeübertragung
- Verdampfen, Trocknen, Kristallisieren
- Destillieren und Rektifizieren
- Extrahieren
- Betriebliche Reaktionstechnik.

Die einzelnen Kapitel beginnen mit einer Betrachtung physikalisch-technologischer Grundlagen. Verfahrenstypische Einrichtungen und Apparaturen werden in Aufbau und Funktion sowie Einsatzmöglichkeit beschrieben. Diese theoretischen Grundlagen werden durch praktische Arbeitsanweisungen ergänzt, die so den Bezug zur vermittelten Thematik herstellen und vertiefen. Die Arbeitsanweisungen zur Durchführung der praktischen Aufgaben wurden auf der Grundlage jahrelanger Erfahrung in der Abteilung Produktion und Technik der Provadis, Partner für Bildung und Beratung GmbH, entwickelt und sind dort fester Bestandteil der praktischen Aus- und Weiterbildung. Zur Übung und zur Festigung das Gelernten folgen zum Abschluss jeden Kapitels Wiederholungsfragen.

Wir danken allen Kolleginnen und Kollegen der Provadis, Partner für Bildung und Beratung GmbH, für die vielseitigen Anregungen und Ideen sowie für konstruktive Kritik. Sie alle haben zum Gelingen dieses Buches beigetragen.

Oktober 2002                                        *Hahn, Behle, Lischewski, Rein*

# 1
# Verantwortliches Handeln

## 1.1
### Themen und Lerninhalte

Die Unternehmen der chemischen Industrie haben in ihrer Selbstverpflichtung zum Verantwortlichen Handeln »Responsible Care« Leitlinien formuliert, die für alle in diesem Industriezweig Beschäftigten verbindlich sind. Ziel aller in der chemischen Produktion und pharmazeutischen Fertigung tätigen Mitarbeiter muss es daher sein, diese Leitlinien zu kennen und sie insbesondere in ihrer beruflichen Tätigkeit umzusetzen. Die Grundgedanken sollen im Folgenden vorgestellt werden.

Die chemische Industrie betrachtet Sicherheit sowie Schutz von Mensch und Umwelt als Anliegen von fundamentaler Bedeutung. Aus diesem Grund wird bei allen Mitarbeitern das persönliche Verantwortungsbewusstsein für die Umwelt gestärkt und der Blick für mögliche Umweltbelastungen durch ihre Produkte und ihr Tun geschärft.

Darüber hinaus werden die Fragen und Bedenken der Öffentlichkeit sehr ernst genommen. Gefahren und Risiken, die beim Umgang mit Einsatzstoffen und Produkten auftreten können, sollen so gering wie möglich gehalten und vermindert werden. Auch ist es notwendig, alle Personen die mit den Produkten der chemischen Industrie in Kontakt treten, ausführlich über deren Stoffeigenschaften zu informieren.

Hieraus erwächst der Anspruch, zukünftige Mitarbeiter umfassend in den Themengebieten Umweltschutz und Arbeitssicherheit zu schulen. Im Weiteren ist es erforderlich, auch im Sinne der Produktverantwortung, systematisch die Anforderungen der Dokumentation zu verdeutlichen. Da in zunehmendem Maße neben pharmazeutischen auch chemische Betriebe ihre Produkte nach den Regeln der »Guten Herstellungspraxis« GMP (Good Manufacturing Practices) herstellen, müssen Kenntnisse hierzu ebenfalls vermittelt werden.

## 1.2
## Umweltschutz

### 1.2.1
### Inhalte und Ziele

Umweltschutz umfasst alle Vorgänge, die dazu dienen, das biologische Gleichgewicht in der belebten und unbelebten Natur zu erhalten und die Umwelt des Menschen zu schützen. Hierbei handelt es sich um eine der dringlichsten Aufgaben unserer Zeit. Wir sind gemeinsam und jeder für sich selbst aufgefordert, einen Beitrag hierzu zu leisten. Die in der heutigen marktwirtschaftlich orientierten Industriegesellschaft erzielten Gewinne sollten im Sinne des Umweltschutzes wieder unternehmerisch genutzt werden.

Es gehört zu den Aufgaben der Bildung, insbesondere der beruflichen Ausbildung, den Umweltschutz als selbstverständlichen Bestandteil jeder Tätigkeit zu verdeutlichen und somit jeden, der mit diesem Buch arbeitet, für umweltbewusstes Arbeiten zu gewinnen. Durch Hinweise bei den theoretischen Grundlagen und durch Vorgaben bei den Arbeitsanweisungen wird der Benutzer aufgefordert

- mit den zur Verfügung stehenden Ressourcen sparsam umzugehen,
- die Verunreinigungen von Gewässern und Luft zu minimieren,
- die Belastung von Gewässern und Luft durch entsprechende Maßnahmen zu vermeiden und
- durch Bewusstmachen der Umweltproblematik das eigene Tun auf umweltgerechtes Arbeiten abzustimmen.

Umweltschutz ist ebenso wie Arbeitssicherheit Grundbestandteil jedes einzelnen Arbeitsgebietes und vor allem Grundbestandteil der praktischen Aufgaben.

### 1.2.2
### Reststoffverwertung

Ziel der chemischen Produktion ist es, ein bestimmtes Produkt mit möglichst großer Ausbeute und hoher Reinheit herzustellen. Bei chemischen Umsetzungen kommt es zu Nebenreaktionen, zu nicht vollständigen Umsetzungen oder zu Resten von Einsatzstoffen bei der Aufarbeitung, so dass am Ende des Herstellungsprozesses außer dem Hauptprodukt noch andere Chemikalien als Reststoffe vorliegen. In den letzten Jahren wurden die Bemühungen verstärkt, solche Reststoffe nicht grundsätzlich als Abfall zu deklarieren, sondern sie als Wirtschaftsgut aufzuarbeiten. In solchen Aufarbeitungsprozessen werden unter anderem die in den folgenden Kapiteln behandelten Trennverfahren angewendet.

Durch die Aufarbeitung entsteht entweder ein nutzbares Nebenprodukt oder es kann eine Wiederverwendung des Stoffes stattfinden (s. Abb. 1-1). Sind darüber hinaus Abfälle nicht zu vermeiden, so werden sie entsprechend den Gesetzen und Vorschriften beseitigt.

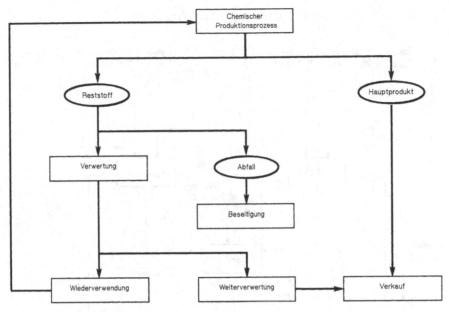

**Abb. 1-1**   Reststoffverwertung

## 1.2.3
### Umweltgerechte Durchführung von Versuchen

Das Einbeziehen des Umweltschutzes in die Prozessbetrachtung soll bewirken, dass derjenige, der einen Versuch durchführt, sich intensiv mit der Problematik des Umweltschutzes auseinandersetzt. Der Durchführende soll sich vor Beginn des Versuches anhand der Vorschrift einen Ablaufplan erarbeiten, aus dem der Energieeinsatz, die benötigten Chemikalien, der Reaktionsweg und die ordnungsgemäße Entsorgung auch bei einem Abbruch der Reaktion ersichtlich wird.

Am Beispiel des Versuchs zur Herstellung von Tartrazin O (s. Abschn. 11.2.11) erfolgt eine solche Prozessbetrachtung (s. Abb. 1-2).

Eine andere Möglichkeit ist das Erstellen eines Protokolls zum Umweltschutz (s. Abb. 1-3). Hier bezieht sich das folgende Protokoll auf die Herstellung von Kupfersulfat (s. Abschn. 11.2.9). Dieses Protokoll wird ebenfalls vor der Durchführung des Versuches erarbeitet.

# Herstellung von Tartrazin O

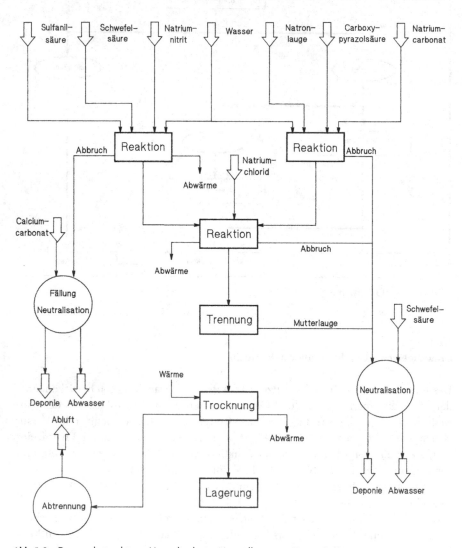

**Abb. 1-2** Prozessbetrachtung Umweltschutz: Herstellung von Tartrazin O

---

**Name:** _Max Mayer_      **Datum:** _25. 06. 02_

**Aufgabe:** _Herstellen von Kupfersulfat_

---

**Aufgabenvorbereitung**

**Gefährliche Arbeitsstoffe (Name/ Menge / R- und S-Sätze)**

Schwefelsäure    C , R 35 , S 2-26-30-45

   R 35   Verursacht schwere Verätzungen.

   S 2   Darf nicht in die Hände von Kindern gelangen.

   S 26   Bei Berührung mit den Augen gründlich mit Wasser abspülen und Arzt konsultieren.

   S 30   Niemals Wasser hinzufügen.

   S 45   Bei Unfall oder Unwohlsein sofort Arzt zuziehen.

Basisches Kupfercarbonat   Xn , R 20/22 , S 20

   R 20/22   Gesundheitsschädlich beim Einatmen und Verschlucken.

   S 20   Bei der Arbeit nicht essen und trinken.

Ethanol   F , R 11 , S 7 -16

   R 11   Leichtentzündlich

   S 7   Behälter dicht verschlossen halten.

   S 16   Von Zündquellen fernhalten. Nicht rauchen.

**Maßnahmen zur optimalen Energienutzung**

Langsam auf 40° C hochheizen, Überhitzung vermeiden

---

**Abb. 1-3**   Protokoll zum Umweltschutz: Herstellung von Kupfersulfat

**Aufgabendurchführung**

Emissionen (Art / Menge)

Maßnahmen zum Verhindern /

Entsorgung der Emissionen

·/·

---

Inhaltsstoffe der Reaktionsmischung (Zwischenprodukte und Nebenprodukte; Maßnahmen zur Entsorgung der Reaktionsmischung bei Reaktionsabbruch)

Schwefelsäure, Kupfersulfat, basisches Kupfercarbonat, Ethanol
- Ethanol abdestillieren und zurückgewinnen.
- Rückstand mit Calciumcarbonat neutralisieren und abtrennen.
- Filtrat der Abwasserreinigungsanlage zuführen.
- Rückstand als Sondermüll entsorgen.

---

Endprodukte (R- und S-Sätze, Entsorgung)

Kupfersulfat    Xn ,    R 22 - 36/38 - 50/53 ,    S 22 - 60 - 61

R 22     gesundheitsschädlich beim Verschlucken.

R 36/38  Reizt die Augen und die Haut.

R 50/53  Sehr giftig für Wasserorganismen, kann in Gewässern langfristig schädliche Wirkungen haben.

S 22     Staub nicht einatmen.

S 60     Dieses Produkt und sein Behälter sind als gefährlicher Abfall zu entsorgen.

S 61     Freisetzung in die Umwelt vermeiden. Besondere Anweisungen einhalten / Sicherheitsdatenblatt zu Rate ziehen.

---

Mutterlauge bzw. Nebenfraktionen (Inhaltsstoffe nach Art und Menge)

Ethanol, Schwefelsäure, Kupfersulfat
- Ethanol abdestillieren und zurückgewinnen.
- Rückstand mit Calciumcarbonat neutralisieren und abtrennen.
- Filtrat der Abwasserreinigungsanlage zuführen.
- Rückstand als Sondermüll entsorgen.

---

Signum Auszubildender    :  *Max Mayer*

Signum Ausbilder         :  *A. Kel*

**Abb. 1-3**  Protokoll zum Umweltschutz: Herstellung von Kupfersulfat (Fortsetzung)

## 1.2.4
## Umgang mit Abwasser, Abluft und festem Abfall

Neben der rationellen Energienutzung bei der Herstellung von Produkten spielt die Behandlung von festen, flüssigen oder gasförmigen Nebenprodukten eine entscheidende Rolle. In diesem Kapitel soll zusammenfassend auf die praktischen Arbeitsanweisungen hingewiesen werden, die ausschließlich der Entsorgung dienen (s. Tab. 1-1).

**Tab. 1-1** Arbeitsvorschriften zur Entsorgung

| Arbeitsvorschrift | Abschnitt |
| --- | --- |
| Destillation von ethanolhaltigen Gemischen | 11.2.3 |
| Rektifikation eines Ethanol-Wasser-Gemisches bei Normaldruck | 11.2.4 |
| Fällen von Schwermetallionen | 11.2.5 |
| Neutralisation | 11.2.6 |
| Fällen von Schwefelsäure mit Calciumcarbonat | 11.2.7 |

**Abwasser**

Grundsätzlich werden alle Produktionsabwässer einer Anlage der chemisch-biologischen Abwasseraufbereitung (s. Abb. 1-4) zugeführt. Hier werden die Abwässer neutralisiert, gelöste Schwebstoffe und Schwermetallionen werden ausgeflockt bzw. ausgefällt. Die organischen Bestandteile werden mit Hilfe von Mikroorganismen in Gegenwart von Sauerstoff zerlegt.

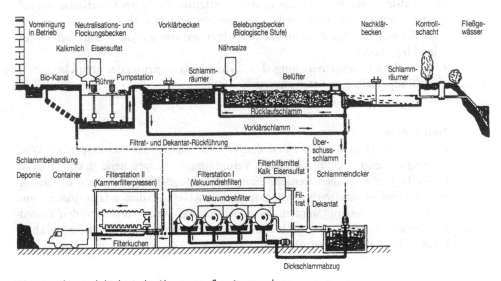

**Abb. 1-4** Chemisch-biologische Abwasseraufbereitungsanlage

Das neutrale Abwasser gelangt in ein Vorklärbecken. Dort setzen sich die Feststoffe ab. Nach entsprechender Absetzzeit fließt das Abwasser in große Becken, die mit Belüftungseinrichtungen ausgestattet sind. Hiermit werden in die Belebungsbecken große Mengen an Luftsauerstoff eingetragen, um die Bakterien am Leben zu erhalten und einen möglichst hohen Umsetzungsgrad dieser biologischen Reinigung zu erreichen. Den Mikroorganismen werden außerdem anorganische Nährsalze zugeführt. Das so gereinigte Abwasser gelangt in ein Nachklärbecken und kann nach entsprechender Absetzzeit dem natürlichen Wasserkreislauf zugeführt werden.

Der Vorklärschlamm und der Überschuss an Bakterienschlamm werden eingedickt und nach Zugabe von Filterhilfsmittel über Vakuumdrehfilter oder Filterpressen abgetrennt. Anschließend wird der Schlamm in einer Verbrennungsanlage verbrannt. Das anfallende Filtrat wird der Abwasseraufbereitung wieder zugeführt.

### Abluft

Bei der Beseitigung von Schadstoffen aus der Abluft wird zwischen staubförmigen und gasförmigen Luftverunreinigungen unterschieden. Staubförmige Verunreinigungen können
- mechanisch
- mit Zyklonen
- mit einer Nassentstaubung mit Hilfe von Wassersprühnebel
- mit Staubfiltern aus Wolle oder synthetischen Fasern oder
- mit Hilfe elektrischer Aufladung entfernt werden.

Gasförmige Verunreinigungen können mit Hilfe von Absorptionsmitteln aus dem Luftstrom durch chemische Reaktion entfernt oder an der Oberfläche von Adsorptionsmitteln angelagert werden. Weitere Möglichkeiten sind
- die thermische Abgasreinigung, d.h. Verbrennen von im Abgas enthaltenen Verbindungen oder
- die katalytische Abgasreinigung, d.h. chemische Umsetzung der Abluft bei erhöhten Temperaturen an Katalysatoren.

### Feste Abfälle

Feste Abfälle können sortiert und den verschiedenen Industriezweigen als Wirtschaftsgut wieder zugeführt oder den Verordnungen entsprechend in den vorgesehenen Deponien gelagert werden. Eine weitere Möglichkeit besteht in der Abfallverbrennung. In Abfallverbrennungsanlagen (s. Abb. 1-5) können feste, pastöse und flüssige Abfälle beseitigt werden. Die Rauchgase werden entsprechend den Verordnungen und Möglichkeiten nach dem Stand der Technik entsorgt. Die zurückbleibende Schlacke wird in einer Deponie eingelagert.

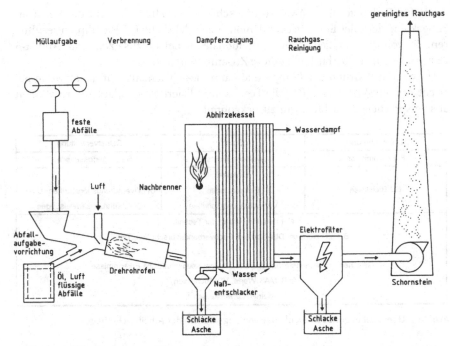

**Abb. 1-5** Abfallverbrennungsanlage

## 1.2.5
**Fragen zum Thema**

Welche Ziele stellen Sie sich bei Ihren Arbeiten bezogen auf den Umweltschutz?
Erklären Sie das Prinzip der Reststoffverwertung.
Erläutern Sie die Entsorgung in Ihrem Betrieb a) für feste Abfälle, b) für flüssige
Abfälle, c) für Kühlwasser und d) für gasförmige Verunreinigungen.
Erklären Sie den Vorgang der Abwasserreinigung in einer chemisch-biologischen
Abwasseraufbereitungsanlage.
Erklären Sie das Prinzip einer Abfallverbrennungsanlage.

## 1.3
**Arbeitssicherheit**

### 1.3.1
**Regelungen zur Arbeitssicherheit**

Der in der Verfassung der Bundesrepublik Deutschland begründete Auftrag, Leben
und Gesundheit der Bürger zu schützen, hat sich im Laufe der Zeit zu einer Samm-
lung von Gesetzen, Verordnungen, Vorschriften und Richtlinien entwickelt, die

selbst für Fachleute nur schwer zu überschauen ist. Hinzu kommt die Rechtsetzungskompetenz der Europäischen Union, aus welcher die EU-Richtlinien resultieren, die von den Mitgliedsstaaten in nationales Recht umzusetzen sind. Abb. 1-6 ermöglicht einen Überblick über diese Zusammenhänge.

Hinweis: Auf Grund der Komplexität kann diese Thematik nur ansatzweise gestreift werden. Vielmehr sollen die Leser sensibilisiert werden, auf Informationen aus entsprechender Fachliteratur zurückzugreifen.

| Europäische Union | Staat | Selbstverwaltung |
|---|---|---|
| EU-Kommission | Gewerbeaufsichtsamt | Berufsgenossenschaft |
| EU-Richtlinien | Gesetze<br>Verordnungen<br>Verwaltungsvorschriften | Unfallverhütungsvorschriften (UVV)<br>Durchführungsanweisungen |
| Normen und Regeln der Technik<br>(z.B. CEN-Normen, DIN-Normen, Fachverbandsvorschriften, TRbF) | | |
| Gesicherte sicherheitstechnische und arbeitswissenschaftliche Erkenntnisse<br>(z.B. MAK-Werte, VDI-Richtlinien)<br>Betriebsanweisungen | | |

**Abb. 1-6** Übersicht über Zusammenhänge von Regelwerken der Arbeitssicherheit

Die Gewerbeordnung stellt die Grundlage der staatlichen Aufsicht über die Betriebe dar. Für die chemische Industrie ist weiterhin von besonderer Bedeutung das Bundes-Immissionsschutzgesetz, kurz BImschG. In diesem Zusammenhang sind insbesondere die Vorschriften für genehmigungsbedürftige Anlagen und die Störfallverordnung zu nennen. Die Reichsversicherungsordnung regelt die Unfallversicherung der Beschäftigten und stellt die rechtliche Grundlage der Berufsgenossenschaften dar. Als grundsätzliche Regelungen zum Umgang mit chemischen Stoffen sollen noch das Chemikaliengesetz sowie die Gefahrstoffverordnung zum Schutz vor gefährlichen Stoffen genannt werden.

## 1.3.2
### Grundlagen der Unfallverhütung

Zur Verhütung von Unfällen müssen bereits vor dem Bau einer Anlage die von der chemischen Umsetzung ausgehenden Gefahren ermittelt und beurteilt werden. Hierzu gehören
- Anlagenplanung,
- Durchführung besonderer baulicher Maßnahmen,
- Besonderheiten der Anlagensicherheit, wie z.B. Materialauswahl,
- Verfahrenssicherheit,
- Einsatz der geeigneten persönlichen Schutzausrüstung,
- Grundsätze der Sauberkeit, Ordnung und Sicherheit,
- das Befolgen von Anweisungen und
- das Verhalten jedes Einzelnen hinsichtlich des Missbrauchs von Drogen.

## 1.3.3
### Überwachung der Arbeitssicherheit im Betrieb

Die Sicherheit in einem Unternehmen ist abgesehen von den technischen Aspekten immer und vor allem eine Frage des Sicherheitsbewusstseins auf allen Stufen der Betriebshierarchie. Hier muss ein Sicherheitsmanagement installiert sein, das die Anforderungen der Sicherheitstechnik bereits bei der Planung von Anlagen berücksichtigt und in alle betrieblichen Abläufe integriert. Schwachstellen können in wiederholten Sicherheitsanalysen aufgedeckt und durch geeignete Maßnahmen beseitigt werden. Die praktische Umsetzung in den Betrieben vor Ort geschieht unter anderem durch die Berufung von Sicherheitsreferenten und von Sicherheitsbeauftragten.

## 1.3.4
### Umgang mit Gefahrstoffen

Eine Beurteilung der von einem Stoff ausgehenden Gefahren erfolgt im Chemikaliengesetz. Die daraus resultierende Gefahrstoffverordnung stellt die gesetzliche Regelung zur Umsetzung dar.

### Kennzeichnung
Wird ein Stoff als Gefahrstoff eingestuft, so ist diese Eigenschaft beim Verpacken, Verwenden, Lagern sowie beim Transport und Versand zu kennzeichnen. Die Kennzeichnung muss die folgenden Informationen beinhalten:
- Bezeichnung des Stoffes,
- Gefahrensymbol und -bezeichnung,
- R-und S-Sätze,
- Name, Anschrift und Telefonnummer des Herstellers / Vertreibers,
- EU-Stoffnummer (CAS[1]-Nummer).

Abb. 1-7 zeigt die Kennzeichnungssymbole, die gemäß der Gefahrstoffverordnung, kurz GefStoffV, gelten.

Zusätzlich zu diesen Symbolen müssen Hinweise auf besondere Gefahren (R-Sätze) und Sicherheitsratschläge (S-Sätze) auf den Etiketten angebracht sein. Hierbei sind in den meisten Fällen lediglich Buchstaben und Zahlen schriftlich fixiert. Die entsprechenden Sätze dazu sind in einer Tabelle aufgeführt (s. Tab. 1-2).

Sehr giftig

 Hochentzündlich

 Giftig

 Leichtentzündlich

 Gesundheits-schädlich

 Brandfördernd

 Ätzend

 Explosions-gefährlich

 Reizend

 Umweltgefährlich

**Abb. 1-7** Gefahren-symbole

**Tab. 1-2** R- und S-Sätze[2]

| R-Sätze | |
|---|---|
| **R1:** In trockenem Zustand explosionsgefähr-lich. | **R10:** Entzündlich |
| **R2:** Durch Schlag, Reibung, Feuer oder an-dere Zündquellen explosionsgefährlich. | **R11:** Leichtentzündlich |
| | **R12:** Hochentzündlich |
| | **R14:** Reagiert heftig mit Wasser. |
| **R3:** Durch Schlag, Reibung, Feuer oder andere Zündquellen besonders explosionsgefährlich. | **R15:** Reagiert mit Wasser unter Bildung hochentzündlicher Gase. |
| **R4:** Bildet hochempfindliche explosions-gefährlich Metallverbindungen. | **R16:** Explosionsgefährlich in Mischung mit brandfördernden Stoffen. |
| **R5:** Beim Erwärmen explosionsfähig. | **R17:** Selbstentzündlich an der Luft. |
| **R6:** Mit und ohne Luft explosionsfähig. | **R18:** Bei Gebrauch Bildung explosions-fähiger/leichtentzündlicher Dampf-Luftgemische möglich. |
| **R7:** Kann Brand verursachen. | |
| **R8:** Feuergefahr bei Berührung mit brennbaren Stoffen. | **R19:** Kann explosionsfähige Peroxide bilden. |
| | **R20:** Gesundheitsschädlich beim Einatmen. |
| **R9:** Explosionsgefahr bei Mischung mit brennbaren Stoffen. | **R21:** Gesundheitsschädlich bei Berührung mit der Haut. |

## R-Sätze

R22: Gesundheitsschädlich beim Verschlucken.

R23: Giftig beim Einatmen.

R24: Giftig bei Berührung mit der Haut.

R25: Giftig beim Verschlucken.

R26: Sehr giftig beim Einatmen.

R27: Sehr giftig bei Berührung mit der Haut.

R28: Sehr giftig beim Verschlucken.

R29: Entwickelt bei Berührung mit Wasser giftige Gase.

R30: Kann bei Gebrauch leicht entzündlich werden.

R31: Entwickelt bei Berührung mit Säure giftige Gase.

R32: Entwickelt bei Berührung mit Säure sehr giftige Gase.

R33: Gefahr kumulativer Wirkungen.

R34: Verursacht Verätzungen.

R35: Verursacht schwere Verätzungen.

R36: Reizt die Augen.

R37: Reizt die Atmungsorgane.

R38: Reizt die Haut.

R39: Ernste Gefahr irreversiblen Schadens.

R40: Verdacht auf krebserzeugende Wirkung

R41: Gefahr ernster Augenschäden.

R42: Sensibilisierung durch Einatmen möglich.

R43: Sensibilisierung durch Hautkontakt möglich.

R44: Explosionsgefahr bei Erhitzen unter Einschluss.

R45: Kann Krebs erzeugen.

R46: Kann vererbbare Schäden verursachen.

R48: Gefahr ernster Gesundheitsschäden bei längerer Exposition.

R49: Kann Krebs erzeugen beim Einatmen.

R50: Sehr giftig für Wasserorganismen.

R51: Giftig für Wasserorganismen.

R52: Schädlich für Wasserorganismen.

R53: Kann in Gewässern längerfristig schädliche Wirkung haben.

R54: Giftig für Pflanzen.

R55: Giftig für Tiere.

R56: Giftig für Bodenorganismen.

R57: Giftig für Bienen.

R58: Kann längerfristig schädliche Wirkungen auf die Umwelt haben.

R59: Gefahr für die Ozonschicht.

R60: Kann die Fortpflanzungsfähigkeit beeinträchtigen.

R61: Kann das Kind im Mutterleib schädigen.

R62: Kann möglicherweise die Fortpflanzungsfähigkeit beeinträchtigen.

R63: Kann das Kind im Mutterleib möglicherweise schädigen.

R64: Kann Säuglinge über die Muttermilch schädigen.

R65: Gesundheitsschädlich: Kann beim Verschlucken Lungenschäden verursachen.

R66: Wiederholter Kontakt kann zu spröder oder rissiger Haut führen.

R67: Dämpfe können Schläfrigkeit und Benommenheit verursachen.

R68: Irreversibler Schaden möglich

## S-Sätze

**S1:** Unter Verschluss aufbewahren.

**S2:** Darf nicht in die Hände von Kindern gelangen.

**S3:** Kühl aufbewahren.

**S4:** Von Wohnplätzen fernhalten.

**S5:** Unter ... aufbewahren (geeignete Schutzflüssigkeit ist vom Hersteller anzugeben).

**S6:** Unter ... aufbewahren (inertes Gas ist vom Hersteller anzugeben).

**S7:** Behälter dicht geschlossen halten.

**S8:** Behälter trocken halten.

**S9:** Behälter an einem gut gelüfteten Ort aufbewahren.

**S12:** Behälter nicht gasdicht verschließen.

**S13:** Von Nahrungsmitteln, Getränken und Futtermitteln fernhalten.

**S14:** Von ... fernhalten. (Inkompatible Substanzen sind vom Hersteller anzugeben.)

**S15:** Vor Hitze schützen.

**S16:** Von Zündquellen fernhalten – Nicht rauchen.

**S17:** Von brennbaren Stoffen fernhalten.

**S18:** Behälter mit Vorsicht öffnen und handhaben.

**S20:** Bei der Arbeit nicht essen und trinken.

**S21:** Bei der Arbeit nicht rauchen.

**S22:** Staub nicht einatmen.

**S23:** Gas/Rauch/Dampf/Aerosol nicht einatmen (Geeignete Bezeichnung(en) sind vom Hersteller anzugeben).

**S24:** Berührung mit der Haut vermeiden.

**S25:** Berührung mit den Augen vermeiden.

**S26:** Bei Berührung mit den Augen gründlich mit Wasser abspülen und Arzt konsultieren.

**S27:** Beschmutzte, getränkte Kleidung sofort ausziehen.

**S28:** Bei Berührung mit der Haut sofort abwaschen mit viel ... (Mittel sind vom Hersteller anzugeben).

**S29:** Nicht in die Kanalisation gelangen lassen.

**S30:** Niemals Wasser hinzufügen.

**S33:** Maßnahmen gegen elektrostatische Aufladungen treffen.

**S35:** Abfälle und Behälter müssen in gesicherter Weise beseitigt werden.

**S36:** Bei der Arbeit geeignete Schutzkleidung tragen.

**S37:** Geeignete Schutzhandschuhe tragen.

**S38:** Bei unzureichender Belüftung Atemschutzgerät anlegen.

**S39:** Schutzbrille/Gesichtsschutz tragen.

**S40:** Fußboden und verunreinigte Gegenstände mit ... reinigen. (Material ist vom Hersteller anzugeben).

**S41:** Explosions- und Brandgase nicht einatmen.

**S42:** Bei Räuchern/Versprühen geeignetes Atemschutzgerät anlegen. (Geeignete Bezeichnung(en) sind vom Hersteller anzugeben.)

**S43:** Zum Löschen ... (Löschmittel ist vom Hersteller anzugeben) verwenden. (Wenn Wasser die Gefahr erhöht, anfügen: »Kein Wasser verwenden«.)

**S45:** Bei Unfall oder Unwohlsein sofort Arzt zuziehen. (Wenn möglich, dieses Etikett vorzeigen.)

**S46:** Bei Verschlucken sofort ärztlichen Rat einholen und Verpackung oder Etikett vorzeigen.

**S47:** Nicht bei Temperaturen über ... °C aufbewahren (Temperatur ist anzugeben).

**S48:** Feucht halten mit ... (Geeignetes Mittel ist vom Hersteller anzugeben.)

**S49:** Nur im Originalbehälter aufbewahren.

**S50:** Nicht mischen mit ... (Inkompatible Substanz ist vom Hersteller anzugeben.)

**S51:** Nur in gut gelüfteten Bereichen verwenden.

**S52:** Nicht großflächig für Wohn- und Aufenthaltsräume zu verwenden.

**S53:** Exposition vermeiden! Vor Gebrauch besondere Anweisung einholen.

**S56:** Diesen Stoff und seinen Behälter der Problemabfallentsorgung zuführen.

**S-Sätze**

**S57:** Zur Vermeidung einer Kontamination der Umwelt geeigneten Behälter verwenden.

**S59:** Informationen zur Wiederverwendung/ Wiederverwertung beim Hersteller/ Lieferanten erfragen.

**S60:** Dieses Produkt und sein Behälter sind als gefährlicher Abfall zu entsorgen.

**S61:** Freisetzung in die Umwelt vermeiden. Besondere Anweisungen einholen/ Sicherheitsdatenblatt zu Rate ziehen.

**S62:** Bei Verschlucken kein Erbrechen herbeiführen. Sofort ärztlichen Rat einholen und Verpackung oder dieses Etikett vorzeigen.

**S63:** Bei Unfall durch Einatmen: Verunfallten an die frische Luft bringen und ruhigstellen.

**S64:** Bei Verschlucken Mund mit Wasser ausspülen (nur wenn Verunfallter bei Bewusstsein ist).

Darüber hinaus gibt es Kombinationen sowohl von R- als auch von S-Sätzen. In diesen werden die Ziffern durch Schrägstrich voneinander getrennt.

### Grenzwerte

Für Gefahrstoffe sind Grenzwerte festgelegt. Hier ist zum einen zu nennen der **MAK-Wert**. Darunter versteht man die maximale Arbeitsplatzkonzentration. Dies ist die höchstzulässige Konzentration eines Arbeitsstoffes als Gas, Dampf oder Schwebstoff in der Luft am Arbeitsplatz, die nach dem gegenwärtigen Stand der Kenntnis auch bei wiederholter und langfristiger, in der Regel täglich achtstündiger Einhaltung einer durchschnittlichen Arbeitszeit von 40 Stunden pro Woche im allgemeinen die Gesundheit der Beschäftigten nicht beeinträchtigt und diese nicht unangemessen belästigt. Die Konzentrationsangabe erfolgt in $mL/m^3$ oder in $mg/m^3$.

Können bei krebserzeugenden oder erbgutverändernden Stoffen keine toxikologischen Wirkschwellen festgestellt werden, d.h. es kann kein MAK-Wert angegeben werden, werden für diese Stoffe technische Richtkonzentrationen festgelegt. Unter der Technischen Richtkonzentration, **TRK-Wert**, versteht man die Konzentration eines Stoffes als Gas, Dampf oder Schwebstoff in der Luft, die als Anhalt für die zu treffenden Schutzmaßnahmen und die messtechnische Überwachung am Arbeitsplatz heranzuziehen ist. Zu ihrer Begründung werden alle verfügbaren toxikologischen[3] Informationen sowie praktische Gesichtspunkte nach dem Stand der Technik berücksichtigt. Die Einhaltung der TRK am Arbeitsplatz soll das Risiko einer Beeinträchtigung der Gesundheit vermindern, vermag dieses jedoch nicht vollständig auszuschließen. In Tab. 1-3 werden einige Beispiele aufgelistet.

**Tab. 1-3** Beispiele für MAK- und TRK-Werte, Stand 1999[4]

| MAK-Werte in $mg/m^3$ | | TRK-Werte in $mg/m^3$ | |
|---|---|---|---|
| Aceton | 1200 | Beryllium | 0,002 |
| Ethanol | 1900 | Arsen | 0,1 |
| Kohlenstoffdioxid | 9000 | Diethylsulfat | 0,2 |

**Betriebsanweisungen**

Handelt es sich bei einem Arbeitsstoff um einen Gefahrstoff, so muss laut § 20 GefStoffV eine Betriebsanweisung erstellt werden, anhand derer die Beschäftigten über vorhandene Gefahren und Schutzmaßnahmen unterwiesen werden. Diese Unterweisungen müssen mindestens einmal jährlich arbeitsplatzbezogen durchgeführt werden und sie müssen entsprechend dokumentiert werden (s. Abb. 1-8).

Auch für das Arbeiten mit Werkzeugen, Maschinen und Verfahren sind Betriebsanweisungen zu erstellen. Hier gilt, dass diese auch in der Sprache des Bedieners vorhanden sein müssen. Es müssen mindestens Angaben über die normalen Einsatzbedingungen, die bestimmungsgemäße Verwendung, das Verhalten bei Betriebsstörungen und die Herstellerhinweise aus der Bedienungsanleitung enthalten sein (s. Abb. 1-9).

### 1.3.5
### Betriebsbereitschaft einer Anlage

Für das praktische Arbeiten mit chemisch-technischen Apparaturen ist es notwendig, bestimmte vorbereitende Tätigkeiten und Kontrollen einzuüben, die ganz besonders aus sicherheitstechnischer Sicht selbstverständlich sein müssen. Die Basis stellt hierbei das Überprüfen der Betriebsbereitschaft einer Anlage dar, das vor dem Beginn der eigentlichen Arbeit immer durchzuführen ist.

Zur Betriebsbereitschaft eines Rührkessels müssen mindestens die folgenden Zustände sichergestellt sein:
- Die Apparatur ist sauber und leer.
- Alle Absperrvorrichtungen sind geschlossen, außer Abluft und Kondensatausgang.
- Der Rührer ist funktionstüchtig.

Darüber hinaus müssen sowohl die Besonderheiten jeder Betriebsanlage als auch zusätzlich erforderliche Apparaturen beachtet und hinsichtlich des betriebsbereiten Zustands kontrolliert werden.

### 1.4
### Qualität und Dokumentation

### 1.4.1
### Qualitätssicherungssysteme

Das Ziel von Qualitätssicherungssystemen besteht darin, Prozesse zu lenken, die die Qualität eines Produkts beeinflussen. Im Grunde versteht man darunter alle Maßnahmen, die sicherstellen, dass ein Produkt die geforderte Qualität aufweist. Der Schwerpunkt der Qualitätssicherung liegt nicht in der Kontrolle des fertigen Produkts, sondern in der Durchführung von Kontrollmaßnahmen im Verlaufe der Produktion selbst.

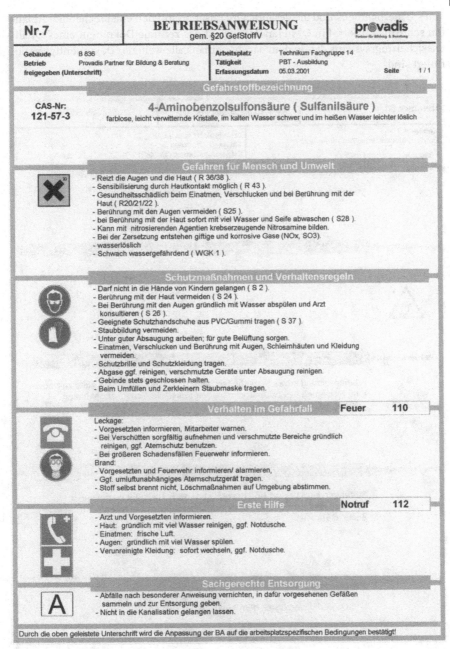

| Nr.7 | BETRIEBSANWEISUNG<br>gem. §20 GefStoffV | provadis<br><small>Partner für Bildung & Beratung</small> |
|---|---|---|

| Gebäude | B 836 | | Arbeitsplatz | Technikum Fachgruppe 14 | |
|---|---|---|---|---|---|
| Betrieb | Provadis Partner für Bildung & Beratung | | Tätigkeit | PBT - Ausbildung | |
| freigegeben (Unterschrift) | | | Erfassungsdatum | 05.03.2001 | Seite 1 / 1 |

**Gefahrstoffbezeichnung**

CAS-Nr:
**121-57-3**

**4-Aminobenzolsulfonsäure ( Sulfanilsäure )**
farblose, leicht verwitternde Kristalle, im kalten Wasser schwer und im heißen Wasser leichter löslich

**Gefahren für Mensch und Umwelt**

- Reizt die Augen und die Haut ( R 36/38 ).
- Sensibilisierung durch Hautkontakt möglich ( R 43 ).
- Gesundheitsschädlich beim Einatmen, Verschlucken und bei Berührung mit der Haut ( R20/21/22 ).
- Berührung mit den Augen vermeiden ( S25 ).
- bei Berührung mit der Haut sofort mit viel Wasser und Seife abwaschen ( S28 ).
- Kann mit nitrosierenden Agentien krebserzeugende Nitrosamine bilden.
- Bei der Zersetzung entstehen giftige und korrosive Gase (NOx, SO3).
- wasserlöslich
- Schwach wassergefährdend ( WGK 1 ).

**Schutzmaßnahmen und Verhaltensregeln**

- Darf nicht in die Hände von Kindern gelangen ( S 2 ).
- Berührung mit der Haut vermeiden ( S 24 ).
- Bei Berührung mit den Augen gründlich mit Wasser abspülen und Arzt konsultieren ( S 26 ).
- Geeignete Schutzhandschuhe aus PVC/Gummi tragen ( S 37 ).
- Staubbildung vermeiden.
- Unter guter Absaugung arbeiten; für gute Belüftung sorgen.
- Einatmen, Verschlucken und Berührung mit Augen, Schleimhäuten und Kleidung vermeiden.
- Schutzbrille und Schutzkleidung tragen.
- Abgase ggf. reinigen, verschmutzte Geräte unter Absaugung reinigen.
- Gebinde stets geschlossen halten.
- Beim Umfüllen und Zerkleinern Staubmaske tragen.

**Verhalten im Gefahrfall** | **Feuer 110**

Leckage:
- Vorgesetzten informieren, Mitarbeiter warnen.
- Bei Verschütten sorgfältig aufnehmen und verschmutzte Bereiche gründlich reinigen, ggf. Atemschutz benutzen.
- Bei größeren Schadensfällen Feuerwehr informieren.
Brand:
- Vorgesetzten und Feuerwehr informieren/ alarmieren,
- Ggf. umluftunabhängiges Atemschutzgerät tragen.
- Stoff selbst brennt nicht, Löschmaßnahmen auf Umgebung abstimmen.

**Erste Hilfe** | **Notruf 112**

- Arzt und Vorgesetzten informieren.
- Haut: gründlich mit viel Wasser reinigen, ggf. Notdusche.
- Einatmen: frische Luft.
- Augen: gründlich mit viel Wasser spülen.
- Verunreinigte Kleidung: sofort wechseln, ggf. Notdusche.

**Sachgerechte Entsorgung**

A
- Abfälle nach besonderer Anweisung vernichten, in dafür vorgesehenen Gefäßen sammeln und zur Entsorgung geben.
- Nicht in die Kanalisation gelangen lassen.

Durch die oben geleistete Unterschrift wird die Anpassung der BA auf die arbeitsplatzspezifischen Bedingungen bestätigt!

**Abb. 1-8** Beispiel einer Betriebsanweisung für einen Gefahrstoff

Man spricht von einem Qualitätsmanagementsystem, wenn in dieses System auch die Geschäftsleitung eines Unternehmens integriert ist. In einem Qualitäts-manual, z.B. einem Qualitätsmanagement-Handbuch, werden die Qualitätsziele eines Unternehmens und die gesamte Organisation mit den entsprechenden Abläufen schriftlich fixiert. Ein QM-Handbuch stellt das zentrale Dokument eines Qualitätssicherungssystems dar, in dem darüber hinaus alle weiteren Dokumenttypen definiert sind.

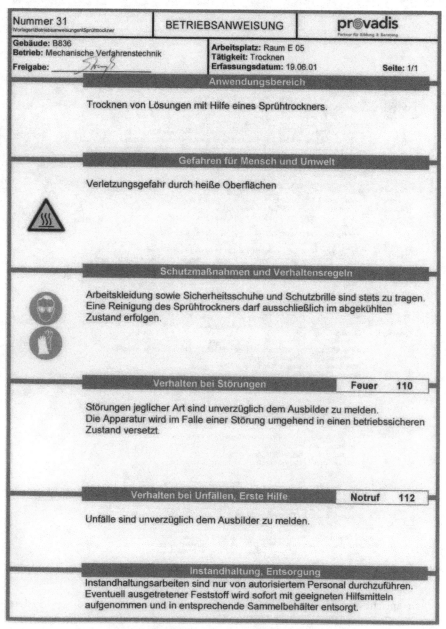

**Abb. 1-9**   Beispiel einer Betriebsanweisung für eine Maschine

Branchenübergreifend finden sich die Anforderungen an ein Qualitätssicherungssystem in den Regelungen der DIN EN ISO 9000-Reihe.

Für die Herstellung von Arzneimitteln gelten die Richtlinien für die Gute Herstellungspraxis[4] der Weltgesundheitsorganisation WHO (World Health Organisation). Teile dieser Richtlinien sind in nationales Recht übertragen worden. Für pharmazeutische Unternehmer, die für den europäischen Markt produzieren, gilt der EU-GMP-Leitfaden. Produziert ein Unternehmen für den deutschen Markt, so ist die Betriebsverordnung für pharmazeutische Unternehmer (PharmBetrV) bindend.

## 1.4.2
## GMP – Was ist das?

Alle Hersteller von Arzneimitteln haben sich weltweit nach den WHO-Regeln für die Gute Herstellungspraxis zu richten. Dies ist insbesondere beim Export in andere Länder Voraussetzung. Die Erteilung einer Herstellerlaubnis ist ganz entscheidend davon abhängig, ob ein Betrieb die GMP-Regeln in die Praxis umsetzt.

**Kernaussage** der GMP-Regeln ist, dass die Qualität eines Arzneimittels nicht ausschließlich über die Prüfung des Endproduktes allein gesichert werden darf. Qualität muss durch gezielte Maßnahmen vor, während und nach der Herstellung einschließlich Verpackung gesichert werden. Qualität kann nicht in ein Produkt hineingeprüft werden. Auf Grund des Herstellungsprozesses muss man davon ausgehen können, dass ein Produkt der geforderten Spezifikation entspricht. Dies bedeutet nichts anderes, als dass die Qualität des Endproduktes nicht dem Zufall überlassen werden darf.

Der EU-GMP-Leitfaden ist wie folgt gegliedert:
- Qualitätssicherungssystem
- Personal
- Räumlichkeiten und Ausrüstung
- Dokumentation
- Produktion
- Qualitätskontrolle
- Herstellung und Prüfung im Lohnauftrag
- Beanstandungen und Produktrückruf
- Selbstinspektion

Die Regelungen im EU-GMP-Leitfaden gelten speziell für die Herstellung von pharmazeutischen Produkten. Mittlerweile greifen sie jedoch auch in vielen Betrieben der chemischen Industrie, nicht nur bei Herstellern von z.B. Zwischenprodukten für die pharmazeutische Herstellung. Diese gehen dazu über, ihre Herstellungspraxis an diesen GMP-Regeln zu orientieren und dies auch zu dokumentieren. Das Einhalten der Regeln der Guten Herstellungspraxis wird vielfach von Kunden gefordert und stellt so auch ein marktwirtschaftliches Instrument im Sinne des Wettbewerbs dar. Aus diesem Grund soll hier auf die Grundsätze der Dokumentation und der Protokollierung im besonderen eingegangen werden.

1.4.3
## Dokumentation

Unter Dokumentation versteht man das Erstellen, Ordnen, Nutzbarmachen und Auswerten von Dokumenten. Aus einem Protokoll muss hervorgehen, **wer – was – wann – warum – womit** gemacht hat. Vorgaben hierzu können der Tab. 1-4. entnommen werden.

**Tab. 1-4**  Vorgaben zur Protokollierung.

| Vorgaben zur Protokollierung |
| --- |

- Dokumente müssen sauber, gut leserlich und eindeutig ausgefüllt bzw. geschrieben werden.

- Es muss dokumentenechtes Schreibmaterial (keine schwarze Schrift) benutzt werden.

- Dokumente müssen aktuell und zeitgleich geführt werden.

- Exakte Angaben sind einzutragen.

- Leere Felder sind z.B. durch Spiegelstrich zu entwerten.

- Jeder Arbeitsschritt muss mit Namenskürzel eingetragen werden.

- Zusätzliche Markierungen sind nur zulässig, wenn sie eindeutig zu interpretieren sind.

- Bei irrtümlicher Eintragung im Dokument muss der alte Eintrag sauber, d.h. noch lesbar, durchgestrichen werden.

- Der richtige Wert ist an geeigneter Stelle mit Datum, Grund der Korrektur und Namenskürzel einzutragen.

- Ergänzungen sollen dann in Absprache mit allen Verantwortlichen vorgenommen werden.

- Korrekturen werden mit Namen und Datum durchgeführt und erfordern erneute Vorlage und Unterschrift durch einen zweiten Befugten.

- Es ist nicht zulässig, bei fehlerhaften Eintragungen das Dokument zu verwerfen oder neu zu schreiben.

- Auch Unkenntlichmachen von Eintragungen durch z.B. Schwärzen ist nicht erlaubt.

- Zahlen und Bemerkungen dürfen nicht überschrieben werden.

- Es dürfen keine Schmierzettel verwendet werden.

- Von einem zweiten Befugten abgezeichnete Dokumente dürfen ohne Aufforderung nicht mehr verändert werden.

- Vor- und Nachschreiben sind verboten.

Prinzipiell muss durch Protokollieren ein lückenloser Nachweis aller Tätigkeiten und Beobachtungen möglich sein. Grundsätzlich gilt für das Dokumentieren jeder Tätigkeit gemäß den GMP-Regeln: »Was nicht dokumentiert ist, ist nicht gemacht«.

## Begriffserklärungen

1 CAS-Nummer für Chemical Abstracts Service-Nummer, zur eindeutigen Identifizierung von chemischen Substanzen, wird nur einmal vergeben.

2 Quelle: Richtlinie 67/548/EWG des Rates zur Angleichung der Rechts- und Verwaltungsvorschriften für die Einstufung, Verpackung und Kennzeichnung gefährlicher Stoffe vom 27. Juni 1967 (ABl. EG vom 16.08.1967 Nr. L 196 S. 1), nach letzter Änderung Stand 2001

3 Für Toxikologie, d.h. Die Lehre von den Giften.

4 Quelle: *Mak-Werte-Liste der BG Chemie*, **1999**

5 Good Manufacturing Practices, kurz: GMP-Richtlinie für eine Gute Herstellungspraxis für Arzneimittel.

# 2
# Werkstoffe

## 2.1
## Theoretische Grundlagen

### 2.1.1
### Themen und Lerninhalte

Die in der chemischen Industrie hergestellten Produkte erfordern eine Vielzahl verschiedener Apparaturen und die sorgfältige Auswahl der Werkstoffe. Zur richtigen Beurteilung, Verwendung und Verarbeitung dieser Werkstoffe müssen ihre Eigenschaften und ihr Verhalten bekannt sein. Aus den natürlichen Rohstoffen, z.B. Erzen, Erdöl, Kohle oder Holz entstehen durch verschiedene Fertigungsverfahren Werkstoffe wie Stahl, Kunststoffe oder Bauholz (s. Abb. 2-1).

Bei diesen Fertigungsverfahren und bei der Verarbeitung zu Werkstücken werden beispielsweise Kühl- und Schmiermittel, sogenannte *Hilfsstoffe* eingesetzt.

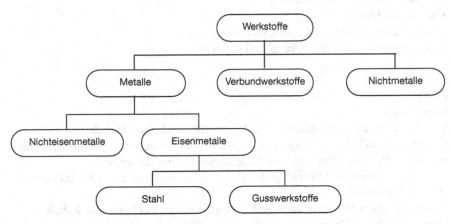

**Abb. 2-1** Einteilung der Werkstoffe

Werkstoffe werden nach ihren physikalischen, chemischen und technologischen Eigenschaften beurteilt (s. Tab. 2-1).

**Tab. 2-1** Eigenschaften von Werkstoffen.

| Physikalische Eigenschaften | Chemische Eigenschaften | Technologische Eigenschaften |
|---|---|---|
| Dichte | Legierbarkeit | Gießbarkeit |
| Festigkeit | Brennbarkeit | Schmiedbarkeit |
| Schmelzpunkt | Giftigkeit | Lötbarkeit |
| Härte | Korrosionsbeständigkeit[1] | Schweißbarkeit |
| Elastizität | Wärmebeständigkeit | Klebbarkeit |
| Wärmeleitfähigkeit | | |
| Elektrische Leitfähigkeit | | |

Für den Einsatz als Werkstoff sind neben den genannten Eigenschaften noch gute Verarbeitbarkeit und leichte Formgebung von Bedeutung. Außerdem muss der Werkstoff wirtschaftlich einsetzbar und umweltfreundlich sein.

## 2.1.1
## Metalle

Metalle haben im allgemeinen folgende charakteristische Eigenschaften:
- sie sind bei Zimmertemperatur fest,
- sie sind gute Wärme- und Elektrizitätsleiter,
- sie besitzen eine hohe Festigkeit,
- sie haben metallischen Glanz,
- sie sind lichtundurchlässig,
- sie bilden mit anderen Metallen Legierungen und
- sie sind weitgehend flüssigkeits- und gasdicht.

## 2.1.2.1
## Eisenmetalle

Von den etwa 40 als Bestandteil von Werkstoffen wichtigen Metallen ist Eisen als Gebrauchsmetall von überragender Bedeutung. Es kann mit vielen anderen Elementen Legierungen mit sehr unterschiedlichen Eigenschaften bilden.

In den Eisenmetallen überwiegt der Massenanteil an Eisen den jedes anderen beteiligten Elementes.

Aus den in der Natur vorkommenden Erzen wird im Hochofen das **Roheisen** gewonnen. Roheisen kann Kohlenstoff, Silizium, Mangan, Phosphor und Schwefel enthalten. Diese Elemente werden *Eisenbegleiter* genannt, sie sind nicht absichtlich zugefügt.

Als Eisenbegleiter hat Kohlenstoff einen besonderen Einfluss auf die Eigenschaften der Eisenmetalle; dieser ist in Tab. 2-2 genauer aufgelistet.

**Tab. 2-2**  Einfluss des Kohlenstoffs auf die Eigenschaften der Eisenmetalle.

| Kohlenstoffanteil | Eigenschaften | Werkstoff |
|---|---|---|
| 3-4% | nicht schmiedbar, spröde, hart | Grauguss |
| 0,5-1,7% | härtbar, hart, weniger gut schweißbar | unlegierter Werkzeugstahl |
| 0,05-0,5% | gut schmied- und schweißbar, dehnbar, zäh | allgemeiner Baustahl |

Elemente, die den Eisenmetallen absichtlich zugefügt werden, heißen Legierungszusätze oder *Legierungselemente*.

Die Eigenschaften der Eisenmetalle werden außer vom Kohlenstoff auch vom prozentualen Anteil und von der Zusammenstellung weiterer Eisenbegleiter und Legierungselemente beeinflusst:

• Nickel, Chrom und Silicium erhöhen die Korrosionsbeständigkeit,
• Chrom, Wolfram und Molybdän erhöhen die Wärmebeständigkeit,
• Nickel, Chrom, Mangan, Vanadium und Molybdän steigern die Verschleißfestigkeit,
• Kupfer ist Legierungselement von wetterfestem Stahl.

Im folgenden werden die wichtigsten Eisenmetalle vorgestellt.

## Stahl

Stahl ist ein Eisenmetall, das zur Wärmebehandlung geeignet ist, z.B. gehärtet werden kann, und bis etwa 2% Kohlenstoff enthält. Er wird aus Roheisen oder Stahlschrott, meist aus beidem erzeugt. Eine Einteilung kann erfolgen in unlegierten und legierten Stahl.

a) *Unlegierter Stahl* enthält neben Kohlenstoff als Eisenbegleiter Aluminium, Titan, Kupfer, Mangan und Silicium in festgelegten maximalen Anteilen. Werden diese Werte überschritten oder Legierungselemente zugefügt, so ist der Stahl legiert. Unlegierter Stahl wird eingeteilt in allgemeinen Baustahl, unlegierten Qualitätsstahl und unlegierten Edelstahl.

– *Allgemeiner Baustahl* zeichnet sich im Wesentlichen durch seine Zugfestigkeit und Streckgrenze bei Raumtemperatur aus. Er ist in der Regel nicht zur Wärmebehandlung geeignet mit Ausnahme des Spannungsarm- und Normalglühens. Aus allgemeinem Baustahl werden geschweißte, genietete und geschraubte Bauteile hergestellt.
*Beispiel:* St 37-2
Zugfestigkeit 360-470 N/mm², 
Gütegruppe 2 (Unterscheidung der mechanischen Eigenschaften und chemischer Zusammensetzung)

– *Unlegierter Qualitätsstahl* ist zur Wärmebehandlung geeignet und hat verglichen mit allgemeinem Baustahl höhere Reinheit und eine glattere Oberfläche. Dieser Stahl ist z.B.
• gut abzukanten und kalt zu profilieren,
• gut schweißbar,
• gut beständig gegen atmosphärische Korrosion und
• gut geeignet für den Gebrauch bei hohen und niedrigen Temperaturen.

*Beispiel*: C 60

Qualitätsstahl mit einem Kohlenstoffanteil von 0,6%

– *Unlegierter Edelstahl* ist besonders rein mit einem begrenzten Gehalt an nicht-metallischen Einschlüssen hergestellt. Er hat z.B. gute magnetische oder elektrische Eigenschaften und ist durch Zusatz von Blei zerspanbar. Er wird u.a. verwendet als Relaiswerkstoff, Schweißzusatzwerkstoff, für Federn, Seile und Werkzeuge.

*Beispiel*: Ck 10

Unlegierter Edelstahl mit einem Kohlenstoffanteil von 0,1%, »k« bedeutet: geringer Phosphor- und Schwefelgehalt.

b) *Legierter Stahl* wird eingesetzt, wenn an den Stahl besondere Anforderungen gestellt werden. Er umfasst u.a. Werkzeug-, Schnellarbeits-, Wälzlager- und Nitrierstahl. Niedriglegierte Stähle enthalten weniger als 5%, hochlegierte Stähle mehr als 5% Legierungselemente. Hochlegierter Stahl ist immer Edelstahl.

Schwerrostender oder witterungsbeständiger Stahl ist niedriglegiert und enthält 0,3% Kupfer und 0,1% Phosphor.

Chemisch beständiger, nichtrostender Stahl ist hochlegiert und hat hohe Anteile an Chrom und Nickel. Durch Zusatz von Molybdän wird die chemische Beständigkeit verbessert. Er ist korrosionsbeständig gegenüber Luftfeuchtigkeit, Wasser und den meisten Säuren und Laugen und wird daher besonders in der chemischen Produktion und in der Nahrungsmittelindustrie eingesetzt.

*Beispiel*: X 5 Cr Ni Mo 18 12

Hochlegierter Stahl mit 0,05% C, 18% Cr, 12% Ni und geringen Mengen Mo.

## Gusseisen

Gusseisen ist ein Eisenmetall mit einem Kohlenstoffanteil von mehr als 2% und dadurch gut schmelz- und gießbar. Es entsteht durch Umschmelzen und Reinigen von Roheisen.

– *Grauguss* (GG) ist Gusseisen mit Graphit in Lamellenform. Er hat gute Korrosionsbeständigkeit und gute Laufeigenschaften, eine Dichte von 7,25 $g/cm^3$ und Zugfestigkeiten bis 400 $N/mm^2$. Grauguss wird verwendet zur Herstellung von Gehäusen, Rohren und Lagern.

*Beispiel*: GG 15

Grauguss mit einer Zugfestigkeit von 150 $N/mm^2$, ein spröder, harter Werkstoff.

– *Kugelgraphitguss* (GGG) ist Gusseisen mit Graphit in Kugelform. Er zeichnet sich durch einen hohen Verschleißwiderstand, gute Dehnbarkeit und Festigkeit aus, ist chemisch beständig und warmfest. Die Dichte beträgt 7,2 $g/cm^3$, die Zugfestigkeit kann Werte bis 800 $N/mm^2$ annehmen. Kugelgraphitguss wird zur Herstellung von Kurbelwellen, Zahnrädern, Kupplungen, Pumpen oder Turbinen verwendet.

*Beispiel*: GGG 50

Kugelgraphitguss mit einer Zugfestigkeit von 500 $N/mm^2$ und stahlähnlicher Güte für die Herstellung von z.B. Kupplungen.

– *Temperguss* (GTW = weißer Temperguss, GTS = schwarzer Temperguss) ist ein durch ein besonderes Glühverfahren hergestelltes Gusseisen. Er ist zäh, fest, nur

bedingt schmiedbar und wird z.B. zur Herstellung von Fittings, Schraubenschlüs-
seln und Baubeschlägen verwendet.

- *Stahlguss* (GS) ist Stahl, der in Formen gegossen wird. Er wird eingesetzt, wenn die
Festigkeitseigenschaften von Grau- und Temperguss nicht ausreichen. Eigenschaf-
ten, Warmbehandlungs-, Härtungs- und Legierungsmöglichkeiten entsprechen de-
nen des Stahls. Stahlguss hat eine hohe Festigkeit, ist wenig zäh und wird z.B. zur
Herstellung von Kleinteilen für Armaturen, von Schaufelrädern, Schiffspropellern,
Pumpengehäusen und von thermisch stark beanspruchten Gussteilen verwendet.

## 2.1.2.2
### Nichteisenmetalle

Neben Eisenmetallen werden Nichteisenmetalle und deren Legierungen als Werkstoffe eingesetzt. Die Nichteisenmetalle werden unterteilt in *Leicht-* und *Schwermetalle*. Leichtmetalle haben eine Dichte unter 5 g/cm$^3$, Schwermetalle über 5 g/cm$^3$
(s. Tab. 2-3).

**Tab. 2-3** Nichteisenmetalle.

| Metall | Dichte in g/cm$^3$ | Schmelz-punkt | Eigenschaften |
|---|---|---|---|
| **Leichtmetalle** | | | |
| Aluminium | 2,7 | 660 °C | dehnbar, elektrisch leitend, gut bearbeitbar, korrosionsbeständig |
| Titan | 4,5 | 1668 °C | stahlähnliche Festigkeit, korrosionsbeständig, warmfest |
| Magnesium | 1,8 | 650 °C | sehr leicht, geringe Festigkeit, leicht entzündbar, Legierungselement |
| **Schwermetalle** | | | |
| Kupfer | 8,92 | 1083 °C | weich, zäh, dehnbar, elektrisch leitend, Legie-rungselement |
| Zink | 7,1 | 419 °C | wetterbeständig, gießbar, Legierungselement |
| Zinn | 7,28 | 232 °C | geringe Härte, dehnbar, Legierungselement |
| Blei | 11,34 | 327 °C | weich, dehnbar, wetterfest, säurebeständig |

Von größerer Bedeutung als die Nichteisenmetalle sind die Nichteisenmetall-
Legierungen. In diesen kommt Eisen nicht mit dem höchsten Massenanteil vor. Die
Legierung entsteht durch Vermischen von Metallen miteinander oder von Metallen
mit Nichtmetallen in einer Schmelze. Eine so entstandene Legierung nennt man
*Gusslegierung*. Außerdem können die Bestandteile durch Schmieden, Pressen und
Walzen zu einer *Knetlegierung* vermischt werden.

Durch Legieren verändern sich z.B. Härte, Dehnbarkeit, Festigkeit, Schmelztemperatur, Korrosionsverhalten, Löteigenschaften, elektrische Leitfähigkeit und
Eignung zur galvanischen Beschichtung.

Werkstoffe mit bestimmten Eigenschaften können durch gezieltes Legieren hergestellt werden (s. Tab. 2-4).

**Tab. 2-4**  Nichteisenmetall-Legierungen.

| Name | Kurzname | Eigenschaften | Verwendung |
|---|---|---|---|
| **Leichtmetallegierungen** | | | |
| Aluminiumknet-legierung | AlMg | schweißbar, korrosions-beständig, Zugfestigkeit ca. 400 N/mm$^2$ | Schiffs-und Flugzeugbau, Nahrungsmittelindustrie |
| Aluminiumguss-legierung | G-AlSi5Mg | schweißbar, korrosions-beständig, Zugfestigkeit ca. 300 N/mm$^2$ | Gussstücke in der chemischen Industrie |
| Magnesiumknet-legierung | MgMn2 | schweißbar, Zugfestigkeit ca. 200 N/mm$^2$ | Kraftstoffbehälter |
| Magnesiumguss-legierung | GD-MgAl9Zn1 | Zugfestigkeit ca. 200 N/mm$^2$ | Autobauteile, Kameras |
| **Schwermetalllegierungen** | | | |
| Messing | CuZn40 | 60% Kupfer, 40% Zink, polierbar, gut form- und gießbar, korrosionsbeständig | Draht, Blech, Kühl- und Wärmerohre |
| Aluminiumbronze | CuAl5 | 5% Aluminium, ca. 95% Kupfer, große Festigkeit und Zähigkeit, korrosions-beständig | korrosionsbeständige Teile in der chemischen Industrie |
| Guss-Zinn-Bronze | GZ-CuSn12 | 12% Zinn, 88% Kupfer, säurebeständig | säurebeständige Armaturen |
| Guss-Blei-Bronze | G-CuPb25Sn | 25% Blei, ca. 75% Kupfer, Spuren von Zinn, säurebeständig | Lagerwerkstoff, säure-beständige Armaturen |
| Hastelloy C-276 | NiMo16Cr15W | 14,5-16,5% Chrom, 15-17% Molybdän, 4-7% Eisen, 3-4,5% Wolfram, < 2,5 % Kobalt, Rest Nickel, hochkorrosionsbeständig | für den chemischen Apparatebau mit hohen Beständigkeits-anforderungen |
| Monel 400 | NiCu30Fe | ca. 66% Nickel, ca. 31% Kupfer, beständig gegen verdünnte Medien | Rohre, Armaturen, Druckbehälter |

Wichtige Legierungen für den chemischen Apparatebau sind die Nickellegierungen *Monel* und *Hastelloy*. Sie zeichnen sich durch hohe Festigkeit, Dehnbarkeit und Korrosionsbeständigkeit aus und sind außerdem säurebeständig.

### 2.1.2.3
### Bezeichnung der Werkstoffe

Werkstoffe werden nach DIN durch *Kurznamen* oder *Werkstoffnummern* bezeichnet. Anhand des Kurznamens sind wesentliche Eigenschaften des Werkstoffes erkennbar. Die Werkstoffnummern ermöglichen die Anwendung eines vergleichbaren, auch von Datenverarbeitungsanlagen gut auswertbaren Zahlensystems.

Die Werkstoffnummer setzt sich zusammen aus der *Werkstoffhauptgruppe*, der *Sortennummer* und den *Anhängezahlen*, die jeweils durch einen Punkt voneinander getrennt sind (s. Abb. 2-2).

Werkstoff-
hauptgruppe
(eine Ziffer)

Sorten-
nummer
(vier Ziffern)

Anhänge-
zahl
(zwei Ziffern)

**Abb. 2-2** Zusammensetzung der Werkstoffnummer

Die Bedeutung der Werkstoffhauptgruppe kann Tab. 2-5 entnommen werden.

**Tab. 2-5** Bedeutung der Kennziffern der Werkstoffhauptgruppe.

| Kennziffer | Bedeutung |
| --- | --- |
| 0 | Gusseisen, Roheisen |
| 1 | Stahl |
| 2 | Schwermetalle außer Eisen |
| 3 | Leichtmetalle |
| 4 bis 8 | Nichtmetallische Werkstoffe |
| 9 | Frei für interne Kennzeichnung |

Die ersten zwei Ziffern der Sortennummer geben für die Werkstoffhauptgruppe 0 und 1 die Sortenklassen an. Anhand der Sortennummer können die Werkstoffart oder die Hauptlegierungsbestandteile ermittelt werden. Ziffer drei und vier der Sortennummer stellen Zählzahlen innerhalb der Sortenklasse dar. Die Anhängezahl gibt mit der ersten Ziffer das Gewinnungsverfahren, mit der zweiten Ziffer den Behandlungszustand an.

*Beispiele:*

1. Werkstoffnummer        0.6020

| | |
|---|---|
| 0.- - - - - | Hauptgruppe 0: Gusseisen |
| -.60 - - - | Sortenklasse 01: Gusseisen mit Graphit in Lamellenform, unlegiert |
| -.- -20 | Zählnummer für GG-20: Grauguss, Mindestzugfestigkeit 196 N/mm$^2$ |

2. Werkstoffnummer        1.0112.61

| | |
|---|---|
| 1.- - - -.- - | Hauptgruppe 1: Stahl |
| -.01- -.- - | Sortenklasse 01: allgemeiner Baustahl, unlegiert |
| -.- -12.- - | St.37-2: Mindestzugfestigkeit 360 N/mm$^2$, Güteklasse 2 |
| -.- - - -.6- | beruhigter Siemens-Martin-Stahl |
| -.- - - -.- 1 | normalgeglüht |

3. Werkstoffnummer        1.4541
    Kurzname            X 10 CrNiTi 18 9
    Produktname       V2A

Die Werkstoffnummer bedeutet:

| | |
|---|---|
| 1.- - - - | Hauptgruppe 1: Stahl |
| -.45 | Sortenklasse 45: legierter Edelstahl, nichtrostender Stahl mit Sonderzusätzen |
| -.- - 41 | Zählnummer für die Zusammensetzung: 0,08% C, 17-19% Cr, 9-12% Ni, 0,8% Ti |

Der Kurzname bedeutet:

| | |
|---|---|
| X | hochlegierter Stahl |
| 10 | 0,1% C |
| Cr | 18% Cr |
| Ni | 9% Ni |
| Ti | geringer Anteil Ti |

4. Werkstoffnummer        1.4571
    Kurzname            X 10 CrNiMoTi 18 10
    Produktname       V4A

| | |
|---|---|
| 1.- - - - | Hauptgruppe 1: Stahl |
| -.45 | Sortenklasse 45: legierter Edelstahl, nichtrostender Stahl mit Sonderzusätzen |

-.- -71   Zählnummer für die Zusammensetzung: 0,08% C, 16,5-18,5% Cr, 11-14% Ni, 2-2,5% Mo, 0,4% Ti

5.   Werkstoffnummer          2.4610

2.- - - -   Hauptgruppe 2: Schwermetalle
-.46        Sortenklasse 46: chemisch beständiger Stahl
-.- -10     Zählnummer für die Zusammensetzung: 14-18% Cr, 14-17% Mo, 3% Fe, 0,5-0,7% Ti, Rest Ni

6.   Werkstoffnummer          2.4889
     Produktname              Hastelloy

2.- - - -   Hauptgruppe 2: Schwermetalle
-.48        Sortenklasse 48: legierter Edelstahl, chemisch beständiger, hitzebeständiger Stahl
-.- -89     Zählnummer für die Zusammensetzung: 59% Ni, 14-17% Fe, 14-17% Cr, 6-8% Mo, 0,5% Cu

## 2.1.3
## Nichtmetalle

Neben den Metallen haben die Nichtmetalle in der industriellen Technik große Bedeutung.

Als **Glas** werden alle jene Stoffe bezeichnet, deren Struktur die einer Flüssigkeit ist, deren Zähigkeit bei Raumtemperatur aber die eines festen Körpers ist. Eine Einteilung der Glassorten anhand der chemischen Zusammensetzung führt zu vier Hauptgruppen *Kalknatronglas, Bleiglas, Borosilikatglas* und *Quarzglas*.

Für Apparaturen in der chemischen Produktion und im Laboratorium wird vorwiegend Borosilikatglas verwendet.

In diesem Glas ist der Anteil an Siliciumdioxid höher als in den anderen Glassorten. Borosilikatglas setzt sich zusammen aus ca. 70-80% Siliciumdioxid, 7-13% Bortrioxid, 4-8% Natrium- und Kaliumoxid und 2-7% Aluminiumoxid. Es ist u.a. besonders beständig gegenüber chemischen Einwirkungen und Temperaturunterschieden bis ca. 250 °C, weiterhin ist es formbeständig bis ca. 550 °C und hat keine reaktionsauslösende Wirkung. Borosilikatglas wird auch verwendet in der pharmazeutischen Fertigung für Ampullen und Flaschen oder als hochbelastbares Glühlampenglas.

Quarzglas besteht ausschließlich aus Siliciumdioxid. Es hat seine herausragende technische Bedeutung durch hohe Temperaturbelastbarkeit sowie extreme UV-Durchlässigkeit erlangt.

**Glasfaser** ist die Bezeichnung für zu Fasern verarbeitetes Glas mit Faserdurchmessern zwischen 0,1 mm und wenigen Tausendstel mm. Es wird unterschieden in *Isolierglasfasern* und *Textilglasfasern*.

Glasfasern haben eine Dichte von ca. 2,5 g/cm$^3$, sind nicht brennbar, resistent gegen viele Chemikalien, Pilze, Bakterien und Witterungseinflüsse. Sie können bei Temperaturen von bis zu 350-550 °C verwendet werden und isolieren gut gegen Schall und Wärme.

Glasfasern werden u.a. verwendet zur Wärme- und Schallisolation, zur Elektroisolation, zur Herstellung von z.B. Arbeitsschutzkleidung und Filtern, als Komponente in Kunststoffen (GFK = Glasfaserverstärkter Kunststoff) und als Lichtleitfaser in Wechselzeichensignalgebern.

**Email** ist ein Überzug aus nicht vollständig geschmolzenem Glas auf metallischer Unterlage und dient zum Oberflächenschutz gegenüber Chemikalien. Es ist glatt, hart, hitzebeständig und kann durch Metalloxide, z.B. Nickeloxid oder Kobalttrioxid getrübt oder gefärbt sein.

Die Ausgangsstoffe, z.B. Siliciumdioxid, Borax und Natriumnitrat, werden getrocknet, gemischt, gemahlen, geschmolzen und in kaltem Wasser abgeschreckt. Das körnige Glas wird fein gemahlen und auf die zu glasierende Oberfläche aufgetragen. Die Einbrenntemperatur liegt bei 800-900 °C.

In der chemischen Industrie müssen Emailbehälter unter anderem säurefest sein. Die besondere Zusammensetzung dieser Emailsorte erfordert höhere Einbrenntemperaturen. Die Nachteile von Email sind seine Empfindlichkeit gegenüber starken Laugen, Flusssäure, Schlag und Temperaturschock.

**Keramische Werkstoffe** bestehen aus Ton oder ähnlichen in der Natur vorkommenden Tonerdesilikaten. Die Ausgangsstoffe, z.B. Tonerde, Quarz und Feldspat, werden gemahlen, gemischt, mit Wasser vermengt, in eine Form gebracht und getrocknet. Im anschließenden Sinterprozeß wird die Keramik bei Temperaturen wenig unterhalb des Schmelzpunktes gebrannt und erhält dadurch die endgültige Form.

Keramiken werden eingeteilt in *Irdenware* (Irdengut) mit porösem Scherben, z.B. Ziegel und Dachpfannen und *Sinterware* (Tonzeug) mit dichtem Sinterscherben, z.B. Fußbodenplatten und Kanalisationsrohre.

Porzellan ist Sinterware und das edelste keramische Erzeugnis. Es ist ein guter elektrischer Isolator, beständig gegen Säuren und Laugen geringer Konzentration und wird verwendet für Laborgeräte und Apparaturen.

Für keramische Werkstoffe gibt es heute in der Industrie ständig neue Anwendungsmöglichkeiten, da sie sehr unterschiedliche Eigenschaftskombinationen vereinen. Einige Beispiele zeigt Tab. 2-6.

**Tab. 2-6**   Keramische Werkstoffe.

| Name | Eigenschaften | Anwendungsgebiet |
|---|---|---|
| Siliciumkarbid | hohe Temperaturbeständigkeit, korrosionsbeständig gegen Säuren und Laugen, große Härte, gute Wärmeleitfähigkeit | Gleitringdichtungen bei aggressiven Medien |
| Aluminiumtitanat | wärme- und korrosionsbeständig, beständig gegen Temperaturschock | Brennereinsätze, Schweißdüsen |
| Aluminiumoxid-keramik | hohe Härte und Verschleißfestigkeit, temperatur und -korrosionsbeständig, chemisch beständig | Dicht- und Regelscheiben für Wasserarmaturen |
| Aluminiumsilikat | gute Wärmeleitfähigkeit, hohe mechanische Festigkeit | elektrische Sicherungsbauteile |
| Magnesiumsilikat | dicht, sehr gute mechanische Festigkeit, gute elektrische Isoliereigenschaften | Einsatz in der Installationstechnik |

**Schamottestein** ist ein feuerfester Stein mit relativ guter Chemikalienbeständigkeit und guten Temperaturwechseleigenschaften. Die Ausgangsstoffe, z.B. gebrannter Ton, Schieferton, Sand und feuerfester Ton werden gemahlen, gemischt, mit Wasser eingesumpft, zu Steinen geformt und scharf gebrannt.

Schamottesteine werden in Anlagen verwendet, in denen hohe Temperaturen und aggressive Medien außer basischen Stoffen auftreten, z.B. Hochöfen, Winderhitzer, hochbeanspruchte Feuerungen.

**Graphit** ist eine stabile Modifikation des Kohlenstoffs, hat eine Dichte von 2,1 bis 2,3 g/cm$^3$, eine Schmelztemperatur von 3700 °C, fühlt sich weich und fettig an und ist ein guter Leiter für Wärme und elektrischen Strom.

Er ist in hohem Maß chemikalien- und korrosionsbeständig, aber bruchempfindlich und nicht abriebsfest. Graphit wird zur Herstellung von Schmelztiegeln, als Elektrodenwerkstoff, als Wärmetauscher (Diabon®) und als Zusatzstoff in Schmiermitteln und Dichtungen verwendet.

**Holz** besteht aus Zellulose, Lignin, Gerbstoffen, Mineralstoffen und Fetten. Es wird u.a. verwendet für Gussmodelle, Hammerstiele, Feilenhefte, Werkbankplatten und Rahmen für Filterpressen.

**Hanf** ist eine Faserpflanze, aus der die Hanffasern gewonnen werden. Diese sind langfaserig und zerreißfest und werden als Dichtungsmittel für Gewinderohre eingesetzt.

Der Begriff **Kunststoff** im weitesten Sinn umfasst organische Werkstoffe, die aus Makromolekülen aufgebaut sind und die durch Umwandlung von Naturprodukten oder aus Primärprodukten wie Erdöl, Erdgas oder Kohle hergestellt werden.

Die Herstellung von Kunststoffen erfolgt unter drei Gesichtspunkten:

• Eigenschaften bestehender Werkstoffe zu verbessern,
• Werkstoffe zu ersetzen und
• Werkstoffe mit neuen technologischen Eigenschaften zu schaffen.

Kunststoffe werden als Zwischenprodukte in Granulat- oder Pulverform angeboten. Sie zeichnen sich aus durch eine geringe Dichte, gute Chemikalienbeständigkeit und glatte Oberfläche. Sie isolieren gut gegen Wärme, Schall und elektrischen Strom und besitzen gute Korrosionsbeständigkeit.

Außerdem sind sie leicht verformbar durch Biegen, Pressen, Zerspanen und Schweißen und zeigen geringen Verschleiß.

Die Nachteile von Kunststoff bestehen in der Sprödigkeit bei tiefen Temperaturen, der geringen Festigkeit bei hohen Temperaturen, der hohen Dehnung bei Belastung und der Brennbarkeit.

a) *Umgewandelte Naturstoffe* sind Gummi (vulkanisierter Kautschuk), Vulkanfiber (pergamentierte Zellulose), Celluloid® (Nitrozellulose) und Kunsthorn (Kasein – Kunststoff).

*Gummi* ist die Bezeichnung für vulkanisierten Kautschuk. Kautschuk (Rohgummi) wird aus dem Milchsaft tropischer Gummibäume gewonnen. Der Rohgummi wird dann unter Zusatz von Schwefel vulkanisiert, d.h. bei 100-180°C in Formen gepresst. Geringe Schwefelmengen führen zu Weichgummi, große Schwefelmengen zu Hartgummi. Gummi ist ein guter Isolator, elastisch und besitzt eine große mechanische Widerstandsfähigkeit. Weiterhin ist er relativ beständig gegen Säuren, Laugen, Salze, aber empfindlich gegenüber Öl und Benzin.

Gummi wird u.a. verwendet in der Reifenindustrie, als Schlauch, Dichtung, Manschette, Kabelisolierung und Schutzkleidung.

b) Bei den *synthetischen Kunststoffen* unterscheidet man Thermoplaste, Duroplaste und Elastomere.

– *Thermoplaste* werden beim Erwärmen ohne wesentliche chemische Veränderung plastisch und verformbar. Das Erwärmen kann mehrfach wiederholt werden. Die Moleküle sind fadenförmig aneinander gereiht, es besteht aber keine Querverbindung.

Thermoplaste können geschweißt, warm gebogen, tiefgezogen, gepresst und gespritzt werden. In Tab. 2-7 sind einige bekannte Thermoplaste aufgeführt.

**Tab. 2-7**   Thermoplaste.

| Name | Handels name | Eigenschaften | Einsatztem- peratur in °C | Verwendung |
|---|---|---|---|---|
| Polyethen (Polyethylen) PE | Hostalen Lupolen Vestolen | beständig gegen Säuren, Laugen, Lösemittel; gleitfähige, wachsartige Oberfläche | −50 bis +80 | nahtlose Rohre Behälter, Folie, Flaschen |
| Polyvinyl- chlorid PVC | Hostalit Ekavin Pervilit Ventolit | beständig gegen Säuren, Laugen, bedingt beständig gegen Lösemittel | −5 bis +60 | Rohre (bis PN6) Be- hälter, Ventilatoren, Weich-PVC-Folie |
| Polystyrol PS | Styropor Styroform Styroflex | beständig gegen Säuren, Laugen; unbeständig gegen Lösemittel | −80 bis +70 | Schwimmkörper, Verpackungsbehälter, Rohre, Gehäuse, Wärme und Schall- isolierung |
| Polymethyl- methacrylat PMMA | Plexiglas Makrolon Acrylglas | beständig gegen Säuren, Laugen, Öl, Benzin | −40 bis +70 | Sicherheitsglas, Dachverglasung, |
| Polytetra- fluorethen (- ethylen) PTFE | Hostaflon Teflon | beständig gegen Säuren, Laugen, Lösemittel | −200 bis +250 | Hähne, Rohre, Dichtungen |
| Polyamid PA | Nylon Perlon Ultramid | unbeständig gegen Säuren, bedingt beständig gegen Laugen, unbeständig gegen Lösemittel | −40 bis +120 | Schrauben, Lager, Zahnräder, Textil- fasern |
| Polyethylen- terephthalat PET | Melinar | hohe Festigkeit, hohe Chemikalienbeständigkeit, gute Verschleißeigen- schaften | −40 bis +220 | Flaschen, Folien, Fasern |

- Die Moleküle der *Duroplaste* oder *Duromere* sind in alle Raumrichtungen eng vernetzt. Duroplaste sind temperaturbeständig, nicht plastisch nachformbar, nicht schmelzbar, nicht quellbar und nicht löslich. Bei Raumtemperatur sind sie hart und spröde. Die einmalige Verformung erfolgt durch Heißpressen und Spritzpressen. In Tab. 2-8 sind einige Duroplaste aufgeführt.

**Tab. 2-8**   Duroplaste.

| Name | Handels-name | Eigenschaften | Einsatztem-peratur in °C | Verwendung |
|---|---|---|---|---|
| Phenolharze PF ungesättigte Polyesterharze UP | Palatal Leguval Dobekan | bedingt beständig gegen Säuren, Laugen, Lösemittel | –40 bis +100 | Formteile, Hart-papier, Hartgewebe |
| Polyurethan-harze PUR | Baydur Moltopren Durethan U | unbeständig gegen Säuren, Laugen, bedingt beständig gegen Lösemittel | –40 bis +80 | Dichtungen, Manschetten, Schläuche |
| Epoxidharz EP | Araldit Epoxin Lekutherm | beständig gegen Säuren, Laugen, Lösemittel | –100 bis +150 | Kleber, Lacke, glas-faserverstärkte Kunststoffplatten |

- *Elastomere* sind räumlich vernetzte Kunststoffe. Sie sind quellbar und gummi-elastisch. Zu den Elastomeren gehört synthetisches Gummi (Handelsname: Buna oder Perbunan).

  Dieses wird verwendet bei Temperaturen von –10 bis +100°C für Reifen, För-derbänder, Dichtungen sowie Schuhsohlen. Es ist bedingt beständig gegen Säu-ren, Laugen und Lösemittel.

## 2.1.4
## Verbundwerkstoffe

Verbundwerkstoffe bestehen aus zwei oder mehr Werkstoffen, deren positive Eigen-schaften miteinander kombiniert werden. Zur Anwendung von Verbundwerkstof-fen werden Kriterien wie Festigkeit, Korrosionsbeständigkeit, Gewichtsersparnis, Verträglichkeit mit dem umgebenden Medium und nicht zuletzt der Preis in Be-tracht gezogen.

Als Beispiel sei hier der Verbund von mit Nickel legiertem Stahl mit allgemeinem Baustahl angeführt.

Allgemeiner Baustahl hat gute Festigkeitseigenschaften und kann im Behälterbau in der chemischen Industrie eingesetzt werden. Mit Nickel legierter Stahl ist korro-sionsbeständig, aber sehr teuer. Als Verbundwerkstoff übernimmt der nickelhaltige Stahl im Innenraum des Behälters den Korrosionsschutz, die mechanische Bean-spruchung trägt der preiswertere Baustahl.

Als weiteres Beispiel für Verbundwerkstoffe sollen hier Rohrleitungsdichtungen angesprochen werden. Nach Wegfall des Asbests als Dichtungsmaterial werden jetzt Aramid-, Carbon- oder Glasfasern verwendet. Diese liegen gebunden in Nitrilkaut-schuk NBR (aus dem englischen: *nitrile-butadien-rubber*) vor. Je nach Einsatzart und Anforderungen sind diese Dichtungen durch Stahlgewebe oder Streckmetall-armierungen verstärkt.

Bei den Verbundwerkstoffen kann eine Einteilung nach dem Zusammenhalt der verschiedenen Werkstoffe vorgenommen werden.

Wirkt ein Werkstoff als Verstärkungskomponente, z.B. Draht im Drahtglas, liegt ein *faser-* oder *drahtverstärkter* Verbundwerkstoff vor. Liegen die verstärkenden Teilchen regellos im Gefüge des Gesamtwerkstoffes, ist der Verbundwerkstoff *teilchenverstärkt*. Eine dritte Art eines Verbundwerkstoffes ist ein Werkstoff mit *Oberflächenbeschichtung*.

**Tab. 2-9** Verbundwerkstoffe.

| Werkstoff 1 | Werkstoff 2 | Verbundwerkstoff bzw. Verwendung |
| --- | --- | --- |
| Beton | Stahl | Stahlbeton |
| Kunststoff | Glasfaser | Glasfaserverstärkter Kunststoff |
| Glas | Metall | Drahtglas |
| Holz | Kunstharz | Spanplatten |
| Holz | Kunststoff | beschichtete Tischlerplatte |
| Stahl | Zinn | Weißblech |
| Stahl | Email | chemikalienbeständiger Behälter |
| Stahl | Kunststoff | beschichtete Rohre |
| Stahl | hochlegierter Stahl | plattierte Bleche |
| Nitrilkautschuk | Aramidfasern | Dichtungen für Dampf, Öl und viele Chemikalien |
| Nitrilkautschuk | synthetische Fasern und Metallgewebe | Dichtungen für Öle, Kohlenwasserstoffe, Gase |

## 2.1.5
## Korrosion

### 2.1.5.1
### Ursache und Erscheinungsformen

Für das Versagen von Werkstoffen kann es drei Ursachen geben: Bruch, Verschleiß und Korrosion.

Korrosion[1] ist die unbeabsichtigte Zerstörung von Werkstoffen, die durch äußere Einflüsse hervorgerufen wird und von der Oberfläche des Materials ausgeht. Sie kommt hauptsächlich bei Metallen vor, aber auch mineralische Baustoffe oder hochpolymere Stoffe sind betroffen. Korrosion wird ausgelöst durch chemische Reaktion der Werkstoffoberfläche mit Atomen oder Molekülen aus der gasförmigen, flüssigen oder festen Umgebung. Die Korrosionsgeschwindigkeit wird durch die hohe elektrische Leitfähigkeit der metallischen Werkstoffe begünstigt.

Eines der auffallendsten Merkmale der Korrosion ist die Vielfalt der Erscheinungsformen.

**Ebenmäßige Korrosion**: Der Werkstoff wird auf seiner gesamten, dem korrodierenden Medium ausgesetzten Fläche abgetragen. Der Abtrag geschieht oft sehr langsam und ist dann nur schwer feststellbar. Die ebenmäßige Korrosion ist die häufigste Form der Korrosion (s. Abb. 2-3).

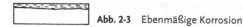

**Abb. 2-3**  Ebenmäßige Korrosion

**Ungleichmäßige Korrosion:** Durch narbige Oberflächen entstehen örtliche Anfressungen. Es kommt dann zu einem ungleichmäßigen Flächenabtrag (s. Abb. 2-4).

**Abb. 2-4**  Ungleichmäßige Korrosion

**Lochfraßkorrosion:** Durch z.B. Fehlstellen in der Schutzschicht entstehen kraterförmige Vertiefungen, deren Tiefe größer ist als ihr Durchmesser. Diese Anfressungen können den Werkstoff schwächen und im Extremfall durchlöchern. Außerhalb dieser Lochfraßstellen tritt kein Flächenabtrag auf (s. Abb. 2-5).

**Abb. 2-5**  Lochfraßkorrosion

**Spaltkorrosion** ist die in Spalten, z.B. an Dichtungen oder Nietstößen auftretende lochfraßförmige Korrosion (s. Abb. 2-6).

**Abb. 2-6**  Spaltkorrosion

**Kontaktkorrosion** erfolgt an den Berührungsstellen unterschiedlicher Metalle, die in der Spannungsreihe weit auseinander liegen. Unter Einwirkung von z.B. feuchter Luft bilden sich galvanische Elemente. Das unedlere Metall geht in Ionenform über und wird zerstört (s. Abb. 2-7).

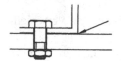

**Abb. 2-7**  Kontaktkorrosion

Bei einer **selektiven Korrosion** handelt es sich um Korrosionsvorgänge einzelner Gefügebestandteile des Werkstoffes. Dieser verliert dadurch den Zusammenhalt. Im Grauguss wird z.B. besonders der Bestandteil Eisen angegriffen. Greift das schädigende Medium entlang der Korngrenze des Metalls an, so wird dieses spröde und reißt bei mechanischer Beanspruchung. Die selektive Korrosion findet auch bei hochwertigen Metallen statt (s. Abb. 2-8).

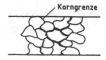

**Abb. 2-8**  Selektive Korrosion

**Spannungskorrosion** tritt auf, wenn außer einem aggressiven Medium auch Zugspannungen einwirken. Die besondere Gefahr besteht hier darin, dass der Schaden erst festgestellt wird, wenn das Bauteil zu Bruch gegangen ist (s. Abb. 2-9).

**Abb. 2-9** Spannungskorrosion

Neben diesen Korrosionsarten können Schädigungen von Werkstoffen durch die Kombination von Korrosion mit anderen Vorgängen, z.B. Reibung auftreten.

### 2.1.5.2
### Korrosionsschutz

Der Schutz der Oberfläche vor äußeren Einflüssen kann einerseits beeinflusst werden durch die Auswahl des Werkstoffes und andererseits durch Verändern des Werkstoffes an der Oberfläche.

Vor dem Auftrag von Überzügen oder Beschichtungen auf einen Werkstoff müssen Verunreinigungen sorgfältig entfernt werden. Das Entrosten von Stahloberflächen kann mechanisch z.B. durch Sandstrahlen oder chemisch z.B. durch Beizen erfolgen. Im folgenden sind einige wichtige Schutzmöglichkeiten aufgeführt.

**Organische Überzüge** aus Fett, Öl oder Wachs werden für zeitlich begrenzten Korrosionsschutz während des Versands oder der Lagerung verwendet.

Als **Schutzanstrich** werden Ölfarben, Teerfarben und Kunstharzlacke verwendet. Bei Ölfarben wird als Grundierung Mennige ($Pb_3O_4$) eingesetzt. Grundierung und Deckanstrich können mehrschichtig sein.

Der Korrosionsschutz durch **Kunststoffüberzug** hat den zusätzlichen Vorteil einer elektrischen Isolationswirkung.

**Phosphatieren** bzw. **Chromatieren** ist die Behandlung mit Phosphorsäure, saurer Phosphat- bzw. saurer Chromatlösung. Im Tauch- oder Spritzverfahren, zum Teil bei höheren Temperaturen wird durch die Bildung von Phosphaten bzw. Chromaten eine festhaftende Deckschicht erzeugt. Diese bietet allerdings keinen ausreichenden Schutz gegen Unterrostung, sondern wird als Haftgrund für Anstriche verwendet und ist teilweise auch gegen höhere Temperaturen beständig.

**Anodisieren** ist das Erzeugen von Oxidschichten durch elektrisches Oxidieren in Bädern. Diese Oxidschichten sind sehr fest, gut haftend und bilden eine gute Lackgrundlage.

Die Oxidschicht auf Aluminium oder Aluminiumlegierungen heißt Eloxalschicht (*el*ektrisch *ox*idiertes *Al*uminium).

Der Überzug mit einer **Emailmasse** bei Einbrenntemperaturen von 500-1000°C entsteht durch Grund-, Deck- und Glasurschicht im Tauch- oder Spritzverfahren. Emailschichten sind chemisch widerstandsfähig, hart, hitzebeständig, aber sehr spröde.

Beim **Galvanisieren** werden auf elektrochemischem Weg metallische Überzüge auf Werkstücken erzeugt. Überzugsmetalle sind Zink, Chrom, Nickel, Cadmium, Silber und Gold.

Beim **Plattieren** werden Grund- und Überzugsmetall durch Druck, z.B. durch Walzen und erhöhte Temperatur miteinander verbunden. Stahl wird plattiert mit Aluminium, Kupfer, Nickel, Silber und nichtrostendem Stahl.

Im **Spritzverfahren** wird ein Überzugsmetall in einer Flamme geschmolzen und mit Druckluft auf der Werkstoffoberfläche verteilt.

Beim **Schmelztauchen** entsteht durch Eintauchen der Werkstücke in das flüssige Überzugsmetall ein porenfreier, fest anhaftender und beständiger Überzug, der anschließend getrocknet wird. Solche feuerverzinkten Stahlkonstruktionen werden insbesondere dann eingesetzt, wenn sie dauerhaft der Witterung ausgesetzt sind.

## 2.1.6
## Bearbeiten von Werkstoffen

### 2.1.6.1
### Vorbereiten des Werkstücks

Die praktische Ausbildung im Umgang mit Werkstoffen erfolgt im allgemeinen in der Werkstatt. Zur Ausstattung dieses Arbeitsplatzes gehören neben der Werkbank ein Schraubstock sowie Werk- und Messzeuge.

**Messen**: Bei der Bearbeitung von Werkstoffen werden Längen- und Winkelmessungen durchgeführt. Die hierbei gebräuchliche Längeneinheit ist das Millimeter. In einigen Wirtschaftsbereichen ist die Maßangabe »Zoll« noch üblich: 1 Zoll ( 1″) = 25,4 mm.

*Werkzeug:* Stahlmaßstab, Gliedermaßstab, Messschieber, 90°-Winkel, Winkelmesser.

*Arbeitsregeln:*
• Maßstab unmittelbar an die zu messende Stelle anlegen,
• Blick stets senkrecht auf die Skala des Maßstabes richten,
• Messschieber nicht verkanten.

**Anreißen**: Maße und Formen werden der Zeichnung entnommen und durch gut sichtbare Markierungen auf die Oberfläche des Werkstückes übertragen. Unter Umständen müssen die Anreißflächen vorbereitet werden. Die Anreißplatte hat eine ebene, glatte Fläche und dient als Auflage für das Werkstück und als Bezugsebene.

*Werkzeug:* Reißnadel aus Stahl oder Messing, Bleistift (nur bei Leichtmetall), Zirkel, Parallelreißer, Streichmaß.

*Arbeitsregeln:*
• Oberfläche vorbereiten, z.B. mit Kreide bestreichen,
• nicht freihändig anreißen,
• Reißnadel in Ziehrichtung geneigt halten,
• zu tiefe Anrisse vermeiden.

Durch **Körnen** entstehen auf dem Werkstück gut sichtbare Vertiefungen. Anrisslinien, die durch Abblättern des Anstrichs nicht mehr zu erkennen sein könnten, werden durch schwache Körnerschläge gekennzeichnet.

*Werkzeug:* Körner, Hammer
*Arbeitsregeln:*
• Werkstück auf eine feste Unterlage legen,
• Körner zum genauen Erkennen der Ansatzstelle geneigt auf den Markierungspunkt ansetzen,
• Körner aufrichten und mit einem Hammerschlag in den Werkstoff treiben.

**Kennzeichnen:** Mit Hilfe von Schlagstempeln werden Werkstücke bleibend gekennzeichnet. Die Spitze des Schlagstempels mit eingravierten Buchstaben oder Zahlen ist gehärtet.

*Werkzeug:* Buchstaben- oder Zahlensatz, Hammer
*Arbeitsregeln:*
• Höhe und Abstände der Kennzeichnung anreißen,
• Stempel an der Grundlinie senkrecht ansetzen,
• zuerst mit leichtem Schlag anstempeln,
• mit kräftigem Schlag fertigstempeln,
• den verdrängten Werkstoff abfeilen.

### 2.1.6.2
**Formen von Werkstoffen**

In den wenigsten Fällen können ausschließlich Normteile verwendet werden. Bei der Herstellung passender Werkstücke muss der Werkstoff verformt werden.

Beim **Biegen** wird ein Werkstoff in kaltem oder warmem Zustand ohne Werkstoffverlust umgeformt. Bleche, Stäbe, Rohre und Profile werden von Hand oder mit Biegemaschinen entweder abgekantet oder gerundet. Dabei werden die äußeren Werkstoffschichten verlängert oder gestreckt, die inneren werden gekürzt oder gestaucht. Eine wichtige Biegearbeit ist das Richten verbogener, verbeulter oder verdrehter Teile.

*Werkzeug:* Schlosser-, Kunststoff- oder Gummihammer, Rund- und Flachzange, Wind- oder Kröpfeisen
*Arbeitsregeln:*
• Werkstück fest einspannen,
• nur mit der Hammerbahn schlagen, dabei die Hammerschläge vom Werkstückende in Richtung Biegestelle setzen,
• beim Rundbiegen erst vorbiegen, dann umspannen und fertigbiegen,
• verbogene Teile mit der Wölbung nach oben auf gerader Fläche auflegen,
• verbogene Stelle mit dem Hammer ausrichten.

**Meißeln** dient zum Trennen, Zerspanen oder Abscheren eines Werkstoffes. Die Meißelschneide muss immer härter sein als der zu bearbeitende Stoff.

*Werkzeug:* Flach-, Aushau-, Kreuz- und Stegmeißel
*Arbeitsregeln:*
• Schutzbrille tragen und Schutzwände aufstellen,
• Werkstück fest einspannen,
• Meißel mit einem Hammer gleichmäßig in den Werkstoff treiben,
• nur einwandfreie Schlagwerkzeuge benutzen,

- zum Abmeißeln des letzten Teiles Werkstück umspannen und von der entgegengesetzten Seite meißeln.

Durch **Feilen** entstehen formgerechte, maßgerechte und oberflächenglatte Werkstücke. Der Werkstoff wird durch die hintereinander liegenden Feilzähne zerspant. Dabei entstehen nur geringe Spanmengen. Die Anzahl der Zähne je Zentimeter Feilenlänge ist die Hiebzahl. Feilen mit kleiner Hiebzahl erzeugen große Späne und eine rauhe Oberfläche, Feilen mit großer Hiebzahl erzeugen kleine Späne und eine glattere Oberfläche.

*Werkzeug:* Schrupp-, Schlicht- und Feinschlichtfeile

*Arbeitsregeln:*

- Schraubstockhöhe der Körpergröße anpassen,
- Werkstück fest einspannen,
- mit einer Hand das Feilenheft umfassen,
- mit der anderen Hand mit dem Handballen auf das Blattende drücken,
- Feile gleichzeitig andrücken und unter Mithilfe des ganzen Körpers über das Werkstück führen,
- Rückhub ohne Druck durchführen,
- Feilbewegung kreuzweise durchführen,
- Feile mit einer Drahtbürste säubern.

Durch **Sägen** wird ein Werkstück mit Hilfe eines vielzahnigen Sägeblattes von geringer Breite durch eine geradlinige oder kreisförmige Schnittbewegung getrennt. Die Zähne der Säge sind kleine Meißel, die beim Vorschieben gleichzeitig schneiden. Die Späne werden von den Zahnlücken aufgenommen und abgeführt. Sägearbeiten werden unterschieden nach gleichbleibender oder wechselnder Bewegungsrichtung. Beim Sägen mit der Bügelsäge wechselt die Bewegungsrichtung und es wird nur in Schnittrichtung gespant. Das Sägen mit der Band- oder Kreissäge erfolgt mit gleichbleibender Bewegungsrichtung, wobei fortlaufend gespant wird.

*Werkzeug:* Einstreichsäge, Handbügelsäge, Elektrosäge

*Arbeitsregeln:*

- Werkstück nahe der Sägestelle fest einspannen,
- markierte Stelle mit der Feile ankerben,
- an der hinteren Werkstoffkante ansägen,
- mit der linken Hand den Bügel oberhalb des Spannklobens, mit der rechten Hand das Heft umfassen,
- Säge beim Vorschieben gleichmäßig andrücken,
- Rückhub ohne Druck durchführen,
- zur Verminderung der Reibung Sägeblatt einölen,
- flache Werkstücke in Längsrichtung sägen (hochkant verläuft der Schnitt schief),
- die letzten Hübe langsam durchführen.

**Schleifen** wird vorwiegend mit schnell rotierenden Schleifscheiben zur Feinbearbeitung von Werkstücken durchgeführt. Schleifmittel sehr großer Härte nehmen feine Späne vom Werkstoff ab. Die Härte richtet sich dabei nach dem zu bearbeitenden Werkstoff.

*Werkzeug:* Schmirgelpapier, Schmirgelleinen, Schleifscheiben mit elektrischem Antrieb

*Arbeitsregeln:*
- mit der Bedienung der Schleifmaschine vertraut machen,
- Werkstück fest einspannen,
- Schutzbrille tragen.

### 2.1.6.3
### Bohren und Gewinde schneiden

Um Werkstücke verbinden (s. Abschn. 2.1.6.4) zu können, sind Bohrungen oder Gewinde notwendig.

Durch **Bohren** entstehen hauptsächlich zylindrische Löcher. Der Bohrer führt eine Drehung um die eigene Achse aus, die Schneidbewegung, und dringt gleichzeitig mit einer Vorschubbewegung geradlinig in den Werkstoff ein. Die Bohrschneiden heben dabei einen gleichgroßen Span ab. Bohren erfolgt überwiegend maschinell. Der verwendete Bohrer wird Wendel- oder Spiralbohrer genannt.

Die Auswahl des Bohrertyps erfolgt nach dem zu bohrenden Werkstoff:
- Bohrertyp H für harte Werkstoffe wie hochlegierter Stahl, Bronze oder Marmor
- Bohrertyp N für Werkstoffe wie Stahl, Stahlguss oder Grauguss
- Bohrertyp W für weiche Werkstoffe wie Aluminium, Kupfer, Leichtmetalllegierungen

*Werkzeug:* Bohrer mit Bohrwinde, Kurbelhandbohrmaschine, elektrische Hand- und Tischbohrmaschine

*Arbeitsregeln:*
- Werkstück fest einspannen,
- Unterlage benutzen,
- enganliegende Kleidung, Haarnetz und Schutzbrille tragen, Rutschgefahr durch Kühlmittel beachten,
- Kenndaten für das Bohren und den Bohrer auswählen,
- Probelauf durchführen,
- beim Anbohren kleinsten Vorschub wählen,
- beim Austritt des Bohrers aus dem Werkstück Vorschub verringern,
- große Bohrungen mit einem kleineren Bohrer vorbohren,
- schräge Flächen erst nach dem Anfräsen anbohren.

Das **Senken** wird nach dem Bohren durchgeführt und dient dazu, Löcher und Bohrungen zu entgraten, zu erweitern (Versenken von Schraubenköpfen) oder vorgebohrte bzw. gegossene Löcher nachzuarbeiten. Es ist vergleichbar mit dem Bohren und erfolgt durch einen ein- oder mehrschneidigen Senker.

*Werkzeug:* Spitzen-, Flach- und Zapfensenker, Bohrmaschine

*Arbeitsregeln:*
- es gelten im Wesentlichen die gleichen Arbeitsregeln wie beim Bohren,
- Drehzahlen halb so groß wie beim Bohren, Vorschub größer wählen.

**Gewindeschneiden:** Innen- und Außengewinde werden beim Verbinden, Befestigen und Abdichten benötigt. Ein Gewindegang entsteht durch Zerspanen von Werkstoff entweder im Gewindekernloch oder aus dem Gewindebolzen und kann von Hand oder maschinell gefertigt werden. Am häufigsten gibt es metrische

Gewinde mit Maßen in Millimetern und Whitworthgewinde mit Maßen in Zoll (s. Abb. 2-10).

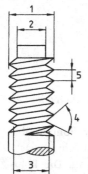

**Abb. 2-10** Gewinde; 1 Außendurchmesser, 2 Kerndurchmesser, 3 Flanken-durchmesser, 4 Flankenwinkel, 5 Steigung

a) Ein *Innengewinde* wird mit dem Gewindebohrer in vorgebohrte Löcher geschnitten. In Durchgangs- und Grundlöcher kann mit dem Handgewindebohrer gebohrt werden. Für Grundlöcher wird der Gewindebohrersatz, für Durchgangslöcher der Muttergewindebohrer verwendet. Der Gewindebohrer wird mit dem Windeisen in die Bohrung eingedreht.

*Werkzeug* (s. Abb. 2-11):

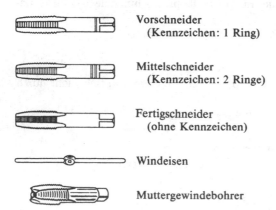

Vorschneider
   (Kennzeichen: 1 Ring)

Mittelschneider
   (Kennzeichen: 2 Ringe)

Fertigschneider
   (ohne Kennzeichen)

Windeisen

Muttergewindebohrer

**Abb. 2-11** Werkzeug zum Schneiden von Innengewinde

*Arbeitsregeln:*
- Kernloch anreißen, körnen und im Kerndurchmesser anbohren,
- ansenken bis auf den Außendurchmesser,
- Gewindebohrer senkrecht in die Kernbohrung einführen und gleichmäßig eindrehen,
- Span nach einer halben Drehung durch Zurückdrehen des Gewindebohrers brechen,
- Schmiermittel verwenden,
- Späne mit Pinsel oder Lappen entfernen.

b) Beim Schneiden von *Außen-* oder *Bolzengewinde* erfolgt eine Werkstoffaufwerfung. Daher wird der Bolzendurchmesser 0,1 bis 0,2 mm kleiner gewählt. Dadurch wird die gewünschte Gewindegröße erreicht und das Schneidwerkzeug geschont.

*Werkzeug* (s. Abb. 2-12):

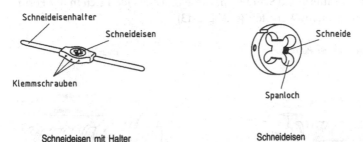

**Abb. 2-12** Werkzeug zum Schneiden von Außengewinde

*Arbeitsregeln:*
- Bolzenende kegelig zuspitzen, d.h. anfasen,
- Schneideisen waagerecht aufsetzen,
- beim Anschneiden leicht andrücken,
- Span beim Schneiden von Hand nach einer halben Drehung durch Zurückdrehen brechen,
- Schmiermittel verwenden,
- Späne mit einem Pinsel oder Lappen entfernen.

### 2.1.6.4
### Verbinden von Werkstücken

Das Verbinden von Werkstücken kann mit nicht lösbaren oder lösbaren Verbindungen geschehen.

**Nieten:** Nietverbindungen aus Blechen oder Profilen sind unlösbar, da sie ohne Zerstörung des Niets nicht getrennt werden können. Festnietungen, z.B. beim Brückenbau sollen große Kräfte aufnehmen, beim Behälterbau sollen Nietungen absolut dicht sein.

Niete sind vorgefertigte zylindrische Bolzen, die sich in Kopfform, Durchmesser und Länge unterscheiden. Sie bestehen aus einem dehnbaren, zähen Werkstoff, z.B. Stahl oder anderen Metallen. Das Gefüge darf bei starker Verformung nicht reißen oder brechen. Bei Nietarbeiten wird unterschieden zwischen Kalt- oder Warmnietung. Niete mit mehr als 8 mm Durchmesser müssen warm verarbeitet werden.

*Werkzeug:* Gegenhalter, Nietenzieher, Kopfmacher, Hammer

*Arbeitsregeln für eine Kaltnietverbindung:*
- zu verbindende Teile vorbohren,
- Löcher eventuell ansenken,
- Nietlöcher zur Deckung bringen und Halbrundniet durchstecken,
- Setzkopf des Niets liegt im Gegenhalter,

- mit dem Nietzieher die Teile eng aneinander pressen,
- das herausragende Nietende mit dem Hammer anstauchen und mit dem Kopf-macher halbrund formen.

**Verschrauben:** Lösbare Verbindungen von Bauteilen entstehen durch Verschrauben mit genormten Muttern und Schrauben. Diese unterscheiden sich in der Form, den Abmessungen und dem Werkstoff (s. Abb. 2-13).

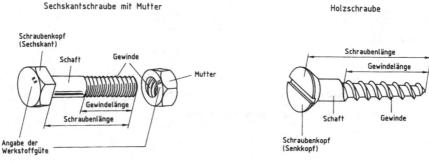

**Abb. 2-13** Beispiele für Schrauben

Eine metrische Sechskantschraube mit einem Gewindeaußendurchmesser von 10 mm hat die Kurzbezeichnung M 10 (s. Abb. 2-14). Die eingeprägten Zahlen »8.8« auf dem Schraubenkopf bezeichnen Festigkeitsklassen. Die erste Zahl der Kennziffer ergibt multipliziert mit dem Faktor 100 die Mindestzugfestigkeit in $N/mm^2$. Das Produkt beider Ziffern ergibt multipliziert mit dem Faktor 10 die Mindeststreckgrenze. Für die Sechskantschraube in der Abb. 2-14 ergibt dies eine Mindestzugfestigkeit von 800 $N/mm^2$ sowie eine Mindeststreckgrenze von 640 $N/mm^2$.

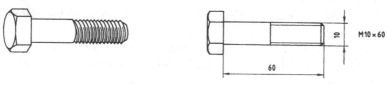

**Abb. 2-14** Sechskantschraube M 10

Der Gewindeaußendurchmesser entspricht dem Schaftdurchmesser. Für die Schraube in Abb. 2-14 wird ein Maulschlüssel (Gabelschlüssel) mit einer *Schlüsselweite* von 16 mm benötigt (s. Abb. 2-15).

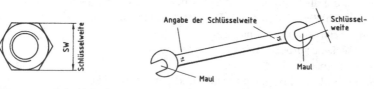

**Abb. 2-15** Maulschlüssel

*Werkzeug:* Maul-, Ring-, Haken- und Sechskantstiftschlüssel, Schraubendreher

*Arbeitsregeln:*

- Schrauben und Muttern gleicher Festigkeitsklasse verwenden,
- Schraube und Mutter mit der Hand eindrehen,
- Mutter muss vollständig auf dem Gewinde aufsitzen,
- Gewinde der Schraube mit Öl oder Graphit einschmieren,
- der Schraubenkopf muss vollständig aufliegen,
- nur passenden Schlüssel verwenden,
- Schraubenschlüssel nie verlängern,
- möglichst nur an der Mutter mit dem Ringschlüssel drehen,
- bei mehreren Schrauben z.B. einem Deckel Schrauben immer erst über Kreuz anziehen um ein Verspannen zu vermeiden,
- danach alle Schrauben über Kreuz fest anziehen,
- passenden Schraubendreher verwenden,
- nicht mehr zu lösende Muttern durch Aufmeißeln sprengen, Bolzengewinde dabei nicht beschädigen.

Die Harmonisierung europäischer Normen hat für einige Sechskantschrauben und Sechskantmuttern zu Änderungen der Schlüsselweiten und geringfügigen Änderungen der Mutternhöhen geführt. Die gängigen Schlüsselweiten der Maulschlüssel für Schrauben mit metrischem Gewinde können Tab. (2-10) entnommen werden.

**Tab. 2-10** Schlüsselweiten von Maul- und Ringschlüsseln.

| Schraube | M 3 | M 4 | M 5 | M 6 | M 8 | M 10 | M 12 | M 14 | M 16 | M 20 | M 22 | M 24 |
|---|---|---|---|---|---|---|---|---|---|---|---|---|
| Schlüsselweite in mm | 5,5 | 7 | 8 | 10 | 13 | 17 | 19 | 22 | 24 | 30 | 32 | 36 |
| geänderte Schlüsselweite in mm | | | | | | 16 | 18 | 21 | | | 34 | |

In Abb. 2-16 sind Schraubenarten und ihre Verwendung aufgelistet.

Häufig muss ein selbständiges Lösen der Mutter verhindert werden. Dies geschieht mit Hilfe von *Schraubensicherungen* (s. Abb. 2-17).

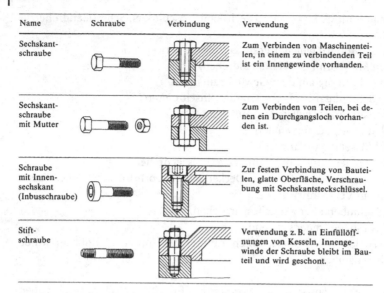

| Name | Schraube | Verbindung | Verwendung |
|------|----------|------------|------------|
| Sechskant-schraube | | | Zum Verbinden von Maschinenteilen, in einem zu verbindenden Teil ist ein Innengewinde vorhanden. |
| Sechskant-schraube mit Mutter | | | Zum Verbinden von Teilen, bei denen ein Durchgangsloch vorhanden ist. |
| Schraube mit Innen-sechskant (Inbusschraube) | | | Zur festen Verbindung von Bauteilen, glatte Oberfläche, Verschraubung mit Sechskantsteckschlüssel. |
| Stift-schraube | | | Verwendung z. B. an Einfüllöffnungen von Kesseln, Innengewinde der Schraube bleibt im Bauteil und wird geschont. |

**Abb. 2-16**  Schraubenarten und ihre Verwendung

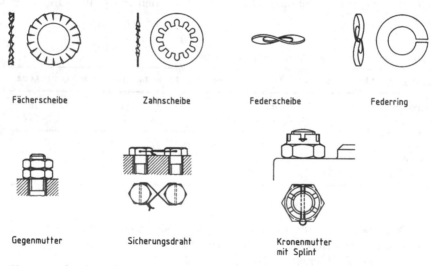

Fächerscheibe    Zahnscheibe    Federscheibe    Federring

Gegenmutter    Sicherungsdraht    Kronenmutter mit Splint

**Abb. 2-17**  Schraubensicherungen

## 2.2
## Arbeitsanweisungen

In der Werkstatt sind grundsätzlich Arbeitsanzug und Sicherheitsschuhe zu tragen. Die bei bestimmten Arbeiten notwendigen Sicherheitsmaßnahmen werden bei jeder Aufgabenstellung zusätzlich angegeben.

### 2.2.1
### Herstellen von Testblechen

**Werkstück:** s. Abb. 2-18
**Arbeitssicherheit:** Beim Bohren müssen Haarnetz und Schutzbrille benutzt werden.
**Arbeitsanweisung:** Die zur Verfügung stehenden Blechstreifen sind zu richten. Durch Messen, Anreißen, Feilen und Bohren ist das in der Zeichnung dargestellte Testblech aus den verschiedenen Materialien anzufertigen.
**Auswertung:** Die Bemaßung der Testbleche ist zu kontrollieren. Die Abweichungen werden angegeben.

| Werkstoff | | | Datum | Name | |
|---|---|---|---|---|---|
| St 37 V2A V4A | gezeichnet | | 07.02 | ........................ | **prⓔvadis** *Partner für Bildung & Beratung* |
| | geprüft | | | ........................ | |
| Maßstab | | | **Testblech** | | Zeichnung |
| 1 : X | | | | | 01 |

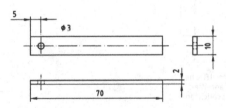

**Abb. 2-18**  Testblech

### 2.2.2
### Herstellen einer Grundplatte

**Werkstück:** s. Abb. 2-19
**Arbeitsanweisung:** Die in der Zeichnung dargestellte Grundplatte ist durch Messen, Anreißen, Sägen und Feilen anzufertigen und zu entgraten. Die Schmalflächen werden winklig und auf Maß (s. Abb. 2-20) gefeilt. Anschließend wird die Grundplatte durch Stempeln gekennzeichnet.

| Werkstoff | | Datum | Name | provadis |
|---|---|---|---|---|
| St 37 | gezeichnet | 07.02 | ....................... | Partner für Bildung & Beratung |
| | geprüft | | ....................... | |
| Maßstab | Grundplatte | | | Zeichnung |
| 1 : X | | | | 02 |

xxx Platz für Kenn-Nummer

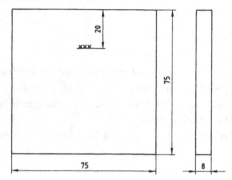

**Abb. 2-19** Grundplatte

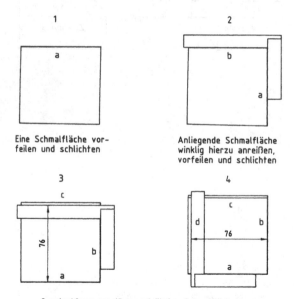

1

a

Eine Schmalfläche vor-
feilen und schlichten

2

b

a

Anliegende Schmalfläche
winklig hierzu anreißen,
vorfeilen und schlichten

3

c

76

b

a

4

c

d

b

76

a

Quadratform anreißen und übrige Schmalflächen c
und d winklig bzw. parallel zu den Flächen a und
b und auf Maß feilen

**Abb. 2-20** 1-4: Arbeitsschritte bei der Herstellung einer Grundplatte

**Auswertung:** Die Maße der Grundplatte sind zu kontrollieren. Die Abweichungen werden angegeben.

### 2.2.3
### Herstellen einer Bohrplatte

**Werkstück:** s. Abb. 2-21
**Arbeitssicherheit:** Beim Bohren müssen Haarnetz und Schutzbrille benutzt werden.

| Werkstoff | | Datum | Name | **pr⦿vadis** |
|---|---|---|---|---|
| St 37-2 | gezeichnet | 07.02 | ......................... | Partner für Bildung & Beratung |
| | geprüft | | ......................... | |
| Maßstab | **Bohrplatte** | | | Zeichnung |
| 1 : X | | | | 03 |

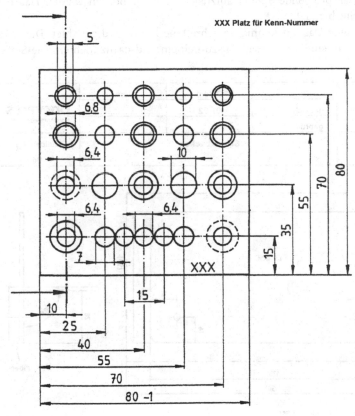

Abb. 2-21   Bohrplatte

**Arbeitsanweisung:** Die Bohrplatte wird von den Maßbezugsseiten mit dem Höhenanreißer angerissen. Die Kreuzungspunkte der Anrisslinien sind gemäß Abb. 2-21 zu körnen. Die Bohrplatte wird fest und gerade in den Maschinenschraubstock eingespannt und die entsprechenden Bohrungen durchgeführt. Alle Bohrungen sind beidseitig zu entgraten. Nach Vorgabe werden die entsprechenden Bohrungen gesenkt.

**Auswertung:** Die Maße der Bohrungen sind zu kontrollieren. Die Abweichungen werden angegeben. Die Senkungen werden mit Hilfe verschiedener Schraubenköpfe oder mit einem Tiefenmaß kontrolliert.

### 2.2.4
### Herstellen von Schutzbacken

**Werkstück:** s. Abb. 2-22

**Arbeitssicherheit:** Beim Meißeln ist die Schutzbrille zu tragen und es sind Schutzwände gegen abspringende Splitter aufzustellen. Beim Bohren werden Haarnetz und Schutzbrille benutzt.

**Arbeitsanweisung:** Das auf Rohmaß geschnittene Blech wird gerichtet. Die Maße 130 mm · 76 mm sind anzureißen, auszumeißeln und nachzurichten. Die Seite a

| Werkstoff | | Datum | Name | provadis |
|---|---|---|---|---|
| St 37 | gezeichnet | 07.02 | ..................... | *Partner für Bildung & Beratung* |
| Fiber | geprüft | | ..................... | |
| Maßstab | Schutzbacken | | | Zeichnung |
| 1 : X | | | | 04 |

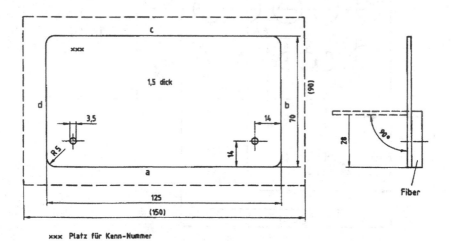

xxx  **Platz für Kenn-Nummer**

**Abb. 2-22**  Schutzbacken

wird gerade, Seite b ebenfalls gerade und winklig zu a gefeilt. Seiten c und d werden mit dem Maßstab angezeichnet und nach Winkel angerissen. Seite c ist parallel zu a und winklig zu b, Seite d ist parallel zu b und winklig zu c auf Maß zu feilen. Die Rundungen sind anzureißen, zu feilen und zu entgraten. Die Löcher werden angezeichnet, gekörnt, gebohrt und entgratet, die Biegekante angerissen und das Blech im Schraubstock gebogen. Die Kenn-Nummer ist zu stempeln, das Fiber aufzunieten und die Schutzbacke nachzurichten.

**Auswertung:** Die Maße der Schutzbacke sind zu kontrollieren. Die Abweichungen werden angegeben.

## 2.2.5
### Herstellen einer Rohrschelle

**Werkstück:** s. Abb. 2-23

| Werkstoff | | | Datum | Name | |
|---|---|---|---|---|---|
| St 37 | gezeichnet | | 07.02 | ........................ | **provadis** |
| | geprüft | | | ........................ | Partner für Bildung & Beratung |
| Maßstab | | **Rohrschelle** | | | Zeichnung |
| 1 : X | | | | | 05 |

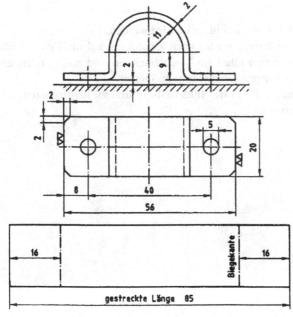

**Abb. 2-23** Rohrschelle

*(Abbildungsbeschriftungen: 2, 11, 2, 9, 2, 2, 5, 20, 8, 40, 56, 16, Biegekante, 16, gestreckte Länge 85)*

**Arbeitssicherheit**: Beim Bohren müssen Haarnetz und Schutzbrille benutzt werden.
**Arbeitsanweisung**: Der Bandstahl ist auf Rohmaß zuzuschneiden. Der Blechstreifen wird entgratet, winklig und auf gestreckte Länge gefeilt. Die Biegestellen sind anzureißen, die Schelle ist im Schraubstock zu biegen und auf einem Runddorn nachzurichten. Die Löcher werden angerissen, gekörnt, gebohrt und entgratet.
**Auswertung**: Die Maße der Rohrschelle sind zu kontrollieren, Abweichungen sind anzugeben.

## 2.2.6
### Herstellen eines Winkelstahlrahmens

**Werkstück**: s. Abb. 2-24
**Arbeitssicherheit**: Beim Bohren müssen Haarnetz und Schutzbrille benutzt werden. Beim Gewindeschneiden ist das Schmieröl mit einem Putztuch aufzunehmen.
**Arbeitsanweisung**: Der Winkelstahl wird angerissen, die Gehrung ausgesägt und die Kanten gefeilt. Der Rahmen wird gebogen und die Endflächen werden gefeilt. Die Bohrungen sind anzureißen, zu bohren und zu entgraten. Anschließend wird das Gewinde geschnitten und die Kenn-Nummer eingeschlagen.
**Auswertung**: Die Maße des Winkelstahlrahmens sind zu kontrollieren, Abweichungen sind anzugeben.

## 2.2.7
### Herstellen eines Bilderhalters

**Werkstück**: s. Abb. 2-25
**Arbeitssicherheit**: Das Heizelement darf nicht berührt werden.
**Arbeitsanweisung**: Die Kunststoffplatte wird nach Zeichnung auf Maß gefeilt, alle Kanten werden poliert. Die Biegekanten sind anzuzeichnen und nach Erwärmen mit dem Heizelement in die entsprechende Form zu biegen.
**Auswertung**: Die Maße und die Form des Bilderhalters sind zu kontrollieren, alle Abweichungen werden angegeben.

| Werkstoff | | Datum | Name | **pr⊙vadis** |
|---|---|---|---|---|
| St 37-2 | gezeichnet | 07.02 | ...................... | Partner für Bildung & Beratung |
| | geprüft | | ...................... | |
| Maßstab | | **Winkelstahlrahmen** | | Zeichnung |
| 1 : X | | | | 06 |

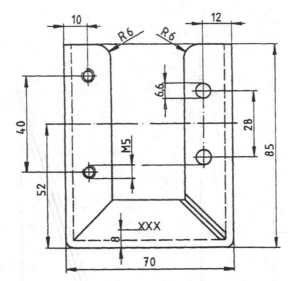

xxx Platz für Kenn-Nummer

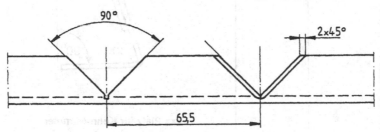

**Abb. 2-24** Winkelstahlrahmen

| Werkstoff | | Datum | Name | provadis |
|---|---|---|---|---|
| PMMA | gezeichnet | 07.02 | ......................... | Partner für Bildung & Beratung |
| | geprüft | | ......................... | |
| Maßstab | **Bilderhalter** | | | Zeichnung |
| 1 : X | | | | 07 |

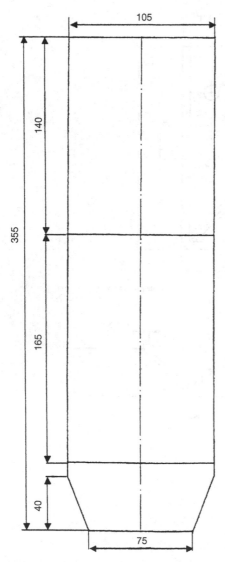

**xxx Platz für Kenn-Nummer**

**Abb. 2-25**   Bilderhalter

2.2.8
**Herstellen einer Spardose**

**Werkstück:** s. Abb. 2-26
Verwendet werden die folgenden Materialien: PMMA-Platte für den Deckel, PVC-Platte für den Boden, PE-HD-Rohr für den Rundkörper.
 Die Spardose soll die folgenden Maße haben:
- Gesamthöhe 75 mm; Außendurchmesser von Boden und Deckel 95 mm, Außendurchmesser des Rundkörpers 90 mm.
- Die Positionierung aller Bohrungen richtet sich nach der Stärke der verwendeten Materialien.
- Der Durchmesser und die Tiefe der Kernlochbohrungen richten sich nach den Maßen der verwendeten VA-Schrauben.
- Der Einwurfschlitz soll sich mittig im Deckel befinden mit einer Länge von 35 mm und einer Breite von 5 mm. Alle Kanten sind zu entgraten.

**Arbeitssicherheit:** Beim Bohren müssen Haarnetz und Schutzbrille benutzt werden.
**Arbeitsanweisung:** Das Kunststoffrohr wird auf Maß mit der Ziehklinge abgezogen. Der Boden und der Deckel werden aus der Kunststoffplatte kreisrund angerissen, die Lochkreise und der Geldschlitz werden angerissen. Deckel und Boden sind zu bohren und die Bohrungen zu senken. In das Rohr werden die Kernlochbohrungen gebohrt und das Gewinde geschnitten. Der Geldschlitz wird ausgebohrt und sauber gefeilt. Boden und Deckel sind mit dem Rohr zu verschrauben.
**Auswertung:** Die Maße und der Zusammenbau der Spardose sind zu kontrollieren, die Abweichungen sind anzugeben.

**Abb. 2-26** Spardose

2.2.9
**Untersuchen des Korrosionsverhaltens von Werkstoffen**

**Apparatur und Geräte:** 500 mL-Vierhalskolben mit Rührer, Kühler, elektrischem Heizkorb, Leistungssteller für den Heizkorb und Thermometer (s. Abb. 2-27), Analysenwaage.

**Chemikalien und Material:** Salzsäure, $w(HCl)$ = 10%, 1 Testblech St 37 (70 mm · 10 mm · 2 mm, ungeschützt), 1 Testblech St 37 (70 mm · 10 mm · 2 mm, mit Rostschutzfarbe gestrichen).

**Arbeitssicherheit:** Salzsäure, $w(HCl)$ = 10%: R 36-37-38, Gefahrenkennzeichnung $X_i$.

**Arbeitsanweisung:** Die Testbleche werden gesäubert, eventuell entfettet, gewogen und mit einer Aufhängung aus PTFE-Band versehen. Im Kolben sind 300 mL Salzsäure vorzulegen und unter Rühren auf 50 °C zu erwärmen. Diese Temperatur ist während des Versuchs konstant zu halten. Die Testbleche werden so in den Kolben eingehängt, dass sie während des Rührens nur zur Hälfte in die Salzsäure eintauchen. Nach einer Verweilzeit von 2 h werden die Bleche mit Wasser abgespült und an der Luft getrocknet. Nach Entfernen des PTFE-Bandes sind sie mit einem Lappen zu reinigen, zu trocknen und auszuwiegen. Die Apparatur wird gereinigt, die Salzsäure der Abwasserreinigung zugeführt.

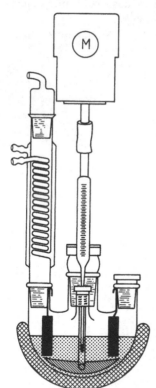

**Auswertung:** Es ist ein Protokoll zu führen, in dem alle Beobachtungen, Messwerte und Berechnungen angegeben werden. Der Werkstoffabtrag der Testbleche wird bezogen auf eine Fläche von 1 m² berechnet und das Aussehen der Proben beurteilt. In einer Tabelle werden für Testblech 1 und 2 folgende Daten und Beschreibungen aufgeführt:
Länge, Breite, Dicke, Lochdurchmesser, Fläche, Masse vor dem Versuch, Masse nach dem Versuch, Abtrag, Abtrag pro m² und Aussehen.

**Abb. 2-27** Apparatur zur Bestimmung des Korrosions-verhaltens

**2.3**
**Fragen zum Thema**

Erklären Sie die Begriffe Rohstoff, Werkstoff und Hilfsstoff.
Nennen Sie physikalische, chemische und technologische Eigenschaften von Werkstoffen.
Wie können Werkstoffe eingeteilt werden?
Was verstehen Sie unter dem Begriff Eisenmetall?
Was ist Roheisen?
Welche Eisenmetalle werden als Stahl bezeichnet?
Welchen Einfluss hat der Kohlenstoffgehalt auf Eisenmetalle?
Wodurch unterscheiden sich legierte und unlegierte Stähle?
Welches sind die wichtigsten Eigenschaften von Gusseisen?
Nennen Sie Nichteisenmetall-Legierungen.
Welche Werkstoffeigenschaften können durch Legieren verändert werden?
Nennen Sie vier Sorten von Glas.
Nennen Sie Grundstoffe, die zur Herstellung von Borosilikatglas benötigt werden.
Wo wird Borosilikatglas eingesetzt?
Welche Vor- und Nachteile hat Email?
Welche Eigenschaften hat Graphit?
Was bedeutet »Vulkanisieren«?
Welche Kunststoffarten gibt es?
Welche Vorteile haben Kunststoffe?
Nennen Sie Einsatzmöglichkeiten für Kunststoffe.
Welche besonderen Eigenschaften hat PTFE?
Welche Stoffe werden zur Wärmeisolierung verwendet?
Was verstehen Sie unter dem Begriff Verbundwerkstoff?
Welche Vorteile haben Verbundwerkstoffe?
Was verstehen Sie unter dem Begriff Korrosion?
Welche Metalle sind korrosionsbeständig?
Wodurch wird Korrosion hervorgerufen?
Nennen Sie Korrosionsarten.
Welches ist die häufigste Korrosionsart?
Welche Maßnahmen können zum Schutz vor Korrosion durchgeführt werden?
Welche Vorteile haben Kunststoffüberzüge?
Welchen Zweck hat das Phosphatieren?
Was verstehen Sie unter dem Begriff Kontaktkorrosion?
Erklären Sie den Vorgang des Anodisierens.

**Begriffserklärung**

1 von lat. *corrodere* für *zernagen, angreifen, zerstören.*

# 3
# Rohrleitungssysteme

## 3.1
## Theoretische Grundlagen

### 3.1.1
### Themen und Lerninhalte

Der Transport von flüssigen und gasförmigen Stoffen geschieht bevorzugt in geschlossenen Rohrleitungen. Der Verbund von Rohrstücken, Rohrverbindungen und Dichtungen ist das Rohrnetz oder Rohrleitungssystem. Betriebliche Anforderungen, z.B. Einflüsse durch das Medium, Temperatur- und Druckbeständigkeit und der geforderte Volumenstrom beeinflussen
- die Auswahl der Nennweite DN,
- die Auswahl des zulässigen Betriebs- oder Nenndruckes PN und
- die Auswahl des Werkstoffes.

### 3.1.2
### Kenngrößen der Rohrleitung

Eine Rohrleitung wird entsprechend den betrieblichen Anforderungen ausgelegt und gekennzeichnet.

Die **Nennweite DN**[1] entspricht annähernd dem lichten Durchmesser der Rohrleitung in Millimetern (s. Abb. 3-1). DN 20 entspricht einem Innendurchmesser von ca. 20 mm. Die Nennweite wird bei Rohrleitungssystemen als kennzeichnendes Merkmal zueinander passender Teile, z.B. Rohrformstücken und Armaturen benutzt.

Einige wichtige Standardgrößen für die Nennweite sind
DN 3, 4, 5, 6, 8, 10, 15, 20, 25, 32, 40, 50, 80, 100, 125, 800, 1200.

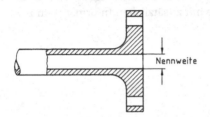

Nennweite

**Abb. 3-1** Nennweite von Rohrleitungen

Der **Nenndruck PN**[2] gibt den in einem Rohr maximal zulässigen Betriebsüberdruck in bar an. PN 25 entspricht einem Nenndruck von 25 bar.

Für metallische Werkstoffe gilt der Nenndruck exakt nur bei einer Betriebstemperatur von 20 °C, da die Belastbarkeit des Rohres mit steigender Betriebstemperatur abnimmt (s. Tab. 3-1).

**Tab. 3-1** Empirische Richtwerte für die Abhängigkeit des Nenndrucks von der Temperatur, ermittelt für metallische Rohrleitungen.

| Temperaturbereich | max. zulässiger Druck |
| --- | --- |
| bis 120 °C | 100% vom Nenndruck |
| 120 bis 300 °C | 80% vom Nenndruck |
| 300 bis 400 °C | 64% vom Nenndruck |

Einige wichtige Standardgrößen für den Nenndruck metallischer Rohrleitungen sind:
PN 6, 10, 16, 25, 40, 63, 100, 160, 250.

Bei der **Auswahl des Werkstoffes** für eine Rohrleitung sind u.a. von Bedeutung
• die chemischen Eigenschaften des Mediums,
• die Korrosionsbeständigkeit,
• die Beständigkeit gegen Abtrag durch mechanische Einflüsse (Abrasionsbeständigkeit[3]),
• die elektrische Leitfähigkeit,
• die Ausdehnung des Materials bei Erwärmen und
• der Preis.

Als Werkstoff wird oft Baustahl oder Grauguss, bei höheren Betriebsdrücken niedriglegierter Stahl verwendet. Bei aggressiven Medien oder bei hohen Reinheitsanforderungen werden hochlegierter Stahl, Glas oder mit Kunststoff ausgekleidete Rohre eingesetzt. Zum Fördern aggressiver Medien bei niedrigem Druck und niedriger Temperatur dienen Kunststoffrohre. Messing, Kupfer oder Aluminium werden nur bei besonderen Betriebsbedingungen eingesetzt.

Die **Kennzeichnung** von Rohrleitungen erfolgt anhand des Durchflussstoffes (s. Tab. 3-2) z.B. nach Wanddurchbrüchen, an Abzweigungen, Armaturen, Anfang und Ende der Leitung. Zusätzlich kann die Fließrichtung angegeben werden. Dies erfolgt nach DIN / EN durch Farbkennzeichnung auf der Rohrleitung oder durch Beschilderung in der entsprechenden Kennfarbe mit zusätzlichen Informationen zum Durchflussstoff.

**Tab. 3-2** Kennzeichnung von Rohrleitungen nach dem Durchflussstoff

| Gruppe | Durchflussstoff | Kennfarbe |
|---|---|---|
| 1 | Wasser | grün |
| 2 | Wasserdampf | rot |
| 3 | Luft | grau |
| 4 | Brennbare Gase | gelb oder gelb mit Zusatzfarbe rot |
| 5 | Nichtbrennbare Gase | gelb mit Zusatzfarbe schwarz oder schwarz |
| 6 | Säuren | orange |
| 7 | Laugen | violett |
| 8 | Brennbare Flüssigkeiten | braun oder braun mit Zusatzfarbe rot |
| 9 | Nichtbrennbare Flüssigkeiten | braun oder schwarz |
| 10 | Sauerstoff | blau |

### 3.1.3
### Strömungsverhalten in Rohrleitungen

Das Volumen $V$ des Durchflussstoffes, das in der Zeiteinheit $t$ durch eine Rohrleitung strömt, wird als Volumenstrom $\dot{V}$ bezeichnet.

$$\dot{V} = \frac{V}{t} \qquad (3\text{-}1)$$

Durch Berücksichtigen der Dichte $\rho$ des Mediums kann der Massenstrom $\dot{m}$ berechnet werden.

$$\dot{m} = \frac{V \cdot \rho}{t} \qquad (3\text{-}2)$$

$$\dot{m} = \dot{V} \cdot \rho \qquad (3\text{-}3)$$

Der Zusammenhang zwischen dem Rohrleitungsquerschnitt und dem Durchfluss wird durch die Strömungsgeschwindigkeit hergestellt (s. Abb. 3-2).

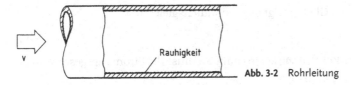

**Abb. 3-2** Rohrleitung

Ein Flächenelement $A$ legt die Strecke $l$ in der Zeit $t$ zurück. Dieses Flächenelement $A$ entspricht dem Rohrleitungsquerschnitt. Das Produkt aus Rohrleitungsquerschnitt $A$ und der Strecke $l$ ergibt das bewegte Volumen $V$.

$$\frac{V}{t} = \frac{A \cdot l}{t} \qquad (3\text{-}4)$$

Daraus folgt:

$$\dot{V} = \frac{A \cdot l}{t} \qquad (3\text{-}5)$$

Die Strömungsgeschwindigkeit $v$ ist der Quotient aus zurückgelegter Strecke $l$ und Zeit $t$.

$$v = \frac{l}{t} \qquad (3\text{-}6)$$

Eingesetzt in Gl.(3-5) folgt:

$$\dot{V} = A \cdot v \qquad (3\text{-}7)$$

Durch Umstellen wird die Strömungsgeschwindigkeit $v$ berechnet:

$$v = \frac{\dot{V}}{A} \qquad (3\text{-}8)$$

Der Volumenstrom des Fördermediums bleibt konstant, auch wenn sich die Nennweite eines Rohres z.B. bei einem Reduzierstück verändert. Die Flüssigkeitsmenge, die durch den Rohrleitungsquerschnitt $A_1$ mit der Strömungsgeschwindigkeit $v_1$ fließt, wird deshalb durch den Rohrquerschnitt $A_2$ mit der veränderten Strömungsgeschwindigkeit $v_2$ fließen (s. Abb. 3-3).

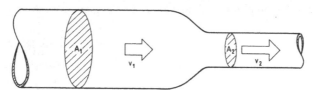

**Abb. 3-3** Rohrverengung

Es gilt:

$$\dot{V}_1 = \dot{V}_2 \qquad (3\text{-}9)$$

Durch Einsetzen von Gl.(3-7) folgt die Kontinuitätsgleichung:

$$A_1 \cdot v_1 = A_2 \cdot v_2 \qquad (3\text{-}10)$$

Verringert sich der Rohrleitungsquerschnitt, so muss die Strömungsgeschwindigkeit ansteigen.

*Beispiel*: In einer Rohrleitung mit der Nennweite DN 40 beträgt die Strömungsgeschwindigkeit 1,56 m/s. Welche Strömungsgeschwindigkeit hat der Durchflussstoff, wenn die Rohrleitung sich auf DN 25 verengt?

$$A_1 \cdot v_1 = A_2 \cdot v_2$$

$$\frac{d_1^2 \cdot \pi \cdot v_1}{4} = \frac{d_2^2 \cdot \pi \cdot v_2}{4}$$

$$d_1^2 \cdot v_1 = d_2^2 \cdot v_2$$

$$v_2 = \frac{d_1^2 \cdot v_1}{d_2^2}$$

$$v_2 = \frac{(40\,\text{mm})^2 \cdot 1,56\,\text{m}}{(25\,\text{mm})^2 \cdot \text{s}}$$

$v_2 = 3,99$ m/s Die Strömungsgeschwindigkeit beträgt $3,99$ m/s.

### 3.1.4
### Kennlinien von Rohrleitungen

In Rohrleitungen tritt durch innere Reibung, Reibung an der Rohrwandung, an Armaturen und anderen Einbauten *Druckverlust* im strömenden Medium auf. Dieser ist u.a. abhängig von

- der Rohrrauhigkeit
- den Einbauten
- der Nennweite der Leitung
- der Länge der Leitung
- der Viskosität bzw. Dichte des Mediums
- der Fließgeschwindigkeit des Mediums und
- dem Volumenstrom des Mediums.

Die Rohrleitungskennlinie stellt den Zusammenhang zwischen dem Druckverlust in der Rohrleitung und dem Volumenstrom des Mediums dar (s. Abb. 3-4).

In Rohrleitung 2 entsteht bei gleichem Volumenstrom ein höherer Druckverlust als in Rohrleitung 1. Daraus folgt, dass beispielsweise Rohrleitung 2 eine geringere Nennweite oder eine größere Rauhigkeit aufweist als die Rohrleitung 1. Durch Drosselung des Ventils lässt sich die Kennlinie verändern.

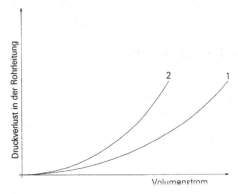

**Abb. 3-4**  Rohrleitungskennlinien zweier Rohrleitungen

### 3.1.5
### Rohrleitungen

Bei der Planung von **Rohrleitungssystemen** müssen neben den betrieblichen Gegebenheiten die Arbeitssicherheit, die Wirtschaftlichkeit und die Wartungsfreundlichkeit berücksichtigt werden. Im Aufbau solcher Systeme wird zwischen *Ringleitung* und *Sammelleitung* (s. Abb. 3-5) unterschieden.

Bei der Sammelleitung zweigen vom Hauptrohr die einzelnen Entnahmeleitungen ab. Dieses System zeichnet sich durch relativ geringen Materialaufwand aus. Im Reparaturfall kann es hier aber zu betrieblichen Ausfällen kommen. Beim Einsatz eines aufwendigeren Ringleitungssystems können Reparaturen durchgeführt werden, wobei nur die betroffenen Verbrauchsstellen abgestellt werden müssen. Aus diesem Grund werden Ringleitungen u.a. für kontinuierliche Kühlsysteme oder für Notkühlsysteme eingesetzt.

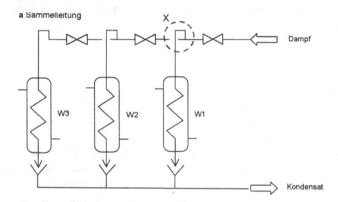

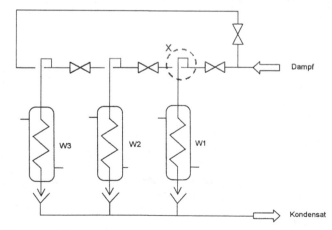

**Abb. 3-5**  Rohrleitungssysteme

Wird im Bereich x des Rohrleitungssystems der Abb. 3-5. eine Reparatur durchgeführt, müssen bei einer Sammelleitung (Abb. 3-5a) die Wärmeübertrager W2 und W3 abgeschaltet werden, der Wärmeübertrager W1 kann weiter betrieben werden. Bei einer Ringleitung (Abb. 3-5b) können nach entsprechender Absperrung der Leitung alle Wärmeübertrager weiter betrieben werden.

Zum Umlenken oder Aufteilen eines Stoffstromes werden meist vorgefertigte **Rohrformstücke**, sog. Fittings, verwendet (s. Abb. 3-6). Die Unterscheidung erfolgt zwischen

- geraden Rohrstücken für eine direkte Verbindung von Apparaturen,
- Reduzierstücken für den Übergang zwischen Rohrleitungen unterschiedlicher Nennweite,
- Rohrknien bzw. Krümmern zur Verbindung von Apparaten, bei denen eine gerade Verbindung nicht möglich ist,
- Kreuz-Rohrstücken für die Aufteilung des Stoffstromes in drei Teilströme und
- T-Rohrstücken für die Aufteilung des Stoffstromes in zwei Teilströme.

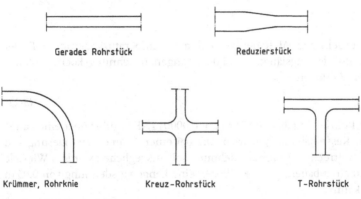

Gerades Rohrstück          Reduzierstück

Krümmer, Rohrknie     Kreuz-Rohrstück          T-Rohrstück

**Abb. 3-6**  Rohrformstücke

Beim Transport erwärmter Stoffe oder bei äußeren Temperatureinflüssen tritt bei Rohrleitungen Längenausdehnung auf. Diese ist besonders bei längeren Rohrstrecken von Bedeutung. Zum Ausgleich werden **Kompensatoren**[4] eingebaut (s. Abb. 3-7). Dabei kann ein einzelner Kompensator immer nur einen bestimmten Betrag der Längenausdehnung ausgleichen. Deshalb steigt mit zunehmender Leitungslänge die Anzahl der einzusetzenden Kompensatoren.

Kompensatoren werden außerdem eingebaut, um Verspannungen innerhalb von Installationen zu vermeiden. Dies kann beim Verbinden von Rohrkomponenten aus unterschiedlichen Werkstoffen der Fall sein. Ebenfalls kann die Übertragung von Schwingungen durch z.B. Energieleitungen oder Pumpen ausgeglichen werden.

Zwischen zwei Befestigungen der Leitung sollte sich immer ein Kompensator befinden. Ist dies nicht möglich, muss die Rohrleitung beweglich gelagert werden.

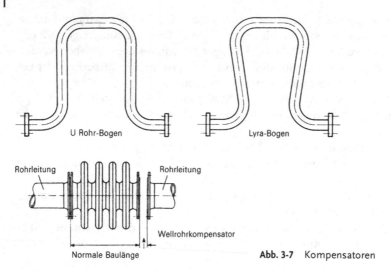

**Abb. 3-7** Kompensatoren

Die Längenausdehnung $\Delta l$ hängt ab von der Temperaturänderung $\Delta T$, der ursprünglichen Rohrleitungslänge $l_0$ und dem Längenausdehnungskoeffizienten $\alpha$ des verwendeten Werkstoffes.

$$\Delta l = \alpha \cdot \Delta T \cdot l_0 \tag{3-11}$$

*Beispiel*: Eine Rohrleitung aus Stahl ($\alpha_{Stahl} = 0{,}0000117 \ K^{-1}$) führt über eine Länge von 600 m vom Kesselhaus zum Betrieb. Die bei einer Temperaturänderung von 20 °C auf 30 °C auftretende Längenausdehnung soll ausgeglichen werden. Wieviele Lyra-Bogen sind einzubauen, wenn ein Bogen eine Längenausdehnung von 0,05 m kompensieren kann?

$$\Delta l = 0{,}0000117 \ K^{-1} \cdot 10 \ K \cdot 600 \ m$$

$$\Delta l = 0{,}0702 \ m$$

Um eine Längenänderung von 0,0702 m auszugleichen müssen 2 Lyrabogen eingebaut werden.

Durch **Rohrisolierungen** (s. Abb. 3-8) werden Wärmeübertragungen vermindert. Die Rohrleitungen werden mit Steinwolle oder Schaumstoff, z.B. Armaflex®, isoliert.

Dazu wird ein Isolierformstück um das Rohr gelegt und mit einem Band befestigt. Zum Schutz gegen äußere Beschädigung und Feuchtigkeit wird die Isolierung mit einem Blechmantel umkleidet.

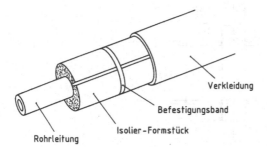

Verkleidung

Befestigungsband

Isolier-Formstück

Rohrleitung

**Abb. 3-8** Rohrisolierung mit einem Formstück

### 3.1.6
### Rohrverbindungen

Bei der Auswahl der Rohrverbindungen sind die Betriebsbedingungen, d.h. Druck und Temperatur, der Raumbedarf, die Wartungsfreundlichkeit und die Wirtschaftlichkeit von Bedeutung.

Die **Schweißverbindung** ist eine nicht lösbare Verbindung und zeichnet sich durch hohe Temperatur- und Druckbeständigkeit, geringen Platzbedarf und Wirtschaftlichkeit aus. Änderungen in der Rohrleitungsführung sind jedoch mit großem Aufwand verbunden (s. Abb. 3-9).

Schweißnaht

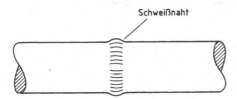

**Abb. 3-9** Schweißverbindung

Die häufigste Verbindungsart ist die **Flanschverbindung** (s. Abb. 3-10).

Sie ist lösbar, bei hohen Temperaturen oder Drücken nur begrenzt einsatzfähig und hat verglichen mit der Schweißverbindung größeren Raumbedarf. Veränderungen in der Rohrleitungsführung sind relativ leicht durchzuführen.

Nut- und Federflansch können im Vergleich zu den anderen Flanschverbindungen auch bei höheren Temperaturen und Drücken eingesetzt werden.

Die **Rohrverschraubung** ist eine lösbare Verbindung, benötigt nur wenig Raum und kann bei mittleren Temperaturen und Drücken verwendet werden (s. Abb. 3-11).

Die **Muffe** *mit Gewinde* ist geeignet für mittlere Temperaturen und Drücke und hat ein Innengewinde. Das Rohr, auch Nippel genannt, hat ein Außengewinde und wird mit der Muffe verschraubt (s. Abb. 3-12).

Bei der Muffe *ohne Gewinde* wird das Rohr lediglich in die Muffe gesteckt. Die Abdichtung des Raumes zwischen Rohr und Muffe erfolgt z.B. mit Teerstrick, Kitt oder Blei. Diese Verbindung lässt sich leicht lösen und ist für geringe Temperaturen und Drücke geeignet (s. Abb. 3-13).

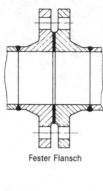

Fester Flansch

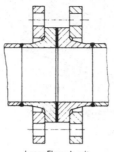

Loser Flansch mit
Anschweißbund

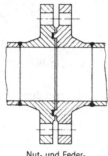

Nut- und Feder-
flansch

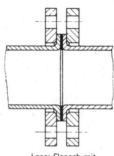

Loser Flansch mit
Bördelrohr

**Abb. 3-10** Flansch-
verbindungen

Überwurfmutter

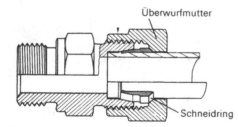

Schneidring

**Abb. 3-11** Rohrverschraubung

Dichtung
(z.B. PTFE–Band)

Rohr mit
Außengewinde

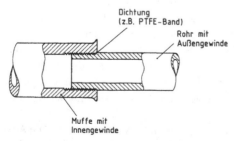

Muffe mit
Innengewinde

**Abb. 3-12** Muffe mit Gewinde

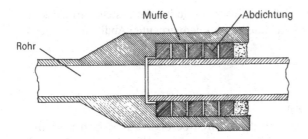

Abb. 3-13 Muffe ohne Gewinde

### 3.1.7
**Dichtungen und Wellenabdichtungen**

Dichtungen sollen Unebenheiten der Dichtfläche ausgleichen und so Räume gegeneinander abdichten. In geschlossenen Rohrleitungssystemen sind sie die Schwachstellen.

### 3.1.7.1
**Dichtungslose Abdichtung**
Beim **Planschliff** erfolgt die Abdichtung durch zwei plangeschliffene Teller. Die Dichtfläche bedarf einer besonders genauen, aufwändigen Bearbeitung und ist anfällig gegenüber Verschmutzung und mechanischer Beschädigung (s. Abb. 3-14).

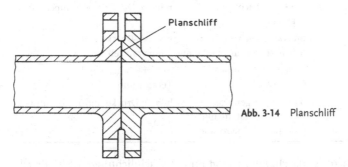

Abb. 3-14 Planschliff

Die **Dilo-Dichtung** (dichtungslos) ist nach dem Prinzip von Nut und Feder aufgebaut und für hohe Temperaturen und Drücke geeignet. Die Feder ist rechteckig, die Nut linsenförmig. Die eigentliche Abdichtung erfolgt an der Berührungsfläche von Nut und Feder (s. Abb. 3-15).

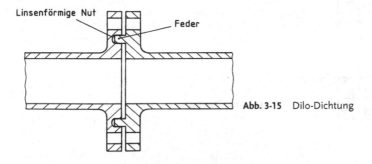

Abb. 3-15 Dilo-Dichtung

Ein entscheidender Nachteil dichtungsloser Verbindungen besteht darin, dass die Dichtflächen beim Lösen der Verbindungen vor dem erneuten Abdichten nachzuarbeiten sind.

3.1.7.2
## Abdichten mit Dichtungsmaterial

Dichtungsmaterialien zeichnen sich durch ihren besonders niedrigen Formänderungswiderstand aus. Die Auswahl hängt von der Beständigkeit gegen chemische Einflüsse, Temperaturänderungen und Drücke und von der Wirtschaftlichkeit ab. Einige Beispiele zeigt Tab. 3-3.

**Tab. 3-3**   Dichtungsmaterialien

| Material | Eigenschaften | Verwendung |
|---|---|---|
| Pappe/Papier | preiswert | geringe Drücke und Temperaturen |
| Graphit-Dichtung | chemikalienbeständig | hohe Drücke und Temperaturen |
| Gummi/Gummi mit Gewebe | gegen wässrige Lösungen beständig | geringe Temperaturen |
| Kunststoff | chemikalienbeständig | mittlere Drücke und Temperaturen |
| Metall mit Graphit oder PTFE | form- und chemikalienbeständig | höchste Drücke |
| Hanfgewebe in Paraffin oder Graphit getränkt | preiswert, leicht zu bearbeiten | mittlere Drücke und Temperaturen |
| PTFE-Band | preiswert, leicht zu bearbeiten, chemikalienbeständig | mittlere Drücke und Temperaturen |
| Aramidfaser in Nitrilkautschuk | beständig gegen viele Chemikalien | mittlere Drücke und Temperaturen |
| Aramidfaser und Metallgewebe in Nitrilkautschuk | beständig gegen Dampf, Kohlenwasserstoffe und viele andere Chemikalien | höhere Drücke und Temperaturen |

Das Abdichten **starrer Verbindungen** erfolgt mittels Flachdichtungen oder Profildichtungen.
– Die *Flachdichtung* wird durch Verschrauben von zwei ebenen Flanschtellern zusammengepresst (s. Abb. 3-16).

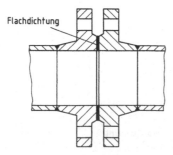

Flachdichtung

**Abb. 3-16**   Flachdichtung

– Eine gängige *Profildichtung* ist der O-Ring (s. Abb. 3-17).

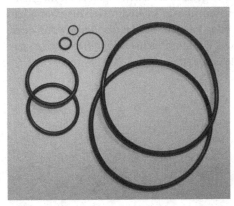

**Abb. 3-17** O-Ringe

Der O-Ring befindet sich z.B. in einer Nut. Der notwendige Anpressdruck wird durch eine Feder auf die Dichtung übertragen (s. Abb. 3-18).

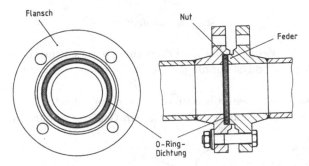

**Abb. 3-18** O-Ring in Nut- und Feder-Verbindung

Eine andere Art der Profildichtung ist die Linsendichtung(s. Abb. 3-19). Sie liegt in einer v-förmigen oder rechteckigen Nut, die durch die beiden Flanschenden entsteht, und ist für höchste Drücke geeignet.

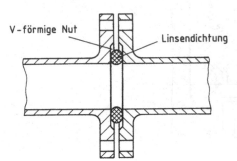

**Abb. 3-19** Flanschverbindung mit Linsendichtung

Die seitliche Stabilisierung durch den Flansch macht ein Herausdrücken der Dichtung unmöglich. Daher sind Profildichtungen für hohe Drücke geeignet.

Bei **bewegten Wellen**, z.B. Rührern oder Antriebswellen, ist wegen der mechanischen Belastung ein Abdichten mit den bisher genannten Dichtungen nicht möglich.
– Die *Stopfbuchse* ist eine einfache Wellenabdichtung. In einem Gehäuse befinden sich Packungsschnüre aus in Graphit oder Paraffin getränkter Baumwolle oder Hanfgewebe. Sie werden durch den Druck der Stopfbuchsenbrille (Druckring) gegen die Gehäusewandung und die Welle gepresst (s. Abb. 3-20).

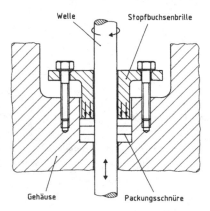

**Abb. 3-20** Stopfbuchse

Die Stopfbuchse wird je nach den betrieblichen Erfordernissen mit entsprechendem Packungsmaterial gepackt und ist nur für geringe Umdrehungsgeschwindigkeiten geeignet.
– Die *Gleitringdichtung* besteht aus einem ruhenden und einem umlaufenden Gleitring (s. Abb. 3-21). Der ruhende Gleitring ist fest mit dem Gehäuse verbunden,

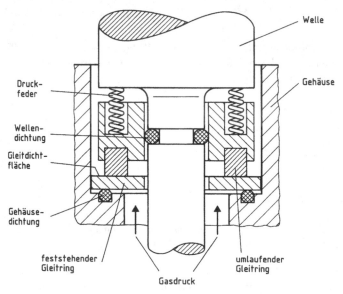

**Abb. 3-21** Gleitringdichtung

der umlaufende Gleitring ist an der Welle befestigt. Beide Gleitringe werden durch eine Feder aneinander gedrückt. Die Gleitringe sind plangeschliffen und bestehen aus verschleißarmem Kunststoff, z.B. PTFE, aus Keramik oder aus Graphit. Diese Dichtung ist für mittlere bis hohe Druckdifferenzen und im Grunde für alle Drehzahl- und Temperaturbereiche geeignet. Der Nachteil besteht darin, dass durch die Druckdifferenzen Substanz austreten und zwischen die Gleitringe gelangen kann. In diesem Fall wird eine doppelt wirkende Gleitringdichtung eingesetzt (s. Abb. 3-22).

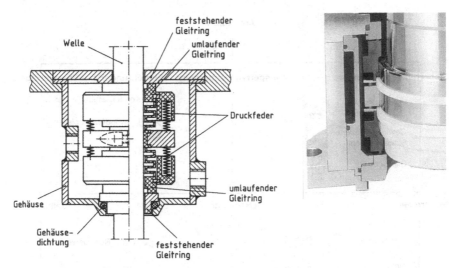

**Abb. 3-22**   Doppelt wirkende Gleitringdichtung

– Die *Radialwellendichtung* besitzt eine Dicht- und eine Schutzlippe. Ein in die Gummidichtung eingelassener Versteifungsring fixiert die Dichtung im Gehäuse. Die Dichtlippe wird durch einen Federring gegen die Welle gedrückt und bewirkt die eigentliche Abdichtung (s. Abb. 3-23).

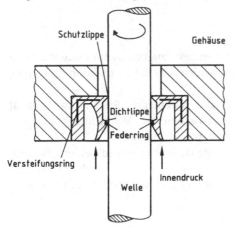

**Abb. 3-23**   Radialwellendichtung

Die Radialwellendichtung ist nur für geringe Druckdifferenzen aber für hohe Drehzahlen geeignet.

## 3.1.8
### Einbauten in Rohrleitungen

Der Stofftransport in Rohrleitungen und die hierbei gestellten Sicherheitsanforderungen bedingen den Einsatz von Armaturen (s. Abb. 3-24).

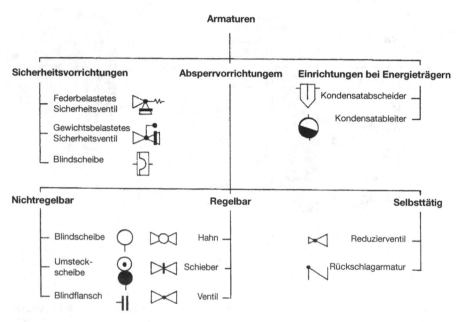

**Abb. 3-24** Einbauten in Rohrleitungen mit Bildzeichen nach DIN/EN

## 3.1.8.1
### Nichtregelbare Absperrvorrichtungen

Nichtregelbare Absperrvorrichtungen kommen bevorzugt dann zum Einsatz, wenn ein zufälliges Öffnen der Armaturen zu vermeiden oder die Rohrleitung für längere Zeit stillzulegen ist.

Die **Blindscheibe** ist eine kreisförmige Platte mit einer als Erkennungsmerkmal dienenden roten Fahne. Durch den Einbau zwischen zwei Volldichtungen besteht kein direkter Kontakt mit dem Fördermedium (s. Abb. 3-25).

Bei der **Umsteckscheibe** ist eine kreisförmige Drosselscheibe mit einer gleichgroßen Offenscheibe verbunden. Durch Einbringen der Drossel- oder der Offenplatte kann die Rohrleitung wahlweise gedrosselt oder vollständig geöffnet werden (s. Abb. 3-26).

**Abb. 3-25** Blindscheibe      **Abb. 3-26** Umsteckscheibe

Die **Schwenkscheibe** ähnelt der Umsteckscheibe und wird der leichteren Handhabung wegen vor allem in Rohrleitungen großer Nennweite eingesetzt. Durch Öffnen der Flanschverbindung und Schwenken der Scheibe kann wahlweise gedrosselt oder geöffnet werden (s. Abb. 3-27).

**Abb. 3-27** Schwenkscheibe

Der **Blindflansch** wird am Ende einer Rohrleitung oder eines Stutzens mit einer Volldichtung eingebaut.

### 3.1.8.2
### Regelbare Absperrvorrichtungen

Regelbare Absperrvorrichtungen sollen neben dem Absperren und Öffnen einer Rohrleitung die Regulierung des Durchflusses ermöglichen.

Im Gehäuse des **Hahns** befindet sich ein drehbares Hahnküken, das durch eine 90°-Drehung ein schnelles Öffnen und Schließen ermöglicht. Die Durchflussrichtung ist nicht vorgegeben. Für die genaue Regulierung des Durchflusses sind Hähne nur bedingt geeignet.

– Der *Durchgangshahn* (s. Abb. 3-28) gibt im geöffneten Zustand den gesamten Strömungsquerschnitt frei. Dadurch entsteht nur ein geringer Druckverlust.

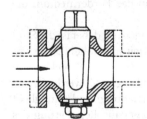

**Abb. 3-28** Durchgangshahn

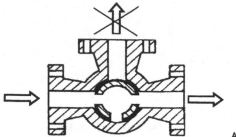

**Abb. 3-29** Dreiwegehahn

– Der *Dreiwegehahn* (s. Abb. 3-29) erlaubt außer dem eigentlichen Absperren eine Verteilung des Stoffstromes in zwei Leitungen.

Beim **Schieber** wird eine Schieberplatte mit einem Handrad und der damit verbundenen Spindel senkrecht zur Strömungsrichtung des Mediums bewegt. Ein schnelles Öffnen und Schließen ist nicht möglich. Da im geöffneten Zustand der gesamte Rohrquerschnitt freigegeben wird, entsteht nur ein geringer Druckverlust. Je nach Bauart wird unterschieden zwischen innenliegender und außenliegender Spindel (s. Abb. 3-30).

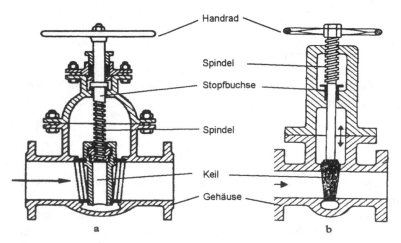

**Abb. 3-30**   a Schieber mit innenliegender Spindel,
b Schieber mit außenliegender Spindel

Schieber mit innenliegender Spindel haben einen geringeren Raumbedarf; Schieber mit außenliegender Spindel werden verwendet, wenn das Fördermedium die innenliegende Spindel schädigen kann.

Schieber werden in Rohrleitungen großer Nennweite eingebaut, dabei ist die Strömungsrichtung nicht vorgegeben. Herrscht in der Rohrleitung hoher Druck, so muss durch einen Umgang, den sog. Bypass, vor dem Öffnen des Schiebers ein Druckausgleich zwischen beiden Seiten der Schieberplatte hergestellt werden.

Das **Ventil** ist die am häufigsten eingesetzte Absperrvorrichtung und ermöglicht neben dem Absperren und Öffnen einer Rohrleitung die genaue Regulierung des

Durchflusses. Der Stoffstrom erfährt im Ventil zwei Umlenkungen. Daher ist die Strömungsrichtung beim Einbau vorgeschrieben und auf dem Ventilgehäuse markiert. Aus den Richtungsänderungen resultiert ein höherer Druckverlust des Fördermediums als beim Hahn oder Schieber.

– Das *Durchgangs-* oder *Kegelventil* besteht aus einem mit dem Gehäuse verbundenen Ventilsitz und dem am Ende einer Spindel befindlichen Ventilkegel. Öffnen und Schließen erfolgt durch Auf- und Abdrehen des Ventilkegels. Das Medium übt von unten auf den Ventilkegel einen Druck aus, der dem Abdichten durch den Kegel im Ventilsitz entgegenwirkt (s. Abb. 3-31).

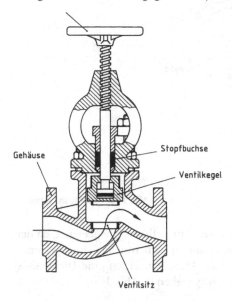

**Abb. 3-31** Durchgangsventil

– Beim *Kolbenventil* erfolgt das Öffnen und Schließen durch einen länglichen Kolben. Die Abdichtung nach außen erfolgt durch den oberen Ventilring zwischen Kolben und Gehäuse. Die Spindel kommt mit dem Durchflussstoff nicht in Berührung (s. Abb. 3-32).

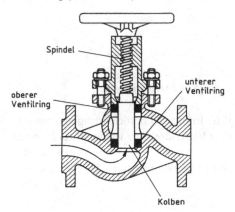

**Abb. 3-32** Kolbenventil

– Beim *Schrägsitzventil* bewirkt die schräge Anordnung von Ventilsitz und Ventilkegel eine geringere Umlenkung des Stoffstromes als bei anderen Ventilen. Dadurch sind Strömungswiderstand und damit Druckverlust des Mediums niedriger
(s. Abb. 3-33).

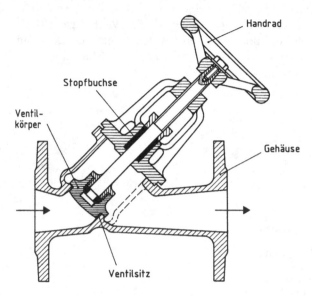

**Abb. 3-33**  Schrägsitzventil

– Das *Membranventil* ist besonders für aggressive Durchflussstoffe geeignet, da der
Verdrängungskörper durch eine Gummimembran vom Innengehäuse getrennt
ist. Im geschlossenen Zustand drückt er die Membran gegen eine Dichtkante.
Beim Einbau ist keine Durchflussrichtung vorgegeben (s. Abb. 3-34).

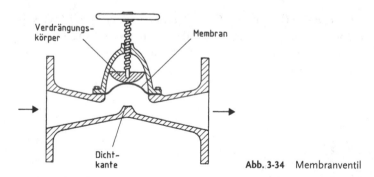

**Abb. 3-34**  Membranventil

Beim praktischen Umgang mit Ventilen ist immer zu berücksichtigen, dass das
Handrad nach vollständigem Öffnen um eine Vierteldrehung wieder zurückbewegt
werden sollte. Dadurch vermeidet man zum einen Irrtümer beim Beurteilen des
Ventilzustandes (»auf« oder »zu«) und auch das Festklemmen des Handrades.

3.1.8.3
**Selbsttätige Absperr- und Reguliervorrichtungen**
Hier erfolgt eine Unterscheidung zwischen Rückschlagarmaturen und Druckminderventilen.

**Rückschlagarmaturen** werden in Rohrleitungen eingebaut, die nur in einer Richtung durchströmt werden dürfen. Bei Strömungen in die unzulässige Richtung müssen sie sofort und selbsttätig schließen.

– Die *Rückschlagklappe* muss beim Einbau an der oberen Seite des Gehäuses befestigt werden, damit sie mit ihrer Gewichtskraft der Strömungsrichtung entgegenwirkt (s. Abb. 3-35).
– Das *Kugelrückschlagventil* wird ebenfalls so eingebaut, dass die Kugel mit ihrer Gewichtskraft der Strömungsrichtung entgegenwirkt. Sie wird durch einen Anschlagstift in der Führung gehalten (s. Abb. 3-36).

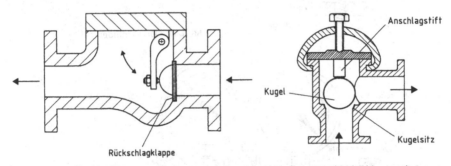

**Abb. 3-35**  Rückschlagklappe                **Abb. 3-36**  Kugelrückschlagventil

Das **Druckminderventil** wird eingesetzt, wenn unter hohem Druck stehende Gase oder Dämpfe in Apparaturen oder Leitungen überführt werden sollen, in denen ein geringerer Druck herrschen soll. Der Einbau ist vorgeschrieben, wenn zwischen Apparatur und Druckspeicher mehr als 10% Druckdifferenz vorliegt.

Beim Druckminderventil erfolgt die Trennung von Hoch- und Niederdruckseite durch einen Ventilkegel, der mittels einer Stange mit einer Membran verbunden ist (s. Abb. 3-37). Gegenüber der Membran befindet sich eine Feder, die durch eine Spindel mit Handrad ge- bzw. entspannt werden kann. Ein Erhöhen der Federspannung bewirkt ein Erhöhen des Drucks auf der Niederdruckseite.

Steigt dieser Druck, wird die Membran nach außen gedrückt und die Hochdruckseite durch den Ventilkegel so lange abgeschlossen, bis der durch die Federspannung eingestellte Druck auf der Niederdruckseite wieder erreicht ist.

Das *Reduzierventil* ist ein Druckminderventil, das um zwei Manometer, ein Sicherheitsventil und ein Absperrventil erweitert wurde. Es ist in der Lage, Höchstdrücke von bis zu 300 bar auf Gebrauchsdrücke von wenigen bar zu reduzieren (s. Abb. 3-38).

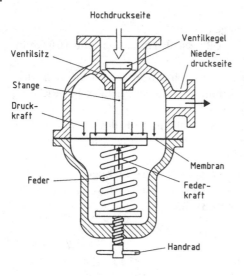

**Abb. 3-37** Druckminderventil

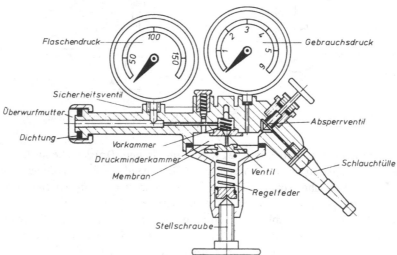

**Abb. 3-38** Reduzierventil

3.1.8.4

## Sicherheitseinrichtungen

Sicherheitseinrichtungen sollen das Überschreiten des in einer Rohrleitung oder Apparatur maximal zulässigen Betriebsdruckes vermeiden. Sie müssen in regelmäßigen Abständen überprüft bzw. ausgewechselt werden. Die Überprüfung erfolgt durch den Technischen Überwachungsverein oder autorisierte Einrichtungen und ist in Abständen von höchstens 2 Jahren oder nach betrieblichen Vorgaben zu wiederholen.

Sicherheitsventile werden verplombt und auf der Plombe das Datum der letzten Überprüfung eingraviert.

In einem **federbelasteten Sicherheitsventil** wird durch eine Feder eine genau eingestellte Kraft auf den Ventilkegel übertragen und damit ein maximaler Druck eingestellt (s. Abb. 3-39). Wird dieser in der Apparatur überschritten, öffnet das Sicherheitsventil und durch Ausströmen des Mediums verringert sich der Druck. Bei Unterschreiten des eingestellten Druckes schließt das Sicherheitsventil selbsttätig.

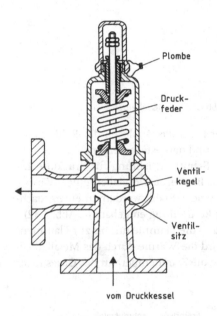

vom Druckkessel

**Abb. 3-39** Federbelastetes Sicherheitsventil

Beim **gewichtsbelasteten Sicherheitsventil** wird die auf den Ventilkegel wirkende Kraft zum Einstellen des maximalen Druckes durch ein Gegengewicht nach dem Hebelprinzip erzeugt (s. Abb. 3-40).

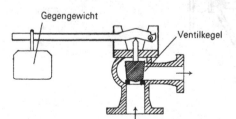

**Abb. 3-40** Gewichtsbelastetes Sicherheitsventil

Hat ein Sicherheitsventil auf eine Drucküberhöhung in der Apparatur angesprochen, ist es in jedem Fall zu kontrollieren. Ist seine einwandfreie Funktion wegen möglicher Verunreinigungen nicht mehr zu gewährleisten, muss es durch autorisiertes Personal ausgetauscht werden.

Ist die Verwendung von Sicherheitsventilen aus betrieblichen Gründen nicht zweckmäßig, wird die **Reißscheibe** (Berstscheibe) eingesetzt. Die Reißscheibe ist eine ebene oder gewellte Platte, die an einem Stutzen blind vorgeflanscht wird. Sie ist nur bis zu einem bestimmten Druck einsetzbar. Bei Überschreiten dieses Druckes kommt es zum Bersten der Scheibe (s. Abb. 3-41).

**Abb. 3-41**   Reißscheiben

Durch Messeinrichtungen und Signalgeber kann das Auslösen der Reißscheibe innerhalb einer Apparatur oder Anlage erfasst und dargestellt werden.

Die **Flammenrückschlagsicherung** ist eine Schutzeinrichtung für drucklose Lagertanks oder Entlüftungen von Apparaturen. Bänder aus Metallen guter Wärmeleitfähigkeit, z.B. Kupfer, Neusilber, nichtrostender Stahl, werden zu einem dachähnlichen Kreis gewickelt und am Ende einer Rohrleitung eingebaut (s. Abb. 3-42).

Entzündet sich das entweichende Gas, so kann die Flamme nur bis zur Flammenrückschlagsicherung zurückschlagen. Hier wird die Wärme durch das Metall abgeleitet, so dass unterhalb der Schutzeinrichtung die Zündtemperatur des Gases nicht mehr erreicht wird.

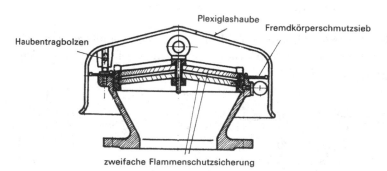

**Abb. 3-42**   Flammenrückschlagsicherung

3.1.8.5

**Einrichtungen bei Energieträgern**

Der **Kondensatabscheider** ist vor dem Eingang von Dampf in eine Apparatur eingebaut und dient dazu, sich in der Dampfleitung bildendes Kondensat abzuscheiden. Dieses tropft an einer Prallplatte nach unten ab, der Dampf verlässt den Abscheider nach oben (s. Abb. 3-43). Er hat im Vergleich zum kondensathaltigen Dampf einen höheren Energieinhalt und einen höheren Heizwert.

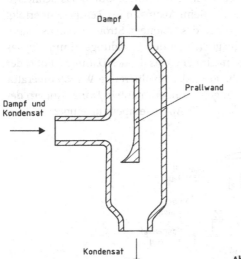

**Abb. 3-43** Kondensatabscheider

Der **Kondensatableiter** ist am Ende einer Leitung bzw. hinter der Apparatur eingebaut und arbeitet selbsttätig. Das in Dampfleitungen, Heizkörpern oder dampfbetriebenen Apparaten ständig anfallende Kondensat soll abgeleitet werden, ohne Dampf austreten zu lassen.

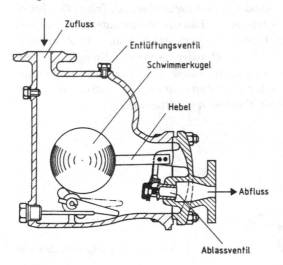

**Abb. 3-44** Mechanischer Kondensatableiter

– Beim *mechanischen* Kondensatableiter öffnet das Ablassventil, wenn ein durch einen Schwimmer vorgegebenes maximales Niveau des Kondensats erreicht ist. Ist das Kondensat abgeflossen, schließt das Ablassventil. Dieser schwimmergesteuerte Kondensatableiter hat einen relativ großen Raumbedarf und muss von Zeit zu Zeit entlüftet werden (s. Abb. 3-44). Bei Außenanlagen besteht die Gefahr des Einfrierens, falls der Kondensatableiter nicht entleert wird.

– Der *thermische* Kondensatableiter enthält mehrere Bimetallplättchen, die sich bei Temperaturerhöhung ähnlich einer Feder verformen und dadurch das Schließen der Ablassöffnung bewirken (s. Abb. 3-45). Beim Absinken der Temperatur erfolgt umgekehrte Verformung und damit Öffnen des Ableiters. Strömt kondensathaltiger Dampf durch den Ableiter, so schlägt sich an den Wandungen immer etwas Kondensat nieder, dessen Temperatur niedriger ist als die des Dampfes. Führt der Wasserdampf viel Kondensat mit sich, so ist die resultierende Wandtemperatur niedriger als bei Wasserdampf mit geringem Kondensatanteil. Durch Ändern der Verspannung der Bimetallplättchen kann die Ablasstemperatur eingestellt werden.

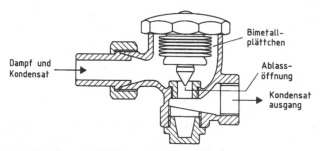

**Abb. 3-45** Thermischer Kondensatableiter

– Die Wirkungsweise des *thermodynamischen* Kondensatableiters beruht im wesentlichen darauf, dass Dampf und Kondensat mit unterschiedlich hohen Geschwindigkeiten strömen. Der Kondensatableiter enthält eine Ventilplatte, deren Position durch zwei daraus resultierende Effekte gesteuert wird (s. Abb. 3-46). Zum einen wird *unterhalb* der Ventilplatte durch den schneller strömenden Dampf auf Grund einer Düsen-Wirkung ein Unterdruck verursacht, durch den die Ventilplatte angesaugt und damit verschlossen wird. Zum anderen entsteht *oberhalb* der Ventilplatte durch die Rückverdampfung von Kondensat ein Überdruck.

**Abb. 3-46** Thermodynamischer Kondensatableiter

Enthält der einströmende Dampf viel Kondensat, so fließt das Dampfgemisch langsamer. Die Ventilplatte hebt sich und öffnet zum Abfließen dieses Kondensates. Enthält der Dampf dann weniger Kondensat und strömt somit schneller, wird die Ventilplatte wieder angesaugt und der Kondensatableiter verschlossen. Gleichzeitig wird oberhalb der Ventilplatte der Rückverdampfungseffekt wirksam. Charakteristisch für den thermodynamischen Kondensatableiter ist seine unterbrochene Arbeitsweise. Er kann beispielsweise bei starken Erschütterungen oder Vibrationen, geringen Kondensatmengen sowie bei beengten Raumverhältnissen in einer Anlage eingesetzt werden.

## 3.2
## Arbeitsanweisungen

Beim Arbeiten mit Rohrleitungssystemen sind Sicherheitsschuhe und ein Arbeitsanzug, bei Arbeiten mit Glas oder an unter Druck stehenden Apparaturen ist außerdem eine Schutzbrille zu tragen. Die bei bestimmten Tätigkeiten notwendigen Sicherheitsmaßnahmen werden bei jeder Aufgabenstellung zusätzlich angegeben.

### 3.2.1
### Untersuchen des Druckverlaufs in einer Rohrleitung

**Apparatur und Geräte:** Messapparatur (s. Abb. 3-47), Stahlmaßband.
**Arbeitssicherheit:** Die Seitenkanalpumpe darf nicht trocken laufen.

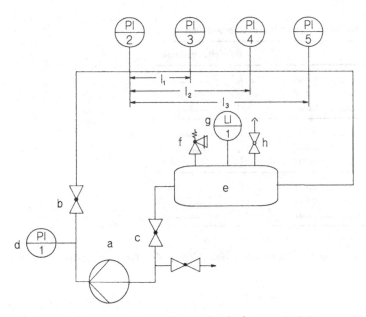

**Abb. 3-47** Apparatur zum Messen des Druckverlaufs in einer Rohrleitung

**Arbeitsanweisung:** Die Bedeutung der in Abb. 3-47 mit den Kleinbuchstaben a bis h markierten Bildzeichen ist nach DIN/EN anzugeben.

Das Vorratsgefäß ist zu 75% mit Wasser zu füllen. Die Längen $l_1$, $l_2$ und $l_3$ der Rohrleitungsstücke sind zu messen. Entlüftungs-, Saugseiten- und Druckseitenventil werden geöffnet und die Seitenkanalpumpe angeschaltet. Das Druckseitenventil ist so einzustellen, dass die Messstelle 1 den minimalen Druck anzeigt. Die Drücke an den Messstellen 1 bis 5 werden abgelesen und notiert. Diese Messung wird dann mit einem Druck von 500 mbar und 600 mbar an der Messstelle 1 durchgeführt und jede Messreihe wiederholt. Das Druckseitenventil ist zu schließen und die Pumpe abzuschalten.

**Auswertung:** Die Volumenströme sind in Abhängigkeit vom Druck $p_1$ aus einem gegebenen Diagramm zu ermitteln und mit allen Messwerten in eine Tabelle (s. Tab. 3-4) einzutragen.

**Tab. 3-4**   Messwertetabelle 1: Druckverlauf in einer Rohrleitung.

| ++F8++: $\dot{V}$ in l/min | $p_1$ in mbar | $p_2$ in mbar | $p_3$ in mbar | $p_4$ in mbar | $p_5$ in mbar | $\Delta p = p_2 - p_5$ in mbar |
|---|---|---|---|---|---|---|
| 1. Messung | | | | | | |
| 2. Messung | | | | | | |
| Mittelwert | | | | | | |

In einem Diagramm wird für jeden Volumenstrom der Druck $p$ in Abhängigkeit von der Rohrleitungslänge dargestellt. Dazu wird eine weitere Messwertetabelle (s. Tab. 3-5) angefertigt.

**Tab. 3-5**   Messwertetabelle 2: Druckverlauf in einer Rohrleitung.

| | Druck | | Rohrleitungslänge | |
|---|---|---|---|---|
| $\dot{V}_1$ | $p_3$ | .......... mbar | $l_1$ | .......... |
| | $p_4$ | .......... mbar | $l_2$ | .......... |
| | $p_5$ | .......... mbar | $l_3$ | .......... |
| $\dot{V}_2$ | $p_3$ | .......... mbar | $l_1$ | .......... |
| | $p_4$ | .......... mbar | $l_2$ | .......... |
| | $p_5$ | .......... mbar | $l_3$ | .......... |
| $\dot{V}_3$ | $p_3$ | .......... mbar | $l_1$ | .......... |
| | $p_4$ | .......... mbar | $l_2$ | .......... |
| | $p_5$ | .......... mbar | $l_3$ | .......... |

In einem weiteren Diagramm ist die Abhängigkeit des Druckverlustes $\Delta p$ vom Volumenstrom darzustellen.

3.2.2
**Montage von Glasverbindungen**

**Apparatur und Geräte:** Beilagen, Flanschringe mit Schrauben und Druckfedern, Glasrohrstücke und PTFE-Dichtungen der Fa. QVF-Corning sowie Gabel- und Ringschlüssel.
**Arbeitssicherheit:** Es ist nur einwandfreies Glas zu verwenden.
**Arbeitsanweisung:** Der Flanschring ist auf das Rohrende zu schieben und die Beilage mit der glatteren Seite zum Glas hin in den Flanschring zu drücken. Der Flanschring wird mit der Beilage auf das erweiterte Rohrende geschoben. Zwischen zwei auf diese Weise vorbereitete Rohrstücke wird eine PTFE-Dichtung gelegt und die Rohrstücke durch gleichmäßiges Anziehen der Schrauben aneinander gepresst. (s. Abb. 3-48).

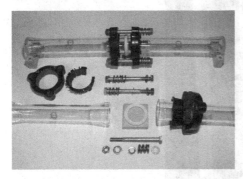

**Abb. 3-48** Glasverbindung. (Fa. QVF Corning)

Zu vorgegebenen Rohrstücken sollen anhand Tab. 3-6 die passenden Schrauben und Druckfedern ausgesucht und die Glasverbindung montiert werden.

**Tab. 3-6** Montage von Glasverbindungen: Daten der Schrauben, Druckfedern und Flanschringe.

| DN | Schrauben (Beilagenhöhe 1,5 mm) | | | | Druckfedern | | Flanschringe |
|---|---|---|---|---|---|---|---|
| | Anzahl | Art | Länge | Höhe der Mutter | Innen durch-messer | Länge | Außenabstand der Flansch-ringe |
| | | | in mm | in mm | in mm | in mm | in mm |
| 15 | 3 | M6 | 70 | 5,0 | 6,5 | 13,5 | 39 |
| 25 | 3 | M8 | 100 | 6,4 | 8,5 | 20,0 | 61 |
| 40 | 3 | M8 | 100 | 6,4 | 8,5 | 20,0 | 66 |
| 50 | 3 | M8 | 110 | 6,4 | 8,5 | 20,0 | 73 |
| 80 | 6 | M8 | 120 | 6,4 | 8,5 | 20,0 | 87 |
| 100 | 6 | M8 | 130 | 6,4 | 8,5 | 20,0 | 98 |
| 150 | 6 | M10 | 150 | 8,0 | 10,5 | 30,0 | 100 |

**Auswertung:** Die montierte Glasverbindung wird mit einem optischen Glasspannungsprüfer im polarisierten Licht überprüft. Die Beobachtungen sind zu protokollieren.

3.2.3
**Montage einer Glasapparatur**

**Apparatur und Geräte:** (s. Abb. 3-49), Gabel- oder Ringschlüssel, Innensechskantschlüssel.

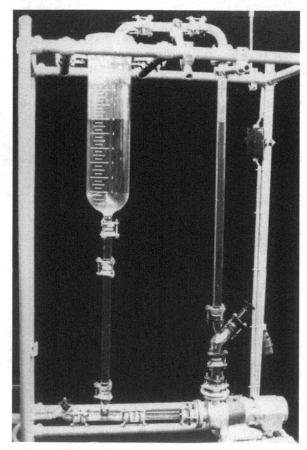

**Abb. 3-49** Glasapparatur

**Arbeitssicherheit:** Auf Glas dürfen keine großen mechanischen Kräfte einwirken.
**Arbeitsanweisung:** Die Apparatur ist so zu montieren, dass die Pumpe Wasser aus
dem Zwischengefäß ansaugen und wieder in das Zwischengefäß fördern kann.

Dabei müssen die Halterungen fest im Gestell montiert sein, ohne Spannungen
auf das Glas zu übertragen.

An der Pumpe ist an der Druck- und Saugseite je ein Faltenbalg zu befestigen, wobei diese ca. 1 cm Spiel haben sollen. An diesen Faltenbälgen werden die Glasverbindungen angeschlossen.

Das Zwischengefäß ist nach Montage der Anlage mit Wasser zu füllen. Undichtigkeiten sind durch Nachstellen der Schrauben zu beheben. Die Kreiselpumpe wird

wie folgt angefahren: Der Pumpenraum wird mit Wasser gefüllt, das Druckseitenventil geschlossen und die Pumpe angeschaltet. Anschließend wird das Druckseitenventil so einreguliert, dass die Pumpe im Kreislauf fördert. Bei konstanter oder
rückläufiger Flüssigkeitshöhe in der Druckleitung hat die Pumpe keine ausreichende Förderleistung mehr. Das Druckseitenventil ist zu schließen, die Pumpe auszu-
schalten und erneut anzufahren.

**Auswertung:** Es ist ein RI-Fließbild der Apparatur zu zeichnen.

### 3.2.4
### Demontage und Montage von Rohrverbindungen an einem Druckbehälter

**Apparatur und Geräte:** Druckbehälter (s. Abb. 3-50), Flachdichtungen, PTFE-Band,
Hanf und Fermit, Rohrspannbacken, Rohrzange, Engländer, Drahtbürste, Gabel-
und Ringschlüssel, Sägeblatt.

**Abb. 3-50** Druckbehälter

**Arbeitssicherheit:** Hervorstehende Grate sind zu entfernen. Der Druckbehälter
muss drucklos sein. Bei den Flanschverbindungen sind immer zuerst die vom Körper abgewandten Schrauben zu lösen (s. Abb. 3-53).

**Arbeitsanweisung:** Es ist ein RI-Fließbild der Apparatur sowie eine Materialliste zu
erstellen. Anschließend werden alle Rohrverbindungen gelöst und die Dichtflächen
mit der Drahtbürste gereinigt. Die Gewinde sind auf einwandfreie Funktion zu
kontrollieren und deformierte bzw. beschädigte Gewindestücke zu ersetzen. Die
Apparatur wird anhand des Fließbildes montiert.

*Hinweise:*

- Für Flansch- und Schraubverbindungen werden Flachdichtungen verwendet.
- Die Schrauben werden über Kreuz festgezogen.
- Muffenverbindungen mit Gewinde sind teilweise mit Hanf und Fermit, teilweise mit PTFE-Band einzudichten.

Der Hanf ist in dünnen Strähnen von der äußersten Seite des Gewindes in Richtung des Gewindes aufzuwickeln. Gewinde und Hanf werden mit Fermit bestrichen und in die Muffe eingedreht. Überstehender Hanf ist mit dem Sägeblatt zu entfernen.

Beim Eindichten mit PTFE-Band ist dieses einlagig, an den Rändern überlappend, ausgehend vom Rohrende in Drehrichtung des Gewindes aufzuwickeln. Das Gewinde darf nur in einer Richtung eingeschraubt werden; ein Zurückdrehen würde zum Reißen des Bandes führen.

**Auswertung:** Die montierte Apparatur wird auf Dichtigkeit überprüft, indem mit Druckluft ein Überdruck von 1 bar eingestellt und der Drucklufthahn wieder geschlossen wird. Sinkt der Druck, wird dies durch Nachstellen der Schrauben behoben.

### 3.2.5
### Abdichten einer Welle mit einer Stopfbuchse

**Apparatur und Geräte:** Behälter mit Stopfbuchse, Packschnur, Ringschlüssel, Messer, Packungszieher, Messschieber

**Arbeitssicherheit und Umweltschutz:** An drehenden oder bewegten Teilen darf nie montiert werden. Der Behälter muss leer und drucklos sein. Alte Packschnur wird als Sondermüll entsorgt.

**Arbeitsanweisung:** Der Druckring wird demontiert und die alte Packschnur mit dem Packungszieher entfernt. Der Wellenaußendurchmesser $d_w$, der Packrauminnendurchmesser $d_p$ und die Packraumhöhe sind mit einem Messschieber zu ermitteln (s. Abb. 3-51).

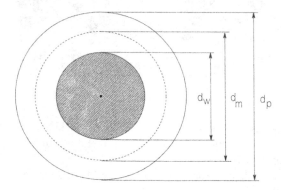

**Abb. 3-51**   Draufsicht auf Packraum und Welle; $d_w$ Wellenaußendurchmesser, $d_p$ Packrauminnendurchmesser, $d_m$ mittlerer Durchmesser

Die Länge der benötigten Packschnur entspricht dem Umfang $U$ des gestrichelten Kreises in Abb. 3-51.

Dabei gilt:

$$d_{\text{m}} = \frac{d_{\text{w}} + d_{\text{p}}}{2} \qquad (3\text{-}12)$$

$$U = d_{\text{m}} \cdot \pi \qquad (3\text{-}13)$$

$$U = \frac{d_{\text{w}} + d_{\text{p}}}{2} \cdot \pi \qquad (3\text{-}14)$$

Die Anzahl der Packschnüre ist entsprechend der Packraumhöhe und der Packschnurstärke zu berechnen. Die Packschnüre werden auf die berechnete Länge zugeschnitten, am Anfang und am Ende angeschrägt und im Packraum aufeinander gereiht:

- Die erste Packschnur wird eingelegt.
- Das Ende der zweiten Packschnur wird um 180° versetzt eingelegt.
- Jedes weitere Packschnurende wird um 90° versetzt eingelegt.

Unebenheiten sind durch den Druckring auszugleichen. Ist der Packraum mit Packschnüren gefüllt, wird der Druckring auf Stehbolzen gesetzt und die Packung leicht festgezogen. Dabei ist darauf zu achten, dass der Druckring in den Packraum hineintaucht, ohne auf dem Behälter aufzusitzen. (s. Abb. 3-20).

*Hinweis:* Die Welle muss ständig zentrisch gelagert sein und darf nicht am Druckring reiben.

**Auswertung:** Die Dichtigkeit der Packung wird durch Füllen des Behälters mit Wasser bei einem Wasserdruck von 2 bis 3 bar überprüft. Dabei muss sich die Welle noch drehen können. Eine Undichtigkeit ist durch Nachziehen der Muttern zu beheben. Ist dies nicht möglich, wird die Stopfbuchse neu verpackt. Alle Berechnungen sind anzugeben und es ist eine Prinzipskizze des Behälters mit der Stopfbuchse anzufertigen.

### 3.2.6
### Demontage und Montage einer Kesselkaskade

**Apparatur und Geräte:** (s. Abb. 3-52), Kanthölzer, Gabel- und Ringschlüssel.
**Arbeitssicherheit:** Es sind ein Schutzhelm und Lederhandschuhe zu tragen. Die Behälter, Mäntel und Leitungen müssen leer und drucklos sein.

Beim Öffnen der Flanschverbindungen werden grundsätzlich zuerst die von der Körperseite abgewandten Schrauben, dann die restlichen Schrauben gelöst. Das Rohr ist so abzukanten, dass ein Spalt zur vom Körper abgewandten Seite entsteht. (s. Abb. 3-53). Befindet sich noch Produkt in der Leitung bzw. steht diese noch unter Druck, kann auf diese Weise die Unfallgefahr, die von ausströmendem oder herausspritzendem Produkt ausgeht, vermindert werden.

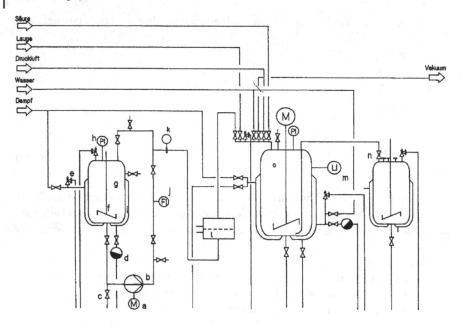

**Abb. 3-52** Kesselkaskade

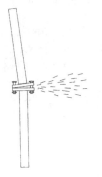

**Abb. 3-53** Lösen einer Flanschverbindung

Bei der Demontage von Absperrvorrichtungen in produktführenden Leitungen zum Behälter wird immer nur die Verbindung von der Absperrvorrichtung zum Behälter gelöst, die Absperrvorrichtung bleibt an der Produktleitung. (s. Abb. 3-54).

**Arbeitsanweisung:**

a) *Kennzeichnung:* Die Bedeutung der in Abb. 3-52 mit den Kleinbuchstaben a bis o markierten Bildzeichen ist nach DIN/EN anzugeben.

b) *Demontage:* Die Rohrleitungen sind anhand des Fließbildes nachzuverfolgen. Zur Demontage sind alle Verbindungen zu lösen und die einzelnen Bauteile unfallsicher zu lagern. Anschließend sind die Schrauben am Deckel des Behälters (g) zu lösen und der Deckel mit Hilfe der Kanthölzer abzuheben.

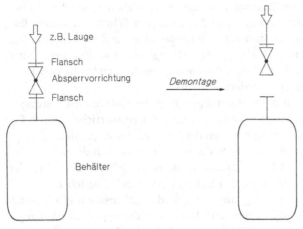

**Abb. 3-54** Demontage einer produktführenden Rohrleitung

c) *Montage:* Die Kesselkaskade ist anhand des Fließbildes wieder zu montieren.
* Um Dichtungen nicht einseitig zu belasten und um Undichtigkeiten zu vermeiden, werden die Schrauben der Flanschverbindungen und des Behälterdeckels über Kreuz festgezogen.
* Unbrauchbare Dichtungen sind zu ersetzen.
* Bei der Montage von Armaturen ist die vorgegebene Fließrichtung zu beachten.

d) *Dichtigkeitsprüfung:* Der Anlagenteil vom Behälter (g) bis zur Blindscheibe (k) wird auf Dichtigkeit geprüft. Alle Ventile werden geschlossen, die Abluft geöffnet und der Behälter mit Wasser gefüllt. Die Seitenkanalpumpe ist anzufahren und das Wasser im Kreislauf zu pumpen. Auftretende Undichtigkeiten sind durch Nachziehen der Schrauben zu beheben. Ist dies nicht möglich, muss neu eingedichtet werden.

e) *Betriebsbereitschaft:* Der Kessel (g) wird entleert. Alle Absperrvorrichtungen an der Kesselkaskade sind zu schließen, außer der Abluft und dem Kondensatausgang am Behälter (g) sowie der Abluft und dem Kondensatausgang am Behälter (o). Der Kessel muss gereinigt sein, das zuletzt darin befindliche Reinigungs- oder Lösemittel ist anzugeben. Die Plombe an den Sicherheitsventilen muss unbeschädigt und die Zeit für die nächste Überprüfung darf nicht überschritten sein.

**Auswertung:** Der Funktionsverlauf der Kesselkaskade ist anhand des Fließbildes zu überprüfen.

## 3.2.7
### Montageübung an einem Druckfilter

**Apparatur und Geräte:** Kessel-Druckfilterkombination, Gabel- und Ringschlüssel, Kanthölzer.

**Arbeitssicherheit:** Es sind ein Schutzhelm und Lederhandschuhe zu tragen. Die Behälter, Mäntel und Leitungen müssen leer und drucklos sein.

Beim Öffnen der Flanschverbindungen werden grundsätzlich zuerst die von der Körperseite abgewandten Schrauben, dann die restlichen Schrauben gelöst. Das Rohr ist so abzukanten, dass ein Spalt zur vom Körper abgewandten Seite entsteht. (s. Abb. 3-53). Befindet sich noch Produkt in der Leitung bzw. steht diese noch unter Druck, kann auf diese Weise die Unfallgefahr, die von ausströmendem oder herausspritzendem Produkt ausgeht, vermindert werden.

Bei der Demontage von Absperrvorrichtungen in produktführenden Leitungen zum Behälter wird immer nur die Verbindung von der Absperrvorrichtung zum Behälter gelöst, die Absperrvorrichtung bleibt an der Produktleitung. (s. Abb. 3-54).

Beim Hochheben und Ablassen des Filterdeckels dürfen die Hände nicht in den Zwischenraum von Filter und Deckel kommen. Befindet sich der Deckel in der obersten Position, ist er umgehend mit den Sicherungsstiften festzustellen.

**Arbeitsanweisung:** Die Produktleitung zum Filter wird abgeflanscht und alle Rohrleitungen und Armaturen werden demontiert. Danach ist die Apparatur nach gegebenem Fließbild wieder zu montieren. Dabei ist zu beachten, dass

- bei Absperrvorrichtungen u.U. die Fließrichtung vorgegeben ist,
- Schrauben an Dichtflächen immer über Kreuz festzuziehen sind und
- unbrauchbare Dichtungen zu ersetzen sind.

**Auswertung:** Die Funktionsweise der Apparatur ist anhand des Fließbildes zu interpretieren.

### 3.2.8
### Montage und Demontage eines Rohrleitungssystems mit nicht regelbaren Absperrvorrichtungen

**Geräte:** Rohrleitungen und Rohrverbindungen, Blindscheibe, Umsteckscheiben, Blindflanschen, Dichtungen, Gabel- und Ringschlüssel.

**Arbeitssicherheit:** Beim Öffnen der Flanschverbindungen werden grundsätzlich zuerst die von der Körperseite abgewandten Schrauben, dann die restlichen Schrauben gelöst. Das Rohr ist so abzukanten, dass ein Spalt zur vom Körper abgewandten Seite entsteht. (s. Abb. 3-53).

Das Festschrauben der Flanschverbindungen erfolgt über Kreuz.

**Arbeitsanweisung:** Das in Abb. 3-55 dargestellte Rohrleitungssystem ist zu montieren.

*Hinweis:* Bei der Blindscheibe sind auf beiden Seiten der Scheibe Volldichtungen einzusetzen. Bei der Umsteckscheibe werden auf beiden Seiten zwei kreisringförmige Flachdichtungen derselben Nennweite wie die Rohrleitung eingesetzt.

Nach der Dichtigkeitsprüfung wird das Rohrleitungssystem demontiert.

**Auswertung:** Das Rohrleitungssystem wird mit Wasser bei einem Wasserdruck von 2 bis 3 bar auf seine Dichtigkeit überprüft. Undichtigkeiten sind zu lokalisieren und durch Nachziehen der Schrauben zu beheben. Ist dies nicht möglich, muss neu eingedichtet werden.

Mit Hilfe der zur Verfügung stehenden Literatur ist eine Tabelle entsprechend Tab. 3-7 zu erarbeiten.

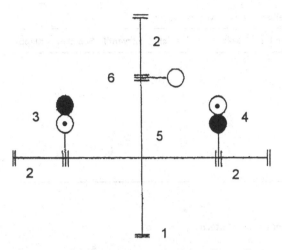

**Abb. 3-55** Rohrleitungssystem mit nicht regelbaren Absperrvorrichtungen;
1 Blindflansch mit Nippel für Dichtigkeitsprüfung, 2 Rohrstücke DN 25 mit
Blindflanschen, 3 Umsteckscheibe, 4 Umsteckscheibe, 5 Kreuzstück DN 25
mit Flanschen, 6 Blindscheibe

**Tab. 3-7** Gegenüberstellung von nicht regelbaren Absperrvorrichtungen.

| | Blindscheibe | Umsteckscheibe | Drosselscheibe | Offenscheibe | Blindflansch |
|---|---|---|---|---|---|
| Prinzipskizze | | | | | |
| Bildzeichen nach DIN/EN | | | | | |
| Vergleich des Einsatzbereiches | | | | | |
| Verwendete Dichtungen | | | | | |

### 3.2.9
### Demontage und Montage von regelbaren Absperrvorrichtungen

**Geräte:** Durchgangsventil, Kolbenventil, Schrägsitzventil, Membranventil, Schieber, Hahn, Klappe, Gabel- und Ringschlüssel.

**Arbeitsanweisung:** Alle Absperrvorrichtungen sind der Reihe nach zu demontieren, auf ihre Funktion zu untersuchen und wieder zu montieren.

**Auswertung:** Mit Hilfe der zur Verfügung stehenden Literatur ist eine Tabelle entsprechend Tab. 3-8 zu erarbeiten.

**Tab. 3-8**  Gegenüberstellung von regelbaren Absperrvorrichtungen.

| | Hahn | Kolbenventil | Schrägsitzventil | Schieber | Klappe |
|---|---|---|---|---|---|
| Prinzipskizze | | | | | |
| Bildzeichen nach DIN/EN | | | | | |
| Eignung zum Dosieren | | | | | |
| Beeinflussen des Strömungsverhaltens | | | | | |
| Durchflussrichtung | | | | | |
| Zeit zum Öffnen/Schließen | | | | | |
| Untergruppen | | | | | |

### 3.2.10
### Demontage und Montage von Kondensatableitern

**Geräte:** Mechanischer Kondensatableiter, thermischer Kondensatableiter, Gabel- und Ringschlüssel.
**Arbeitsanweisung:** Alle Kondensatableiter sind der Reihe nach zu demontieren, auf ihre Funktion zu untersuchen und wieder zu montieren.
**Auswertung:** Es wird eine Tabelle entsprechend Tab. 3-9 erarbeitet.

**Tab. 3-9**  Gegenüberstellung von Kondensatableitern.

| | Mechanischer Kondensatableiter | Thermischer Kondensatableiter |
|---|---|---|
| Prinzipskizze | | |
| Bildzeichen nach DIN/EN | | |
| Funktionsweise | | |

### 3.2.11
### Demontage und Montage von Sicherheitsvorrichtungen

**Geräte:** Federbelastetes Sicherheitsventil, gewichtsbelastetes Sicherheitsventil, Berstscheibe, Gabel- und Ringschlüssel.
**Arbeitsanweisung:** Alle Sicherheitsvorrichtungen sind der Reihe nach zu demontieren, auf ihre Funktion zu untersuchen und wieder zu montieren.
**Auswertung:** Es wird eine Tabelle entsprechend Tab. 3-10 erarbeitet.

**Tab. 3-10**  Gegenüberstellung von Sicherheitsvorrichtungen.

| | Gewichtsbelastetes Sicherheitsventil | Federbelastetes Sicherheitsventil | Berstscheibe |
|---|---|---|---|
| Prinzipskizze | | | |
| Bildzeichen nach DIN/EN | | | |
| Funktionsweise | | | |

3.2.12
**Montage und Demontage eines Rohrleitungssystems**

**Geräte:** Gerade Rohrstücke, T-Rohrstücke, T-Rohrstück mit Hahn, 90°-Bögen, regelbare Absperrvorrichtung, Hahn, Ventil, Schauglas, Schraubverbindung, Gabel- und Ringschlüssel.

**Arbeitssicherheit:** Flanschverbindungen sind immer gleichmäßig über Kreuz festzuschrauben. Vor dem Öffnen der Rohrverbindungen muss das Rohrleitungssystem belüftet und entleert werden. Beim Öffnen von Flanschverbindungen werden grundsätzlich zuerst die vom Körper abgewandten Schrauben gelöst. (s. Abb. 3-53).

**Arbeitsanweisung:** Das in Abb. 3-56 dargestellte Rohrleitungssystem ist zu montieren. Dabei ist zu beachten, dass bei waagerechten Rohrleitungen die Schrauben in die Fließrichtung des Durchflussstoffes zeigen und dass sich bei senkrechten Rohrleitungen die Schraubenköpfe oberhalb des zugehörigen Flansches befinden.

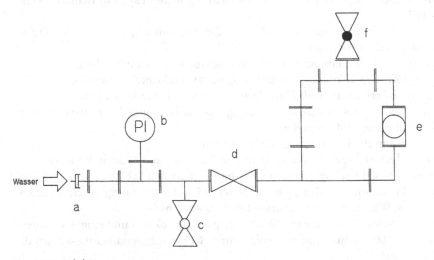

**Abb. 3-56**   Rohrleitungssystem

**Auswertung:** Das Rohrleitungssystem wird mit Wasser bei einem Wasserdruck von 2 bis 3 bar auf seine Dichtigkeit überprüft. Undichtigkeiten sind zu lokalisieren und durch Nachziehen der Schrauben zu beheben. Ist dies nicht möglich, muss neu eingedichtet werden. Die Bedeutung der in der Abb. 3-56 mit den Kleinbuchstaben a bis f gekennzeichneten Bildzeichen ist nach DIN/EN anzugeben.

**3.3**
**Fragen zum Thema**

Welche Aufgaben haben Rohrleitungen?

Aus welchen Materialien können Rohrleitungen bestehen?

Nennen Sie acht in Rohrleitungen transportierbare Stoffe und geben Sie ihre entsprechende Kennfarbe an.

Was bedeutet die Bezeichnung »PN« auf einer Rohrleitung?

Welcher Zusammenhang besteht zwischen der Temperatur des Durchflussstoffes und der Bezeichnung »PN« bei einer metallischen Rohrleitung?

Was bedeutet die Bezeichnung »DN« auf einer Rohrleitung?

Nennen Sie Dichtungsarten und ihren jeweiligen Einsatzbereich.

Nennen Sie drei Arten Wellen abzudichten und geben Sie den jeweiligen Einsatzbereich an.

Wann werden in der betrieblichen Praxis nicht regelbare Absperrvorrichtungen eingesetzt?

Welcher Unterschied besteht hinsichtlich der Verwendung zwischen der Offenscheibe und der Drosselscheibe?

Vergleichen Sie den Einsatz von Sicherheitsventilen und Berstscheiben.

Erklären Sie die Funktionsweise eines federbelasteten Sicherheitsventils.

Nennen und erläutern Sie das Prinzip zweier verschiedener Kondensatableiter.

Vergleichen Sie das Durchgangs-, Schrägsitz-, Kolben- und Membranventil hinsichtlich der Vor- und Nachteile.

Wer ist befugt ein Sicherheitsventil einzustellen?

Woran erkennen Sie den ordnungsgemäßen Zustand eines Sicherheitsventils?

Welche Vor- und Nachteile haben Hähne im Vergleich mit Schiebern und Ventilen?

Durch eine Rohrleitung DN 25 fließt Aceton mit einer Strömungsgeschwindigkeit von 3 m/s. Wie hoch ist der Volumenstrom des Acetons?

Eine Salzlösung fließt mit einer Geschwindigkeit von 20 m/s und einem Volumenstrom von 100 L/min durch eine Rohrleitung. Welchen Innendurchmesser hat die Rohrleitung?

Stickstoff strömt mit einer Geschwindigkeit von 30 m/s durch eine Rohrleitung DN 20. Wie hoch ist die Strömungsgeschwindigkeit nach einer Rohrerweiterung auf DN 50?

**Begriffserklärungen**

1 von engl. *nominal diameter*
2 von engl. *nominal pressure*
3 von lat. *abrasere für abtragen*
4 von lat. *compensare für ausgleichen*

# 4
# Fördern und Lagern

## 4.1
## Fördern von Flüssigkeiten

### 4.1.1
### Theoretische Grundlagen

#### 4.1.1.1
#### Themen und Lerninhalte

Das Fördern von Flüssigkeiten in geschlossenen Rohrleitungssystemen erfordert Druckdifferenzen. Diese können erzeugt werden

- im natürlichen Druckgefälle aufgrund unterschiedlicher Höhen,
- durch Druckluft oder
- durch Flüssigkeitspumpen.

Im Folgenden wird das Fördern mittels Flüssigkeitspumpen behandelt. Diese Pumpen arbeiten mit Ausnahme der Strahlpumpe mit Hilfe von elektrischer Energie und werden nach der Wirkungsweise eingeteilt in Zentrifugalpumpen[1] und Verdrängerpumpen (s. Abb. 4-1).

#### 4.1.1.2
#### Physikalische Grundlagen

Der Pumpvorgang besteht aus zwei grundsätzlichen Schritten, dem *Ansaugen* der zu fördernden Flüssigkeit und dem *Drücken* der Flüssigkeit in das Rohrleitungsnetz (s. Abb. 4-2).

Die Saughöhe $H_S$ hängt von der Wirkungsweise der Pumpe, dem Druck auf der Saugseite, der Dichte der Flüssigkeit und der Temperatur ab. Bei konstant bleibendem Druck erniedrigt sich die Saughöhe mit zunehmender Temperatur.

Die erreichbare Druckhöhe $H_D$ wird von der Wirkungsweise der Pumpe, der Dichte der Flüssigkeit und dem Strömungswiderstand des Rohrleitungssystems beeinflusst.

Die von der Pumpe aufzubringende Leistung $P$ hängt von der Masse $m$ der Förderflüssigkeit, der Erdbeschleunigung $g$, der Gesamtförderhöhe $h$ und der Zeit $t$ ab.

$$P = \frac{m \cdot g \cdot h}{t} \qquad (4\text{-}1)$$

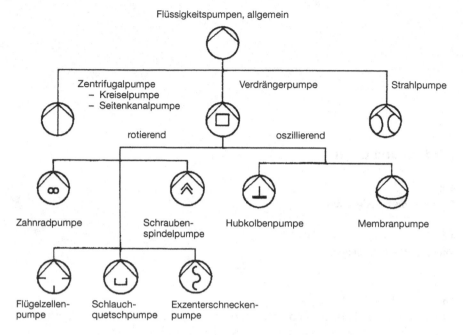

**Abb. 4-1** Einteilung der Flüssigkeitspumpen mit Bildzeichen nach DIN/EN

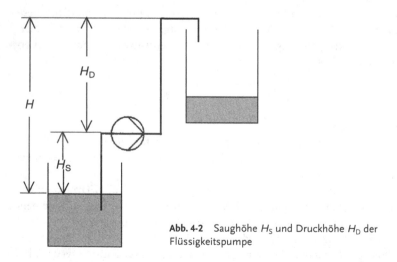

**Abb. 4-2** Saughöhe $H_S$ und Druckhöhe $H_D$ der Flüssigkeitspumpe

Eine weitere Kenngröße der Pumpe ist ihr Wirkungsgrad η. Dieser gibt das Verhältnis der von der Pumpe abgegebenen Leistung $P_{ab}$ zu der zugeführten Leistung $P_{zu}$ an.

$$\eta = \frac{P_{ab}}{P_{zu}} \qquad\qquad\qquad (4\text{-}2)$$

Der Wirkungsgrad ist eine dimensionslose Größe und hat immer einen Wert kleiner als 1.

*Beispiel*: Eine Kreiselpumpe fördert innerhalb von 10 Minuten 1600 kg Wasser in einen 8 m höher gelegenen Behälter. Wie groß ist die von der Pumpe abgegebene Leistung? Welchen Wirkungsgrad hat die Pumpe, wenn eine Leistung von 320 W zugeführt wurde?

$$P = \frac{1600 \text{ kg} \cdot 9,81 \text{ m} \cdot 8 \text{ m}}{600 \text{ s} \cdot \text{s}^2}$$

$P = 209,3 \text{ W}$ \qquad Die von der Pumpe abgegebene Leistung beträgt 209,3 W.

$$\eta = \frac{P_{ab}}{P_{zu}}$$

$$\eta = \frac{209,3 \text{ W}}{320 \text{ W}}$$

$\eta = 0,65$ \qquad Die Pumpe hat einen Wirkungsgrad von 0,65.

#### 4.1.1.4
### Zentrifugalpumpen

Die **Kreiselpumpe** (s. Abb. 4-3) als häufigste Flüssigkeitspumpe kann große Volumenströme fördern, sie erreicht aber keine großen Förderhöhen. In einem feststehenden Gehäuse dreht sich ein Laufrad mit konstanter Drehzahl. Die Flüssigkeit wird vom Zentrum aus über die Schaufelkanäle an die Gehäusewandung geschleudert. Diese hat die Form eines Kreises, dessen Radius sich vergrößert, bis er in der Druckleitung ausläuft. Die Saugleitung mündet axial im Zentrum des Laufrades.

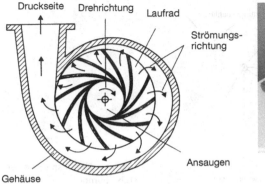

**Abb. 4-3** Arbeitsprinzip einer Kreiselpumpe

*Anfahranweisung:* Beim Anfahren kann die Kreiselpumpe keinen Unterdruck zum Ansaugen der Förderflüssigkeit erzeugen. Die Saugleitung und die Pumpe müssen daher zuerst mit Flüssigkeit gefüllt werden. Das Anfahren und Abschalten der Kreiselpumpe geschieht *immer* gegen das geschlossene Druckseitenventil.

Der Druck auf der Saugseite der Pumpe und damit die Förderhöhe hängen vom Volumenstrom ab. Mit zunehmendem Volumenstrom steigt der Druck und damit die Förderhöhe zunächst an, sinkt dann aber wieder. Die daraus resultierende Pumpenkennlinie (s. Abb. 4-4) stellt die Abhängigkeit der Förderhöhe vom Volumenstrom dar.

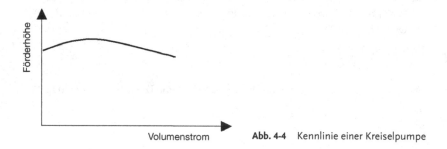

**Abb. 4-4**   Kennlinie einer Kreiselpumpe

Der Verlauf dieser Kennlinie wird u.a. von der Form des Laufrades und des Gehäuses beeinflusst.

Fördert die Kreiselpumpe in ein Rohrnetz, so nimmt dessen Strömungswiderstand und der daraus resultierende Druckverlust des Mediums quadratisch mit dem Volumenstrom zu. Der *Betriebspunkt* der Kreiselpumpe ist der Schnittpunkt der *Rohrleitungskennlinie* (siehe Abschn. 3.1.4) mit der *Pumpenkennlinie.* Dieser gibt für das gegebene Rohrnetz an, welchen Volumenstrom die Pumpe fördert und welche Förderhöhe erreicht werden kann.

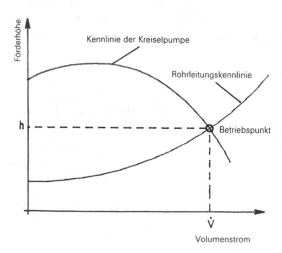

**Abb. 4-5**   Betriebspunkt einer Kreiselpumpe

Das Fördern von Flüssigkeiten, die einen hohen Dampfdruck haben oder Gase enthalten, kann nur bedingt mit einer Kreiselpumpe erfolgen.

Der im Ansaugbereich des Schaufelrades entstehende Unterdruck kann dazu führen, dass die Flüssigkeit plötzlich verdampft und Gasblasen entstehen. Da diese auf der Druckseite des Laufrades schlagartig wieder zusammenfallen, entstehen Druckstöße, die zur Schädigung der Laufradoberfläche oder der Gehäusewandung führen. Diese sog. *Kavitation* [2] ist neben *Korrosion* [3] und *Abrasion* [4] die häufigste Ursache für den Verschleiß von Kreiselpumpen.

Die Abdichtung zwischen Pumpengehäuse und Antrieb erfolgt durch eine Stopfbuchse oder eine Gleitringdichtung. Beim Fördern sehr aggressiver Medien wird die Pumpe z.B. durch eine *Magnetkupplung* (s. Abb. 4-6) angetrieben. Diese überträgt die Energie des Antriebsmotors berührungslos durch die Wand eines »Spalttopfes« auf die Pumpenachse. Der innere Teil der Kupplung befindet sich in der Flüssigkeit, am anderen Teil wird der Motor angeflanscht. Beide Teile sind so mit Permanentmagneten bestückt, dass jeweils ungleiche Pole einander gegenüberstehen. Wird der äußere Teil der Magnetkupplung vom Motor angetrieben, so läuft der innere Teil aufgrund der gegenseitigen Anziehung mit gleicher Drehzahl mit.

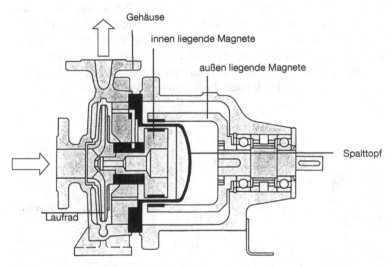

**Abb. 4-6** Pumpe mit Magnetkupplung

Die Besonderheit der *Spaltrohrmotorpumpe* (s. Abb. 4-7) besteht in ihrem Antrieb. Der Läufer (Rotor) des Antriebsmotors mit der Welle und den Wellenlagern befindet sich im Fördermedium. Ein Spaltrohr im Spalt zwischen Rotor und Stator des Motors trennt die vom Strom durchflossene Motorwicklung (Stator) und die elektrischen Anschlüsse vom Medium.

Die Fördereigenschaften entsprechen denen der Kreiselpumpe, jedoch darf die Absperrvorrichtung auf der Druckseite während des Betriebs nie vollständig geschlossen werden.

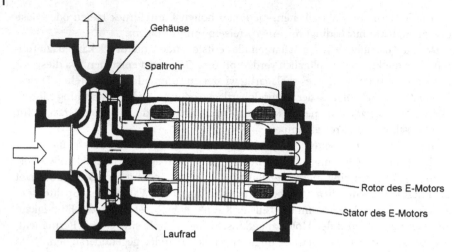

**Abb. 4-7**  Spaltrohrmotorpumpe

Bei gleichbleibendem Volumenstrom kann ein höherer Druck und damit eine größere Förderhöhe durch eine *mehrstufige Kreiselpumpe* erreicht werden. Auf einer Welle sind dann mehrere Laufräder hintereinander geschaltet. Die Druckseite des ersten Laufrades liefert den Vordruck für die Saugseite des nächsten Laufrades.

Die **Seitenkanalpumpe** (s. Abb. 4-8) ist selbstansaugend und erreicht gegenüber der Kreiselpumpe eine größere Förderhöhe bei kleinerem Volumenstrom und insgesamt kleinerem Wirkungsgrad.

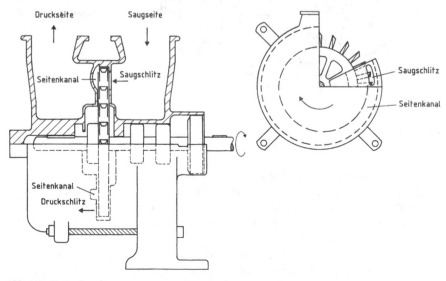

**Abb. 4-8**  Seitenkanalpumpe

In einem zylinderförmigen Gehäuse dreht sich ein sternförmiges Laufrad mit hoher Drehzahl. Über einen Öffnungsschlitz im Saugstutzen kann die Flüssigkeit zulaufen. Auf der gegenüberliegenden Druckseite befindet sich am äußeren Umfang der hohle Seitenkanal, an dessen Ende das Fördermedium aus dem Gehäuse austreten kann. Der Abstand zwischen Laufrad und Gehäuse darf maximal 0,2 mm betragen.

Durch den sich in Laufrichtung erweiternden Seitenkanal wird die Luft aus dem Pumpengehäuse herausgedrückt, im Pumpenraum ein Unterdruck erzeugt und dadurch die Flüssigkeit angesaugt. Die erreichbare Förderhöhe hängt ab von der Drehzahl, vom Schlupf zwischen Laufrad und Gehäuse, von der Form des Laufrades und des Seitenkanals und von den physikalischen Eigenschaften der Flüssigkeit (z.B. Dichte und Viskosität).

Mehrstufige Seitenkanalpumpen erreichen bei gleichem Volumenstrom einen höheren Druck und somit eine größere Förderhöhe.

### 4.1.1.5

**Verdrängerpumpen**

Verdrängerpumpen werden unterschieden in oszillierende und rotierende Pumpen. Zu den **oszillierenden**[5] **Verdrängerpumpen** gehören die Kolbenpumpe und die Membranpumpe.

Die **Kolbenpumpe** (s. Abb. 4-9) kann geringe Volumenströme in große Förderhöhen fördern und wird häufig als Dosierpumpe eingesetzt.

Durch die Bewegung des Kolbens aus dem Zylinder heraus entsteht im Innenraum ein Unterdruck. Dieser wird durch das Öffnen eines Ventils und Zustrom der Förderflüssigkeit ausgeglichen. Anschließend wird der Kolben in das Gehäuse hineingedrückt und durch den entstehenden Überdruck die Flüssigkeit über ein weiteres Ventil aus dem Innenraum hinaus gefördert.

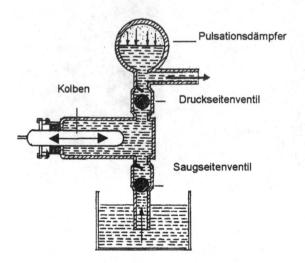

Abb. 4-9   Kolbenpumpe

Durch die oszillierende, d.h. gleichmäßige Hin-und-Her-Bewegung des Kolbens entsteht ein pulsierender Förderstrom. Diese Pulsation kann durch mehrstufige Bauart oder durch Zuschalten eines Windkessels, d.h. eines mit Luft gefüllten Druckbehälters, gedämpft werden.

Das Fördervolumen läßt sich exakt über den Hub und die Frequenz des Kolbens bestimmen und ist annähernd unabhängig vom Vordruck auf der Pumpensaugseite.

Auf der Druckseite der Pumpe entsteht durch die Volumenverdrängung aus dem Hubraum ein theoretisch unendlich großer Druck. Daher wird die Kolbenpumpe häufig zum Fördern in bereits unter Druck stehende Behälter eingesetzt. Der hohe Förderdruck erfordert den Einbau einer Sicherheitseinrichtung auf der Druckseite der Pumpe, falls die Druckseite abgesperrt werden kann. Dadurch wird die Apparatur bei plötzlich auftretendem Gegendruck durch Verstopfen der Leitung oder Bedienungsfehler vor dem Zerbersten geschützt.

Die Kolbenpumpe ist nur zum Fördern partikelfreier Flüssigkeiten geeignet, um die einwandfreie Funktion der Ventile zu gewährleisten. Außerdem können harte Glas- oder Metallsplitter die Kolben- und Zylinderwandung zerstören. Daher ist der Einbau eines Siebes vor der Pumpe sinnvoll.

Die **Membranpumpe** (s. Abb. 4-10) eignet sich besonders zum Dosieren aggressiver Medien bei konstantem Volumenstrom in geschlossene, unter Druck stehende Behälter. Sie ähnelt in Aufbau und Wirkungsweise der Kolbenpumpe. Der Kolbenraum ist durch eine flexible Membran aus chemikalienbeständigem Kunststoff, z.B. PTFE, von der Förderflüssigkeit getrennt. Dadurch kann das Fördermedium den Kolben nicht schädigen.

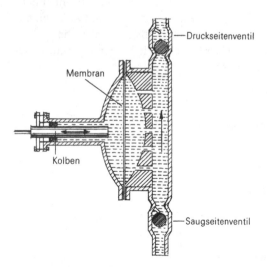

**Abb. 4-10**   Membranpumpe

Um die Funktionsweise der Kugelventile nicht zu blockieren, müssen in der Flüssigkeit enthaltene Festpartikel durch ein Sieb abgetrennt werden. Der Volumenstrom kann durch Einstellen des Hubs und der Frequenz verändert werden.

Membranpumpen werden häufig als Druckluftmembranpumpen zum Fördern von Feststoffen eingesetzt (s. Abschn. 4.3.1.4).

Zu den **rotierenden Verdrängerpumpen** gehören u.a. die Exzenterschneckenpumpe, die Schlauchquetschpumpe und die Zahnradpumpe.

Die **Exzenterschneckenpumpe** (s. Abb. 4-11) kann bei Drücken bis etwa 300 bar große Förderhöhen bei mittleren Volumenströmen erreichen. Sie wird zum Fördern von Flüssigkeiten, Suspensionen und fließfähigen Pasten eingesetzt.

Ein korkenzieherförmiger Rotor dreht sich in einem Gummigehäuse, dem Stator. In diesem würden gerade zwei dieser Wellen nebeneinander Platz finden. Das geförderte Medium wird durch die Drehbewegung des Rotors durch den Stator gedrückt.

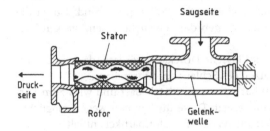

**Abb. 4-11** Exzenterschneckenpumpe

Da sich der Rotor formschlüssig im Stator dreht, entsteht ein hoher Förderdruck. Aus diesem Grund muss in geschlossenen Anlagen auf der Druckseite der Pumpe eine Sicherheitseinrichtung eingebaut sein, die bei Verstopfen der Leitung oder Fehlbedienung sofort anspricht. Alternativ wird häufig auch auf den Einbau eines Bypasses zurückgegriffen. Da das Fördermedium als Gleit- und Schmiermittel fungiert, darf die Pumpe nicht trocken laufen und es dürfen keine zu großen und harten Festpartikel enthalten sein. Andernfalls kann es zur Zerstörung des Stators und im Extremfall sogar des Rotors kommen. In der betrieblichen Praxis ist es üblich, die Pumpe durch einen Trockenlaufschutz zu verriegeln.

Die Förderhöhe der Exzenterschneckenpumpe hängt davon ab, wie formschlüssig sich der Rotor im Stator bewegt. Der Volumenstrom kann stufenlos durch Verändern der Drehzahl eingestellt werden.

Die **Schlauchquetschpumpe** (s. Abb. 4-12) wird zum Fördern geringer Volumenströme steriler Flüssigkeiten im medizinischen und biotechnologisch-pharmazeutischen Bereich und aggressiver Medien in der Verfahrenstechnik eingesetzt. Die Förderflüssigkeit darf aber keine Lösemittel enthalten, die zum Aufquellen des Schlauches führen oder die Weichmacher herauslösen.

An der Wandung eines offenen Gehäuses liegen mehrere Schläuche in Form eines Halbkreises, die das Fördermedium aufnehmen. Durch die Drehung eines zentrisch gelagerten Schiebers gleiten die am Ende angebrachten Rollen auf den Schläuchen. Der Schlauch wird zusammengequetscht, ein Raum abgetrennt und

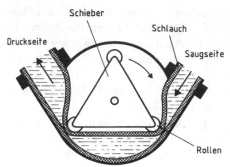

**Abb. 4-12**   Schlauchquetschpumpe

die Flüssigkeit durch den Schlauch gedrückt. Hinter den Rollen entsteht ein Unter-druck, wodurch die Flüssigkeit selbsttätig angesaugt wird.

Der Volumenstrom lässt sich durch die Drehzahl des Schiebers verändern und ist durch das periodische Aufsetzen und Abheben der Rollen pulsierend. Durch die hohe mechanische Beanspruchung unterliegen die Schläuche einem starken Ver-schleiß.

Die Pumpe darf nicht gegen die geschlossene Druckseite fördern, da der sich auf-bauende hohe Förderdruck zum Platzen des Schlauches führen kann.

Die **Zahnradpumpe** (s. Abb. 4-13) hat nur wenig Platzbedarf und wird zum För-dern viskoser bis pastöser Medien eingesetzt. Diese dürfen aber wegen möglicher Schädigung durch Abrasion oder Verkanten keine Feststoffpartikel enthalten. Daher ist der Einbau eines Filters vor der Pumpe zweckmäßig.

Im Gehäuse greifen zwei sich gegensinnig drehende Zahnräder formschlüssig in-einander und erzielen durch den geringen Schlupf hohe Förderdrücke bis ca. 175 bar.

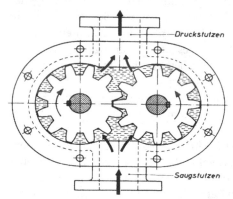

**Abb. 4-13**   Zahnradpumpe

Wegen des hohen Drucks muss auf der Druckseite eine Sicherheitsvorrichtung installiert sein. Der Förderstrom wird über die Drehzahl der Zahnräder reguliert.

Die Zahnradpumpe ist in der Lage, aus Unterdruckbereichen zu fördern und wird sehr häufig als Dosierpumpe eingesetzt.

## 4.1.2
### Arbeitsanweisungen

Für das Arbeiten mit Pumpen werden ein Arbeitsanzug und Sicherheitsschuhe benötigt. Bei bestimmten Arbeiten notwendige Sicherheitsmaßnahmen werden bei jeder Aufgabenstellung zusätzlich angegeben.

### 4.1.2.1
### Demontage und Montage verschiedener Pumpen
**Apparatur und Geräte:** Kreiselpumpe, Seitenkanalpumpe, Kolbenpumpe, Membranpumpe, Exzenterschneckenpumpe, Schlauchquetschpumpe, Zahnradpumpe, Gabel- und Ringschlüssel, Innensechskantschlüssel, Schraubendreher.
**Arbeitssicherheit:** Bei Transport, Demontage und Montage der Pumpen ist immer auf eine sichere Lage der Pumpen bzw. Bauteile zu achten.

Bei der Demontage großer Bauteile sind Lederhandschuhe zu tragen und Kanthölzer als Unterlage zu verwenden.

Elektrische Anschlüsse von Pumpen dürfen nur durch autorisiertes Fachpersonal abgeklemmt werden.

**Arbeitsanweisung:** Die entsprechende Pumpe wird demontiert und hinsichtlich ihrer Funktionsweise untersucht. Anschließend wird die Pumpe wieder montiert.
**Auswertung:** Anhand des Versuchs und mit Hilfe der zur Verfügung stehenden Literatur ist eine Tabelle (s. Tab. 4-1) zu erstellen.

**Tab. 4-1** Arbeitsblatt Pumpen

| | | Kreisel-pumpe | Seiten-kanalpumpe | Kolben-pumpe | Membran-pumpe | Exzenter-schnecken-pumpe | Zahnrad-pumpe | Schlauch-quetsch-pumpe |
|---|---|---|---|---|---|---|---|---|
| Bildzeichen nach DIN/EN | | | | | | | | |
| Volumenstrom | groß | | | | | | | |
| | mittel | | | | | | | |
| | klein | | | | | | | |
| Förderdruck | groß | | | | | | | |
| | mittel | | | | | | | |
| | klein | | | | | | | |
| Trockenlauf | ja | | | | | | | |
| | nein | | | | | | | |
| Druckseitenregu-lierung möglich | ja | | | | | | | |
| | nein | | | | | | | |
| Beschaffenheit des Fördermediums | | | | | | | | |
| Selbstansaugend | ja | | | | | | | |
| | nein | | | | | | | |
| Anfahren | | | | | | | | |
| Abstellen | | | | | | | | |

4.1.2.2

**Untersuchen der Fördereigenschaften einer Hubkolbenpumpe**

**Apparatur und Geräte:** Hubkolbenpumpe mit drei Pumpenköpfen unterschiedlicher Nennweiten, Vorratsgefäß, 250 mL Messzylinder, Stoppuhr

**Arbeitssicherheit:** Beim Arbeiten an der Kolbenpumpe ist in jedem Fall eine Schutzbrille zu tragen. Da sich auf der Druckseite der Pumpenköpfe keine Absperrarmaturen befinden, ist hier eine Sicherheitsarmatur nicht erforderlich. Ein Abknicken der Druckseitenschläuche ist zu verhindern. Das Verstellen der Hublänge darf nur während des Betriebs vorgenommen werden.

**Arbeitsanweisung:** Die nachfolgenden Untersuchungen sind für jeden Pumpenkopf gesondert durchzuführen. Zusätzlich ist vor Versuchsbeginn sicherzustellen, dass die Hublänge des betreffenden Pumpenkopfes auf 0 eingestellt ist.

Der gesamte Pumpenraum einschließlich der aufsteigenden Druckseite ist mit Wasser zu füllen. Nun wird der jeweilige Pumpenkopf in Betrieb genommen und die Zeit bestimmt, die zur Förderung eines Volumens von 200 mL benötigt wird. Die Einstellungen für den Versuch sind einer Tabelle (s. Tab. 4-2) zu entnehmen.

**Tab. 4-2**  Einstellungen der Hubkolbenpumpe.

| Pumpenkopf | Hublänge in mm |
|---|---|
| 1 | 3 – 10 |
| 2 | 3 – 10 |
| 3 | 13 – 20 |

**Auswertung:** Es ist ein Fließbild der Apparatur anzufertigen. Aus den Messwerten sind die Volumenströme zu berechnen und eine Beispielrechnung anzugeben. Alle Messergebnisse sowie die berechneten Volumenströme bei den jeweiligen Hublängen sind in einer Tabelle (s. Tab. 4-3) festzuhalten. In einem Diagramm ist die Abhängigkeit des Volumenstromes von der Kolbenhublänge darzustellen.

**Tab. 4-3**  Messwerte: Fördereigenschaften einer Hubkolbenpumpe.

| Hublänge in mm | Volumen in mL | Zeit in min: s | Zeit in min | Volumenstrom in mL/min |
|---|---|---|---|---|
| | | | | |

4.1.2.3

**Vergleich der Fördereigenschaften einer Kreiselpumpe mit denen einer Membranpumpe**

**Apparatur und Geräte:** Apparatur mit Kreiselpumpe und Membranpumpe (s. Abb. 4-14), Messbecher 2 L, Stoppuhr

**Arbeitsanweisung:** Vorrats- und Vorlagegefäß sind mit Wasser zu füllen, die Kreiselpumpe ist anzufahren. Durch Anheben des Auffanggefäßes wird die Höhe er-

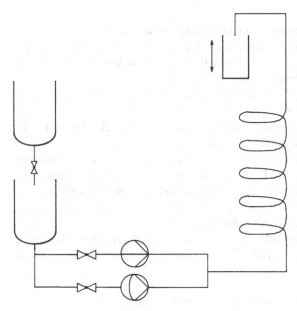

**Abb. 4-14**  Apparatur mit Kreisel- und Membranpumpe

mittelt, ab der keine Förderung mehr stattfindet und die Kreiselpumpe abschaltet. Ausgehend von der gemessenen Höhe wird die Förderhöhe in Abständen von 20 cm verringert. Bei jeder Einstellung ist die Kreiselpumpe wieder anzufahren und das Fördervolumen für eine Zeit von 5 Minuten zu bestimmen. Während der Messreihe ist der Stand im Vorlagegefäß konstant zu halten.

Die Messreihe wird mit der Membranpumpe mit Hub- und Frequenzeinstellung von 50% wiederholt.

**Auswertung**: Für jede Förderhöhe wird der geförderte Volumenstrom berechnet. Die Zeit, die Förderhöhen, die Volumina und die Volumenströme sind in einer Tabelle (s. Tab. 4-4) aufzuführen. Die Abhängigkeit des Volumenstromes von der Förderhöhe wird für die Kreisel- und die Membranpumpe in einem Diagramm dargestellt. Alle Ergebnisse sind hinsichtlich der Funktionsweise und der Eigenschaften beider Pumpen zu interpretieren.

**Tab. 4-4**  Messwerte: Vergleich der Fördereigenschaften von Kreiselpumpe und Membranpumpe

| Förderhöhe in mm | Zeit in min | Volumen in mL | Volumenstrom in L/min |
|---|---|---|---|
| | | | |

4.1.2.4
**Untersuchen der Fördereigenschaften einer Exzenterschneckenpumpe**
**Apparatur und Geräte:** Apparatur bestehend aus Exzenterschneckenpumpe, Vorlage-
gefäß sowie Rohrleitungssystem mit Sicherheitsventil, Manometer und mehreren
Ventilen, Messbecher, Behälter mit 10 Liter-Skalierung, Stoppuhr
**Arbeitssicherheit:** Die Exzenterschneckenpumpe darf nicht trocken laufen und nicht
gegen das geschlossene Druckseitenventil fördern. Steigt der Druck auf der Druckseite über 2 bar, ist die Pumpe sofort abzuschalten. Ein Verändern der Drehzahleinstellung ist nur bei laufendem Motor vorzunehmen.
**Arbeitsanweisung:** Das Vorlagegefäß wird mit Wasser gefüllt und die Exzenterschneckenpumpe angefahren. Die Drehzahl wird im Einstellungsbereich von 5 bis
15 (150 bis 550 $min^{-1}$) in vorzugebenden Abständen verändert. Bei jeder Einstellung
ist die Zeit zum Fördern eines Volumens von 10 L zu messen. Die Pumpe ist abzuschalten und alle Absperrvorrichtungen sind zu schließen.
**Auswertung:** Es ist ein RI-Fließbild der Apparatur zu zeichnen. Die geförderten
Volumenströme sind zu berechnen und mit einer Beispielrechnung in einer Tabelle
(s. Tab. 4-5) aufzuführen.

**Tab. 4-5** Messwerte: Fördereigenschaften einer Exzenterschneckenpumpe.

| Drehzahl- einstellung | Volumen in L | Zeit in min : s | Zeit in min | Volumenstrom in L/min |
|---|---|---|---|---|
| | | | | |

Die Abhängigkeit des Volumenstromes von der Drehzahl ist in einem Diagramm
darzustellen. Anhand des Diagramms wird der bei einer Drehzahleinstellung von
9,5 Skalenteilen geförderte Volumenstrom bestimmt. Dafür ist die Zeit zu berechnen, in der ein zylindrischer Behälter mit dem Durchmesser $d = 540$ mm und der
Höhe $h = 720$ mm zu 90 % seines Maximalvolumens gefüllt wird.

4.1.2.5
**Untersuchen der Fördereigenschaften einer Schlauchquetschpumpe**
**Apparatur und Geräte:** Apparatur bestehend aus Schlauchquetschpumpe, Vorlage-
gefäß sowie Rohrleitungssystem mit Sicherheitsventil, Manometer und mehreren
Absperrarmaturen, Behälter mit 10 Liter-Skalierung, Stoppuhr
**Arbeitssicherheit:** Die Schlauchquetschpumpe darf nicht gegen die geschlossene
Druckseite fördern. Ein Abknicken der Schläuche ist zu verhindern (Berstgefahr).
Ein Verändern der Drehzahleinstellung darf nur bei laufendem Motor vorgenom-
men werden. Längeres Trockenlaufen der Schlauchquetschpumpe ist zu vermeiden.
**Arbeitsanweisung:** Nach dem vollständigen Füllen des Saugschlauches mit dem
Fördermedium wird die Schlauchquetschpumpe angefahren. Die Drehzahl wird im
Bereich von 80 $min^{-1}$ bis 140 $min^{-1}$ in Abständen von 20 $min^{-1}$ verändert. Die hier-
bei über einen Zeitraum von 3 Minuten geförderten Volumina sind jeweils in dem

Messbehälter zu bestimmen. Jede Messung ist als Doppelbestimmung durchzuführen.

**Auswertung:** Alle Messergebnisse werden in einer Tabelle (s. Tab. 4-6) festgehalten und es ist eine Beispielrechnung aufzuführen. Der berechnete Mittelwert der Volumenströme wird in Abhängigkeit von der Drehzahleinstellung in einem Diagramm dargestellt. Funktionsweise und Einsatzgebiete einer Schlauchquetschpumpe sollen kurz erklärt werden.

**Tab. 4-6**  Messwerte: Fördereigenschaften einer Schlauchquetschpumpe.

| Drehzahl in min$^{-1}$ | Bestimmung | Zeit in min | Volumen in L | Volumenstrom in L/min |
|---|---|---|---|---|
| | 1 | | | |
| | 2 | | | |
| | Mittelwert | | | |

Welche Zeit wird benötigt, um den in Abb. 4-15 dargestellten Behälter vollständig zu füllen? Angegeben sind die Innenmaße. Zur Bestimmung der Füllzeit sind die berechneten Volumenströme zu verwenden.

*Berechnungsformeln:*

Volumenstrom: $\dot{V} = \dfrac{V}{t}$

Zylinder: $V = r^2 \cdot \pi \cdot h$

Kegel: $V = \dfrac{r^2 \cdot \pi \cdot h}{3}$

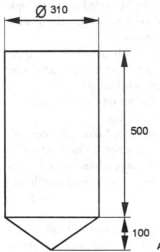

Ø 310

500

100

**Abb. 4-15**  Behälter zum Rechenbeispiel

4.1.2.6
**Untersuchen des Druckverlusts in Rohrleitungen**
**Apparatur und Geräte:** Pumpenprüfstand (s. Abb. 4-16)

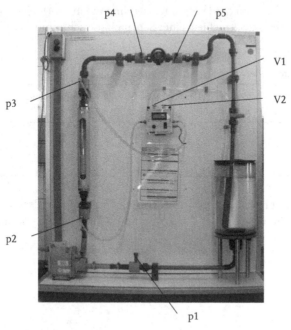

**Abb. 4-16** Pumpenprüfstand

**Arbeitssicherheit:** Es ist darauf zu achten, dass die Räder des Prüfstandes stets gebremst sind. Bevor die Pumpe in Betrieb genommen wird, ist unbedingt darauf zu achten, dass beide Messschläuche an den entsprechenden Messstellen angeschlossen sind. Bei Messstellenwechsel ist die Kreiselpumpe abzustellen. Bei der Durchführung der Versuche muss eine Schutzbrille getragen werden.

**Arbeitsanweisung:** Vor Beginn des Versuches ist die Betriebsbereitschaft der Apparatur zu überprüfen und das Ventil zwischen den Messstellen p4 und p5 vollständig zu öffnen. Um den Druckverlust $\Delta p_2/p_3$ zu bestimmen, wird die Messleitung von p+ an die Messstelle p2 und die Messleitung von p- an die Messstelle p3 angeschlossen, anschließend wird die Kreiselpumpe in Betrieb genommen.

Mit Hilfe des Absperrhahnes auf der Druckseite wird ein Volumenstrom von 150 L/h eingestellt. Nun werden die beiden Belüftungsventile V1 und V2 geöffnet und solange in diesem Zustand gelassen, bis an den angeschlossenen Schläuchen das Wasser blasenfrei abläuft. Nachdem die beiden Belüftungsventile geschlossen sind, kann am Differenzdruckmanometer der Druckverlust abgelesen werden.

Der oben angegebene Volumenstrom wird nun in Schritten von 150 L/h erhöht und die angegebenen Druckverluste solange bestimmt, bis der Volumenstrom

900 L/h beträgt. Anschließend wird die Kreiselpumpe abgeschaltet und der Versuch zur Bestimmung von $\Delta p_3/p_4$, $\Delta p_4/p_5$ und $\Delta p_2/p_5$ wiederholt.

**Auswertung:** Es ist ein RI-Fließbild der Apparatur anzufertigen. An den vorgegebenen Messstellen wird der entsprechenden Druckverlust für den jeweiligen eingestellten Volumenstrom bestimmt. Die Ergebnisse sind zu interpretieren und die Messdaten in einer Tabelle (s. Tab. 4-7) zusammenzufassen.

**Tab. 4-7**  Messwerte: Druckverlust in Rohrleitungen

| | | $\Delta p$ in mbar | | | | |
|---|---|---|---|---|---|---|
| $V$ in % | $V$ in L/h | $\Delta p_2/p_3$ | $\Delta p_3/p_4$ | $\Delta p_4/p_5$ | $\Sigma \Delta p$ | $\Delta p_2/p_5$ |

$$\Sigma \Delta p = \Delta p_2/p_3 + \Delta p_3/p_4 + \Delta p_4/p_5$$

## 4.1.2.7

### Kennlinie einer Kreiselpumpe

**Apparatur und Geräte:** Pumpenprüfstand (s. Abb. 4-16)

**Arbeitssicherheit:** Es ist darauf zu achten, dass die Räder des Prüfstandes stets gebremst sind. Bevor die Pumpe in Betrieb genommen wird, ist unbedingt darauf zu achten, dass beide Messschläuche an den entsprechenden Messstellen angeschlossen sind. Bei Messstellenwechsel ist die Kreiselpumpe unbedingt abzustellen. Bei der Durchführung der Versuche muss eine Schutzbrille getragen werden

**Arbeitsanweisung:** Die Apparatur wird auf Betriebsbereitschaft überprüft. Um die Druckdifferenz zwischen Saug- und Druckseite zu bestimmen, wird der p– -Messschlauch an die Messstelle 1 und der p+ -Messschlauch an die Messstelle 2 angeschlossen.

Die Anlage wird wie in Abschn. 4.1.2.6 beschrieben angefahren und ein Volumenstrom von 150 L/h eingestellt. Die entsprechende Druckdifferenz ist abzulesen und zu notieren. Im Anschluss wird der Volumenstrom in Schritten von 75 L/h erhöht und die entsprechende Druckdifferenz solange bestimmt, bis der Volumenstrom 975 L/h beträgt.

**Auswertung:** Die oben angegebenen Messwerte sind zu bestimmen und in einer Tabelle zu notieren. Die Abhängigkeit der Druckdifferenz vom Volumenstrom ist in einem Diagramm darzustellen. Die Ergebnisse sind zu interpretieren.

## 4.1.2.8

### Untersuchen der Fördereigenschaften einer Membranpumpe in Abhängigkeit von Hubfrequenz und Hubhöhe

**Apparatur und Geräte:** Membranpumpe, Vorratsbehälter, Messzylinder.

**Arbeitssicherheit:** Die Membranpumpe darf nicht gegen die geschlossene Druckseite fördern

**Arbeitsanweisung:** Das Vorratsgefäß wird mit Wasser gefüllt und die Membranpumpe angefahren. Dann soll bei einer Hubfrequenzeinstellung von 100% die Hubhöhe ausgehend von 100% in Abständen von 10% schrittweise bis auf 50% verringert werden. Bei jeder Einstellung ist das Volumen zu messen, das innerhalb von 3 Minuten von der Membranpumpe gefördert wird.

Der gleiche Vorgang wird bei einer Hubfrequenzeinstellung von 75 % und von 50 % durchgeführt.

**Auswertung:** Die Messwerte und die daraus berechneten Volumenströme in L/h sind in einer Tabelle aufzuführen. In einem Diagramm wird für die drei Hubfrequenzeinstellungen die Abhängigkeit des Volumenstromes von der Hubhöhe dargestellt.

### 4.1.3
### Fragen zum Thema

Von welchen Kriterien ist die maximale Ansaughöhe einer Flüssigkeitspumpe abhängig?

Wie wird die Leistung einer Pumpe berechnet?

Wie ist der Wirkungsgrad einer Pumpe definiert?

Wodurch kann die Förderhöhe einer Kreiselpumpe beeinflusst werden?

Wie kommt der Betriebspunkt einer Kreiselpumpe zustande?

Vergleichen Sie Kreisel- und Kolbenpumpe bezüglich der Förderhöhe und des Förderstroms.

Erklären Sie die Funktionsweise einer Schlauchquetschpumpe.

Wofür werden insbesondere Schlauchquetschpumpen eingesetzt?

In welchem Fall wird anstelle einer Kolbenpumpe eine Membranpumpe eingesetzt?

Welche Maßnahmen müssen beim Arbeiten mit der Exzenterschneckenpumpe besonders beachtet werden?

Welchen Vorteil haben Zahnradpumpen bezüglich ihrer Verwendung?

## 4.2
## Fördern von Gasen

### 4.2.1
### Theoretische Grundlagen

#### 4.2.1.1
#### Themen und Lerninhalte

Das Fördern von Gasen erfolgt in geschlossenen Rohrleitungssystemen mit Hilfe von Druckdifferenzen. Da Gase komprimierbar[6] sind, ist das angesaugte Volumen immer größer als das zum Fördern ausgestoßene Volumen (s. Abb. 4-17).

Die Fördereinrichtungen für Gase sind Maschinen, die je nach Bauweise Unterdruck oder Überdruck erzeugen. Eine charakteristische Kenngröße ist das Verdichtungsverhältnis $p_V$, d.h. der Quotient aus dem Druck nach dem Verdichten $p_E$ zu dem Druck vor dem Verdichten $p_A$.

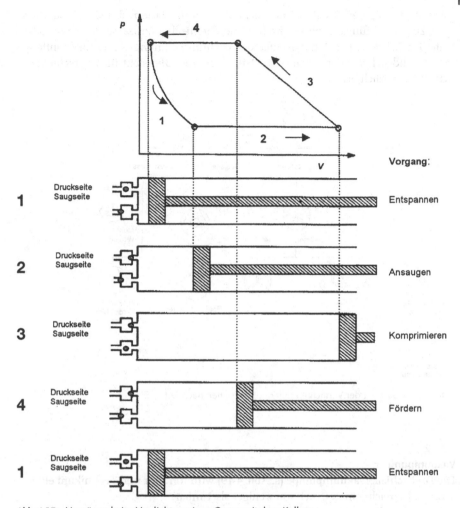

**Abb. 4-17** Vorgänge beim Verdichten eines Gases mit dem Kolben-verdichter

$$p_{\mathrm{v}} = \frac{p_{\mathrm{E}}}{p_{\mathrm{A}}} \tag{4-3}$$

Das Verdichtungsverhältnis ist eine dimensionslose Größe und dient als Unterscheidungsmerkmal für die Fördereinrichtungen (s. Tab. 4-8).

**Tab. 4-8** Einteilung der Fördereinrichtungen für Gase.

| | Vakuumpumpe | Ventilator | Gebläse | Kompressor |
|---|---|---|---|---|
| Verdichtungsverhältnis $p_{\mathrm{V}}$ | < 1 | 1 bis 1,1 | 1,1 bis 3 | > 3 |

Die Änderung des Druckes dient nicht allein zum Fördern des Gases, sondern auch zur Durchführung physikalischer und chemischer Prozesse bei Über- oder Unterdruck, wie z.B. Vakuumdestillation, Vakuumtrocknung, Ammoniaksynthese oder Hochdruckpolymerisation. Abb. 4-18 zeigt eine Übersicht über verschiedene Arten von Verdichtern.

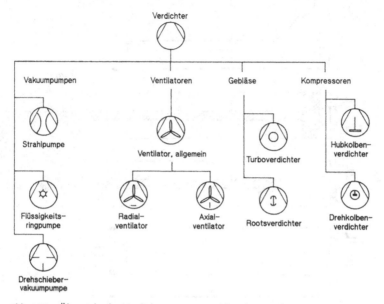

**Abb. 4-18**  Übersicht der Verdichterarten mit Bildzeichen nach DIN / EN

### 4.2.1.2
### Vakuumpumpen

Die **Drehschiebervakuumpumpe** (s. Abb. 4-19) wird in Labor und Technikum eingesetzt und erreicht einen Druck von weniger als 1 mbar.

In einem zylindrischen Gehäuse dreht sich ein exzentrisch gelagerter, geschlitzter Kolben. Im Schlitz sind radial verschiebbare Metallplatten, die Drehschieber einge-

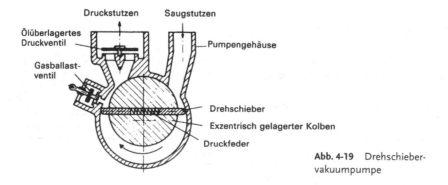

**Abb. 4-19**  Drehschiebervakuumpumpe

lassen. Durch die Drehung des Kolbens und durch Federn in der Kolbenachse werden die Drehschieber gegen die Gehäusewand gedrückt und trennen den Pumpenraum in Druck- und Saugkammer. Hinter den Schiebern vergrößert sich beim Drehen der Raum, es entsteht Unterdruck wodurch Gas angesaugt wird. Gleichzeitig verkleinert sich der Raum vor den Schiebern und es entsteht Überdruck.

In der Drehschiebervakuumpumpe befindet sich immer Motoröl, um die Reibung zwischen den Drehschiebern und dem Gehäuse zu verringern, die entstehenden Kammern gegeneinander abzudichten und um die Kompressionswärme aufzunehmen.

Dieses Öl wird durch eine vom Hersteller vorgegebene Warmlaufphase auf Betriebstemperatur gebracht. Dabei ist darauf zu achten, dass beim Arbeiten der Pumpe ohne Gasballast auf der Druckseite Öl herausgeschleudert werden kann. In diesem Fall ist ein *Ölabscheider* einzubauen. Befinden sich in einer Apparatur Stoffe, die bei Erreichen des Unterdrucks verdampfen und in die Pumpe gelangen können, muss vor der Pumpe eine *Kältefalle* installiert sein.

Das Abschalten der Pumpe darf nur bei belüfteter Apparatur bzw. bei unterbrochener Leitung zur Apparatur erfolgen, um ein Zurückströmen von Öl in die Apparatur zu vermeiden. Bei neueren Drehschiebervakuumpumpen wird bei Unterbrechen der Stromversorgung eine Magnetklappe betätigt, die das Zurückströmen verhindert.

Die **Flüssigkeitsringpumpe** (s. Abb. 4-20) zählt zu den am häufigsten verwendeten Vakuumpumpen und kann große Gasvolumina in relativ kurzer Zeit fördern. Der entstehende Unterdruck liegt zwischen 25 und 40 mbar.

In einem zylindrischen Gehäuse dreht sich ein exzentrisch gelagertes Flügelrad in einer ständig zugeführten Betriebsflüssigkeit, meist Wasser. Durch die Drehbewegung des Flügelrades wird die Flüssigkeit so von den Schaufeln mitgenommen, dass sich an der Wandung ein Flüssigkeitsring bildet. Dadurch werden die einzelnen Teilabschnitte des Flügelrades voneinander abgetrennt und zwischen Flügelrad und Flüssigkeitsring bilden sich verschieden große mit Gas gefüllte Hohlräume.

In den größten Hohlräumen entsteht durch den größeren Raum eine Saugwirkung. Beim Weiterdrehen wird dieser Raum wieder verkleinert und es entsteht eine Druckwirkung. Die sichelförmige Saug- und Drucköffnung befindet sich getrennt voneinander an der Vorder- und Rückseite des Gehäuses.

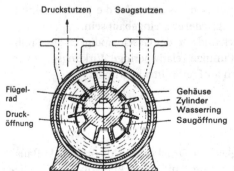

Abb. 4-20 Flüssigkeitsringpumpe

Bei der Flüssigkeitsringpumpe auftretendes Verdampfen von Betriebsflüssigkeit und anschließendes schlagartiges Kondensieren (*Kavitation* s. Abschn. 4.1.1.4) kann zu Schäden an der Pumpe führen. Durch Fahren der Pumpe unter Gasballast, d.h. ständigem schwachem Einströmen von Luft, kann Kavitation vermindert werden.

Die Betriebsflüssigkeit hat außerdem die Aufgabe, die Kompressionswärme aufzunehmen und Gase zu absorbieren. Ihr Dampfdruck beeinflusst den entstehenden Unterdruck. Das geförderte Gasvolumen hängt von der Dimensionierung der Pumpe und der Drehzahl des Flügelrades ab. Heute wird in der betrieblichen Praxis die Betriebsflüssigkeit, Wasser oder Lösemittel, aus Gründen des Umweltschutzes in Sekundärkreisläufen regeneriert und wieder eingesetzt.

Die **Strahlpumpe** (s. Abb. 4-21) wird als Vakuumpumpe und zum Fördern von Flüssigkeiten eingesetzt. Als Treibmittel wird in der Regel Wasser, Dampf oder Druckluft verwendet. Das Fördern von Flüssigkeiten kann nur mit Stoffen durchgeführt werden, die sich mit dem Treibmittel mischen und auch leicht wieder abtrennen lassen.

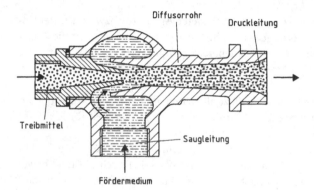

**Abb. 4-21** Strahlpumpe

In einem zylindrischen Gehäuse befindet sich die vom Treibmittel durchströmte Düse. In der Verengung kommt es zur Geschwindigkeitserhöhung des Treibmittels, hinter der Düse verringert sich die Geschwindigkeit wieder (siehe Abschn. 3.1.3). Durch diese Geschwindigkeitsänderung entsteht im Gehäuse ein Unterdruck und dadurch die Saugwirkung. Das Fördermedium gelangt durch eine Öffnung vor der Düse in das Gehäuse und wird vom Treibmittel mitgerissen.

Die Strahlpumpe ist wegen ihrer einfachen Bauart ohne bewegliche Teile wartungsarm. Vor dem Abstellen des Treibmittels muss entweder die Pumpe belüftet werden oder eine entsprechende Rückschlagsicherung eingebaut sein.

Die Leistung hängt vom statischen Druck und von der Geschwindigkeit des Treibmittels ab. Der im Vergleich zu anderen Pumpen relativ geringe Wirkungsgrad von 0,1 bis 0,25 ist durch den hohen Verbrauch an Treibmittel begründet.

### 4.2.1.3
### Ventilatoren

Der **Ventilator** fördert Gase in Räume gleichen Druckes und dient dem Luftaustausch in Arbeitsräumen und zum Umwälzen der Luft in Trockneranlagen. Eine besondere Aufgabe haben Ventilatoren in der pharmazeutischen Technologie. Dort werden sie in LF-Anlagen (*Laminar Flow*) eingesetzt, die in speziellen Kabinen oder Räumen eine turbulenzfreie, laminare[7] Luftströmung erzeugen. Dieser Luftstrom bewegt sich mit sehr geringen Geschwindigkeiten über das pharmazeutische Produkt hinweg und tritt wirbelfrei aus der Anlage wieder heraus. Auf diese Weise werden beispielsweise durch Bedienungspersonal erzeugte Partikel und Keime vom Produkt ferngehalten. Solche LF-Systeme finden sich ebenfalls in der Technologie der Chip-Produktion.

Nach der Arbeitsweise wird unterschieden zwischen Radial- und Axialventilator.

Der *Radialventilator* (s. Abb. 4-22 a) ist vergleichbar mit einer Kreiselpumpe. In einem Spiralgehäuse rotiert ein Schaufelrad. Das Gas wird axial angesaugt und über das Gehäuse radial zur Druckseite gefördert.

Der *Axialventilator* (s. Abb. 4-22 b) saugt ebenfalls axial an, fördert aber auch axial. Durch die Drehung eines propellertragenden Laufrades im Gehäuse erhält das Gas einen Impuls in Richtung der Laufradachse.

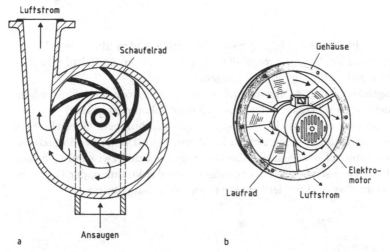

**Abb. 4-22**   a Radialventilator und b Axialventilator

4.2.1.4

**Gebläse**

Der **Turboverdichter** (s. Abb. 4-23) fördert Gas bei relativ geringem Druck und großem Förderstrom. Auf einer Antriebswelle sind mehrere Schaufelräder angebracht, die sich in miteinander verbundenen Kammern befinden. Durch Drehen der Welle wird das Gas axial angesaugt und durch die Fliehkraft beschleunigt. Der Gasstrom wird über die Gehäusewandung und durch Leitschaufeln umgelenkt und erfährt dadurch eine Geschwindigkeitsänderung. Daraus resultiert eine Druckerhöhung des Gases. In der nächsten Kammer wird das bereits unter Druck stehende Gas auf gleiche Weise weiter verdichtet.

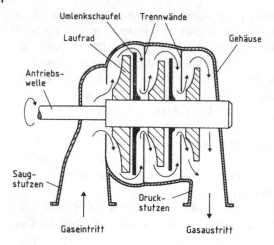

**Abb. 4-23** Turboverdichter

In Turboverdichtern werden häufig bis zu 10 solcher Stufen hintereinander geschaltet. Bei einem Verdichtungsverhältnis von 1,2 bis 1,5 pro Stufe kann das Gesamtverdichtungsverhältnis bei 10 bis 15 liegen.

Das **Rootsgebläse** (s. Abb. 4-24) wird auch als Wälzkolben- oder Rotationsverdichter bezeichnet und zum Erzeugen von Druckluft oder Vakuum eingesetzt.

In einem Gehäuse drehen sich zwei Rotoren von achtförmigem Querschnitt in entgegengesetzter Richtung ohne sich zu berühren. Beim Drehen wird durch die Raumvergrößerung auf der Saugseite das Gas angesaugt und zwischen Gehäusewand und Rotor eingeschlossen. Hier verringert sich das Volumen, der Druck erhöht sich und das Gas wird auf der Druckseite wieder herausgedrückt.

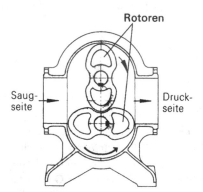

**Abb. 4-24** Rootsgebläse

Der Abstand zwischen Gehäusewand und Rotor beträgt nur wenige zehntel Millimeter, so dass das Gebläse mit hoher Drehzahl verschleißfrei fördern kann. Mit dem Rootsgebläse kann ein Verdichtungsverhältnis von ca. 2,0 erreicht werden.

4.2.1.5

**Kompressoren**

Der **Hubkolbenverdichter** (s. Abb. 4-25) zählt zu den wichtigsten Verdichtern und dient zum Erzeugen hoher bis höchster Drücke.

Er ist im Aufbau vergleichbar mit der Kolbenpumpe, mit dem Unterschied, dass das geförderte Gas komprimiert wird. Beim Hubkolbenverdichter wird unterschieden in Hubbewegung beim Ansaugen des Gases und Schubbewegung beim Komprimieren. Der Hub bewirkt eine Raumvergrößerung und damit Unterdruck, so dass Gas über ein sich öffnendes Ventil zuströmen kann. Die Schubbewegung bewirkt Volumenverringerung und Kompression des Gases, das über ein anderes Ventil zur Druckleitung abgelassen wird.

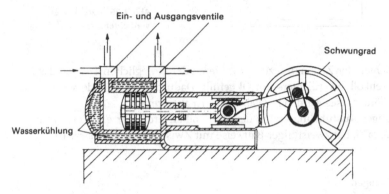

**Abb. 4-25**   Hubkolbenverdichter

In der einstufigen Bauart erreicht der Hubkolbenverdichter ein Verdichtungsverhältnis von ca. 5, d.h. bei einem Anfangsdruck von 1 bar entsteht ein Enddruck von 5 bar. Für höhere Enddrücke werden bis zu fünf Stufen zu einem Mehrstufenverdichter kombiniert, so dass das Verdichtungsverhältnis je nach Bauart über 300 liegen kann. Hierbei muss die entstehende hohe Kompressionswärme durch einen Kühlkreislauf aufgenommen werden.

Die zwischen Zylinder und Kolben wirksamen Reibungskräfte müssen durch Schmieren mit Öl gemindert werden.

Beim Hubkolbenverdichter entsteht ein pulsierender Gasstrom, der in einem Druckspeicher (Windkessel) gedämpft wird.

Der **Drehkolbenverdichter** (s. Abb. 4-26) liefert bei relativ geringen Abmessungen einen gleichmäßigen Förderstrom. Die Kompressionswärme lässt sich aber nur in geringem Maß abführen.

Im Gehäuse befindet sich ein exzentrisch gelagerter Kolben, in dessen Umfang Schlitze eingelassen sind. In diesen Schlitzen liegen bewegliche, durch Federn an die Gehäusewand gedrückte Schieberplatten. Bei Rotation des Kolbens werden die Schieberplatten durch die Fliehkraft zusätzlich an die Wandung gedrückt und es entstehen einzelne Zellen. Das Volumen der Zellen wird ausgehend vom Ansaugstutzen während der Drehung ständig verkleinert, das in den Zellen befindliche Gas komprimiert und in den Druckstutzen gedrückt.

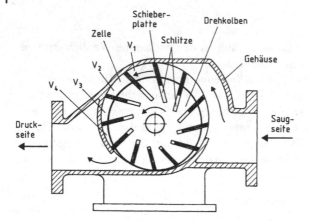

**Abb. 4-26** Drehkolben-
verdichter

Zum Abdichten der Zellen und zum Schmieren der beweglichen Teile ist das Gehäuse der Drehkolbenverdichters mit Öl gefüllt. Dadurch entstehende Verunreinigungen des Fördergases werden in Ölabscheidern abgetrennt.

Bei einstufiger Ausführung erzielt der Drehkolbenverdichter ein Verdichtungsverhältnis bis ca. 5, bei zweistufiger Bauweise mit Zwischenkühler bis ca. 10.

## 4.2.2
### Arbeitsanweisungen

Für das Arbeiten mit Vakuumpumpen werden ein Arbeitsanzug und Sicherheitsschuhe benötigt. Bei bestimmten Arbeiten notwendige Sicherheitsmaßnahmen werden bei jeder Aufgabenstellung zusätzlich angegeben.

## 4.2.2.1
### Demontage und Montage verschiedener Vakuumpumpen

**Apparatur und Geräte:** Wasserringpumpe, Drehschiebervakuumpumpe, Gabel- und Ringschlüssel, Innensechskantschlüssel, Schraubendreher

**Arbeitssicherheit:** Bei Transport, Demontage und Montage der Pumpen ist immer auf eine sichere Lage der Pumpen bzw. Bauteile zu achten. Bei der Demontage großer Bauteile sind Lederhandschuhe zu tragen und Kanthölzer zu verwenden. Elektrische Anschlüsse von Pumpen dürfen nur durch autorisiertes Fachpersonal abgeklemmt werden.

**Arbeitsanweisung:** Die entsprechende Pumpe wird demontiert, hinsichtlich ihrer Funktionsweise untersucht und wieder montiert.

**Auswertung:** Anhand des Versuchs und mit Hilfe der zur Verfügung stehenden Literatur ist eine Tabelle entsprechend Tab. 4-9 zu erstellen.

**Tab. 4-9** Arbeitsblatt Vakuumpumpen.

|  | Wasserringpumpe | Drehschiebervakuumpumpe |
|---|---|---|
| Bidzeichen nach DIN / EN | | |
| Endvakuum | | |
| Betriebsflüssigkeit | | |
| Wechsel der Betriebsflüssigkeit | | |
| Anfahren | | |
| Abstellen | | |

### 4.2.2.2
### Untersuchen der Abhängigkeit des Druckes einer Drehschiebervakuumpumpe vom Volumenstrom

**Apparatur und Geräte:** Apparatur mit Drehschiebervakuumpumpe (s. Abb. 4-27), Stoppuhr

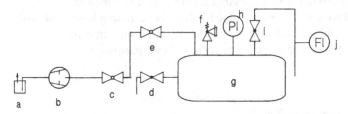

**Abb. 4-27**  Apparatur mit Drehschiebervakuumpumpe

**Arbeitssicherheit:** Beim Umgang mit unter Vakuum stehenden Apparaturen ist eine Schutzbrille zu tragen.

**Arbeitsanweisung:** Der Ölfüllstand der Pumpe ist einer Sichtkontrolle zu unterziehen, die Saugseite der Pumpe ist zu schließen. Die Drehschiebervakuumpumpe wird angeschaltet und die Apparatur zur Umgebung hin abgesperrt. Nach ca. 5 min wird der Druck abgelesen.

Anschließend wird der Volumenstrom der Zuluft im Bereich von 400 L/h bis 2800 L/h in Abständen von 200 L/h erhöht und bei jeder Einstellung der nach einer Zeit von 2 min angezeigte Druck notiert.

Die Anlage wird langsam belüftet und die Drehschiebervakuumpumpe abgeschaltet.

**Auswertung:** Die Bedeutung der in der Abbildung 4-27 mit den Buchstaben a bis k markierten Bildzeichen ist nach DIN/EN anzugeben. Das jeweils in der Zeit von 2 min geförderte Volumen ist zu berechnen. In einer Tabelle (s. Tab. 4-10) werden die Zeit, die Volumenströme, die Volumina und die Drücke aufgeführt. Die Abhängigkeit des Druckes vom Volumenstrom der Zuluft wird in einem Diagramm dargestellt.

**Tab. 4-10** Messwerte: Abhängigkeit des Druckes einer Drehschiebervakuumpumpe vom Volumenstrom.

| Volumenstrom in L/min | Zeit in min | Volumen in L | Druck in bar |
|---|---|---|---|
| | | | |

### 4.2.3
### Fragen zum Thema

Was verstehen Sie unter dem Begriff »Verdichten«?
Erläutern Sie die Vorgänge beim Verdichten eines Gases.
Wie ist das Verdichtungsverhältnis definiert?
Vergleichen Sie Kompressoren, Gebläse und Ventilatoren hinsichtlich des Verdichtungsverhältnisses.
Vergleichen Sie den Turboverdichter mit einer mehrstufigen Kreiselpumpe.
Wodurch zeichnet sich die Wasserringpumpe bei ihrer Verwendung besonders aus?
Wovon hängt das erreichbare Endvakuum bei einer Wasserringpumpe ab?
Erklären sie die Funktionsweise einer Drehschiebervakuumpumpe.

### 4.3
### Fördern und Dosieren von Feststoffen

### 4.3.1
### Theoretische Grundlagen

### 4.3.1.1
### Themen und Lerninhalte

Das Fördern und Dosieren von Feststoffen in geschlossenen Rohrleitungen wirft einige Probleme auf, da Feststoffe kein Fließverhalten wie etwa Flüssigkeiten zeigen. Daher ist die Automatisierung der Feststoffförderung immer mit hohem technischem Aufwand verbunden. Es wird unterschieden zwischen dem diskontinuierlichen Transport in Gebinden und dem kontinuierlichen Transport in mechanischen und pneumatischen Fördereinrichtungen.

### 4.3.1.2
### Diskontinuierlicher Feststofftransport in Gebinden

Der diskontinuierliche Transport in Gebinden wie z.B. Fässern, Hoboks (Hohlbodenkanister), Containern oder Kisten wird mit Gabelstaplern, Aufzügen, Kränen, Winden, Seil- und Hängebahnen, Flaschenzügen und Rollenförderern durchgeführt. Der Umgang mit diesen Geräten erfordert arbeitsintensive Bedienung und beinhaltet ein nicht unerhebliches Unfallrisiko. Bei der Planung von Anlagen geht daher das Bestreben hin zur automatischen Feststoffförderung.

### 4.3.1.3

#### Kontinuierlicher Feststofftransport mit mechanischen Einrichtungen

Mechanische Feststoffförderer erfordern im Vergleich zu pneumatischen Einrichtungen geringeren apparativen Aufwand. Der Feststoff wird jedoch erheblicher mechanischer Beanspruchung ausgesetzt.

Der **Gurtbandförderer** dient zum Fördern von Massengütern. Ein breites Endlosband aus Gewebe, Gummi, Kunstfaser oder Metallgeflecht wird waagerecht oder leicht geneigt über sich drehende Rollen geführt (s. Abb. 4-28). Bei der Bandform wird zwischen Flach- oder Muldenband unterschieden. Der Feststoff wird nach eingestellter Bandgeschwindigkeit an den vorgesehenen Ort gefördert.

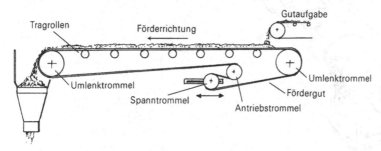

**Abb. 4-28**   Gurtbandförderer

Gleichmäßiges Chargieren des Gutes gewährleistet ein störungsfreies und sicheres Arbeiten des Förderers.

Der **Elevator**[8] (*Becherwerk*) (s. Abb. 4-29) dient zum Überwinden von Höhenunterschieden beim Fördern. Eine endlose Kette mit Bechern wird über Rollen geführt.

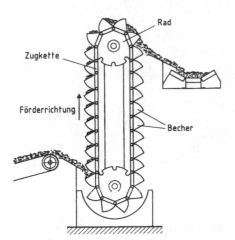

**Abb. 4-29**   Elevator

Der Feststoff wird in schräger oder vertikaler Richtung von den Bechern aufge-
schöpft und nach dem Umlaufen über die oberen Rollen in einen an höherer Stelle
befindlichen Behälter gekippt.

Der Elevator wird sehr oft kombiniert mit einem Bandförderer zur Überwindung
großer Entfernungen und großer Höhenunterschiede eingesetzt.

Der **Schneckenförderer** (s. Abb. 4-30) eignet sich zum Feststofftransport in geschlossenen Rohrleitungen. In einem bis zu 30° geneigten Rohr befindet sich eine
Welle mit einem axial umlaufenden Leitblech, der Förderschnecke. Durch die Drehung der Welle wird der Feststoff durch das Rohr geschoben. Der Weg darf hierbei
nicht zu lang sein, da der Feststoff durch Scheren und Abrasion zerkleinert und zerstört werden kann.

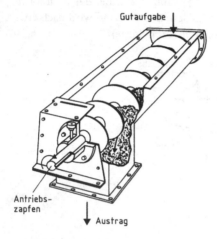

Gutaufgabe

Antriebs-
zapfen

Austrag

**Abb. 4-30**  Schneckenförderer

Das **Zellenrad** besteht aus einer rotierenden Walze mit muldenförmigen Ausspa-
rungen (s. Abb. 4-31). Der Feststoff rutscht von oben in diese Mulden, wird durch
die Rotation weitertransportiert und fällt wieder aus den Mulden heraus. Die Dreh-

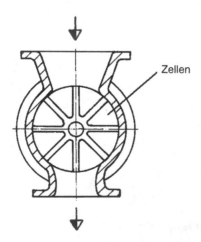

Zellen

**Abb. 4-31**  Zellenrad

zahl des Zellenrades bestimmt die geförderte Feststoffmenge. Das Zellenrad wird überwiegend zum Dosieren von Schüttgütern eingesetzt.

Bei einem **Schwingförderer**, auch **Rüttelrinne** genannt, wird der Feststoff durch ruckartige Bewegung gefördert (s. Abb. 4-32). Die Rinne wird in Vorwärts- und Rückwärtsschwingungen versetzt. Der Antrieb kann aus einem Elektromotor mit Unwuchtgewichten oder aus elektromagnetischem Vibrationsantrieb bestehen.

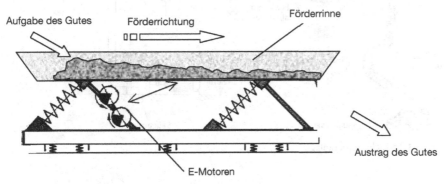

**Abb. 4-32** Schwingförderer

### 4.3.1.4
### Kontinuierlicher Feststofftransport mit pneumatischen Einrichtungen

Der Feststoff wird abhängig vom Material bis zu einer Korngröße von ca. 40 mm mit Druck- oder Saugluft produktschonend transportiert. Die pneumatische Förderung ist besonders zum Fördern von Lebensmitteln oder anderen empfindlichen Gütern geeignet, erfordert aber hohen technischen Aufwand.

Die **Saugluftförderanlage** (s. Abb. 4-33) ist eine geschlossene Anlage, die bis zu einer Druckdifferenz von 0,8 bar staubfrei arbeitet. Ausgehend von einer Saugpumpe führt eine Rohrleitung über Wasserabscheider, Wasserfilter, Staubabscheider und Abscheidezyklon zu einem flexiblen Saugrüssel. Der Feststoff wird von der angesaugten Luft mitgerissen. Im Abscheidezyklon wird die Geschwindigkeit des Feststoffes verringert, feine Staubteilchen werden im Staubabscheider abgetrennt.

Weiter in der Luft verbliebene Teilchen werden im Wasserfilter, mitgerissene Wassertröpfchen im Wasserabscheider zurückgehalten. Die Saugluftförderung wird häufig angewendet, wenn Feststoffe von mehreren Lagerstellen an einen anderen Ort transportiert werden sollen (z.B. zum Mischen).

Im Vergleich zum Saugluftförderer haben **Druckluftförderer** (s. Abb. 4-34) einen einfacheren Aufbau, können aber höhere Förderhöhen überwinden.

In eine von einem Verdichter ausgehende Rohrleitung wird über ein T-Stück mittels eines Zellrades der Feststoff zudosiert und vom Luftstrom mitgerissen. Über der vorgesehenen Stelle wird das Produkt in einem Abscheidezyklon von der Druckluft getrennt.

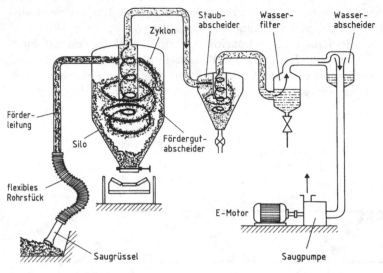

**Abb. 4-33**  Saugluftförderanlage

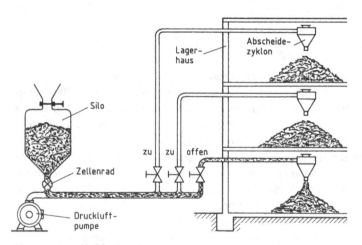

**Abb. 4-34**  Druckluftförderanlage

Für den Transport staubhaltiger Feststoffe ist eine Druckluftförderanlage nur bedingt einsetzbar, da in der Druckluft nach dem Abscheiden noch Staubteilchen enthalten sind. Der Verdichter muss einen gleichmäßigen Luftstrom liefern. Druckluftförderung findet ihren Einsatz, wenn von *einem* Lagerort an *mehrere* Stellen transportiert werden soll.

Die **Druckluftmembranpumpe** (s. Abb. 4-35) ermöglicht wirtschaftliches und produktschonendes Fördern von Feststoffen oder sogar Flüssigkeiten, Gasen, Pasten oder Schlämmen, ohne dass mechanische oder elektrische Anschlüsse für den An-

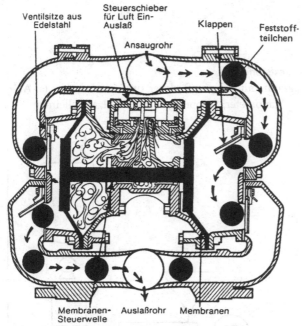

Ventilsitze aus
Edelstahl

Steuerschieber
für Luft Ein-
Auslaß

Ansaugrohr

Klappen

Feststoff-
teilchen

Membranen-
Steuerwelle

Auslaßrohr

Membranen

Sandpiper-Membranpumpe (BIG, Industriemaschinen,
Essen)

**Abb. 4-35**   Druckluftmembranpumpe

trieb der Pumpe erforderlich sind. Das Produkt kommt dabei nur mit den Innen-
wänden der Pumpe in Berührung.

Die Arbeitsweise ist vergleichbar mit der einer oszillierenden Verdrängerpumpe
und erfolgt wechselweise über zwei Kammern. Die Energieversorgung der Pumpe
erfolgt mit Druckluft, die über ein Steuerventil zur Rückseite der jeweils fördernden
Membran geführt wird. Die Durchbiegung der Membran führt zum Verkleinern der
mit Feststoff gefüllten ersten Kammer und damit zum Verdrängen des Feststoffes.
Die zweite Membran erfährt gleichzeitig eine Durchbiegung nach innen unter Vergrößerung des Volumens der zweiten Kammer. Dadurch wird in die zweite Kammer Luft-Feststoff-Gemisch eingesaugt. Dieses wird bei Zufuhr der Steuerluft auf
die Rückseite dieser Membran auf die gleiche Weise gefördert.

Um ein Verstopfen der Pumpe zu vermeiden, muss über die Saugleitung immer
Luft mit in die Produktkammer gesaugt werden. Die Fördermenge wird durch den
Druckluftstrom reguliert.

4.3.2
**Arbeitsanweisung**

4.3.2.1
**Pneumatische Förderung von Feststoffen**
**Apparatur und Geräte**: Apparatur mit Schwingförderer und Glasbehälter (s. Abb.
4-36), Druckminderventil mit Manometer, Stoppuhr, Waage, 10 L Metalleimer

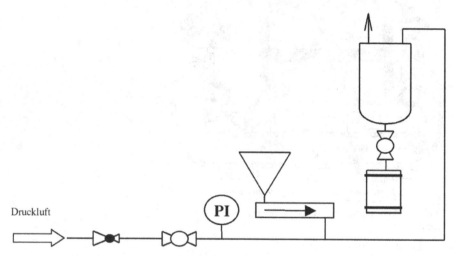

Druckluft

**Abb. 4-36**   Apparatur mit Schwingförderer und Glasbehälter

**Arbeitssicherheit**: Bei der Durchführung des Versuches ist eine Schutzbrille zu tragen. Vor dem Öffnen des Vorratsbehälters muss die Druckluft geschlossen werden.
Vor dem Befüllen des Eimers ist die Erdungszange am Eimer zu befestigen. Wegen
der erhöhten Rutschgefahr muss auf dem Boden liegendes Kunststoffgranulat sofort entfernt werden.

**Arbeitsanweisung**: Zunächst wird der Vorratsbehälter bis ca. 30 mm unterhalb des
Randes mit Kunststoffgranulat gefüllt. Anschließend wird mit Hilfe des Druckminderventils ein Förderdruck von 0,2 bar eingestellt. Das Potenziometer am
Schwingförderer wird auf Stufe 1 gestellt, der Schwingförderer in Betrieb genommen und 3 Minuten lang Kunststoffgranulat in das Glasgefäß gefördert.

Beim Abstellen ist darauf zu achten, dass zunächst nur der Schwingförderer abgestellt wird. Die Druckluftzufuhr bleibt solange geöffnet, bis sich kein Granulat mehr
in der Leitung befindet (gegebenenfalls den Druck erhöhen). Anschließend wird das
geförderte Granulat in den vorher geerdeten Metalleimer abgelassen und seine Masse bestimmt.

Der oben angegebene Versuch wird nun mit Einstellungen des Schwingförderers
von Stufe 2 bis 10 wiederholt.

**Auswertung**: Alle Messergebnisse und Berechnungen sind in einer Tabelle (s. Tab.
4-11) festzuhalten. Es ist eine Beispielrechnung aufzuführen. Die Abhängigkeit des

Massestromes vom Förderdruck ist in einem Diagramm darzustellen. Der Förderstrom ist bei dem jeweiligen Förderdruck zu beobachten und zu beschreiben.

**Tab. 4-11**  Messwerte: Feststoffförderung mit einem Schwingförderer.

| Einstellung des Schwingförderers | Zeit in min | Masse in kg | Massenstrom in kg/min | Förderverhalten |
|---|---|---|---|---|
| | | | | |

### 4.3.3
### Fragen zum Thema

Welche Hilfsmittel werden zum Fördern von Feststoffen in Gebinden benutzt?
Wodurch kann beim Fördern von Feststoffen eine Schädigung des Produkts auftreten?
Welche Vorteile hat ein Schneckenförderer gegenüber einem Bandförderer?
Welche Kriterien zeichnen das pneumatische Fördern gegenüber dem mechanischen Fördern besonders aus?
Vergleichen Sie den Einsatz und die Staubentwicklung der Druckluftförderung und der Saugluftförderung.
Beschreiben Sie die Arbeitsweise einer Druckluftmembranpumpe.

## 4.4
## Lagern von Stoffen

### 4.4.1
### Theoretische Grundlagen

#### 4.4.1.1
#### Themen und Lerninhalte
Lagern ist das Aufbewahren von Stoffen, die sich für eine bestimmte Zeit an einem bestimmten Ort, dem Lager befinden. Die Anlagen in der industriellen Fertigung sind zum Teil mit umfangreichen und komplizierten Lagersystemen für Roh- und Hilfsstoffe, Zwischen- und Fertigprodukte ausgestattet, um innerhalb der Produktionsprozesse ausgleichend zu wirken.
Die Lagerung erfolgt in *Vorrats-* und *Zwischenlagern*. In Vorratslagern werden die zum Teil periodisch angelieferten Roh- und Hilfsstoffe gelagert und von dort stetig in den Produktionsablauf geführt. Erfolgen Verkauf und Abtransport der Fertigprodukte nicht im gleichen Maß wie die Produktion, muss auch ein *Endlager* vorhanden sein. Zwischenlager sind erforderlich an den Übergangsstellen zwischen kontinuierlich und diskontinuierlich arbeitenden Betrieben oder wenn prozessbedingt Störungen auftreten können.

Bei der Art der Lagerung sind die Eigenschaften, die Verbrauchsart, die Lagerdauer und die Menge des Lagergutes zu berücksichtigen. Eine Einteilung der Lagereinrichtungen erfolgt nach dem Aggregatzustand des Lagergutes.

4.4.1.2
### Lagern von Feststoffen
Bei den Feststoffen wird unterschieden zwischen **Stückgütern**, d.h. Einzellasten wie z.B. Bauteilen, Fässern, Kannen, Säcken und **Schüttgütern**, d.h. stückigen, körnigen oder staubförmigen Feststoffen in ungeordneter Schüttung.

Eine für den Platzbedarf wichtige Kenngröße des Lagergutes ist die Schüttdichte, d.h. die Masse der Schüttung pro Volumeneinheit. Zwischen den Feststoffteilchen befindet sich in der Schüttung Gas, in den meisten Fällen Luft. Deshalb ist die Schüttdichte stets kleiner als die Dichte des Feststoffes.

Eine weitere Einflussgröße auf die Lagerung ist der Schüttwinkel oder Böschungswinkel. Dieser ist von der Art und der Beschaffenheit, z.B. Form, Größe, Feuchtigkeit des Schüttgutes abhängig. Je spitzer der Schüttwinkel ist, desto eher kann das Gut abrutschen und z.B. zu Schäden der Abgrenzungen führen. Deshalb darf eine maximale Füllhöhe nie überschritten werden. Außerdem kann es bei vielen organischen Stoffen durch den Eigendruck zur Erwärmung oder Entzündung kommen.

Im folgenden werden einige gebräuchliche Lager aufgeführt.

**Freilager** (s. Abb. 4-37) sind Lagerplätze im Freien, auf denen auf einer festen Unterlage Schüttgüter zu Haufen aufgeschüttet werden. Sie sind mit Stützmauern umgeben, besitzen Be- und Entladevorrichtungen und bieten keinen Schutz vor Witterungseinflüssen.

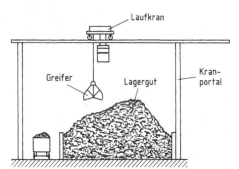

**Abb. 4-37**  Freilager mit Stützmauer

Das **Gebäudelager** (s. Abb. 4-38) ähnelt dem Freilager, ist aber allseitig geschlossen und schützt die Schütt- und Stückgüter vor witterungsbedingten Einflüssen. Neben Klimaanlagen zum Schutz bestimmter Lagergüter sind Be- und Entlüftungsanlagen sowie Fördereinrichtungen installiert. In Großraumlagerhallen übernehmen vollautomatische Be- und Entladeroboter das Fördern.

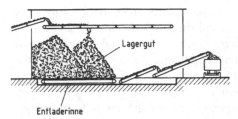

**Abb. 4-38** Lagerhalle

Insbesondere bei mehrstöckigen Lagerhallen muss die zulässige Deckenbelastung im Gebäude kenntlich gemacht werden. In Gebäudelagern werden vorzugsweise Stückgüter oder auch Packmittel gelagert.

**Bunker** und **Silos** (s. Abb. 4-39) sind Schachtspeicher aus senkrecht stehenden Hohlkörpern aus z.B. Beton oder Metall mit verschiedenen Querschnitten zum Lagern von Schüttgut. Die Gutzufuhr erfolgt von oben, die Entnahme am unteren Auslauf durch einen konischen Auslauftrichter.

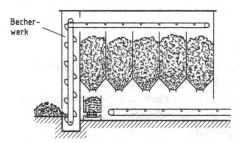

**Abb. 4-39** Silo

Das Lagergut muss fließfähig sein und hohem Druck widerstehen können. Das Fließverhalten wird bestimmt durch Korngröße, Schüttdichte, Temperatur des Gutes, Feuchtigkeit des Gutes und Speicherbauform.

Langzeitlager mit großem Fassungsvermögen werden Silos, kleinere Zwischenlager mit häufigem Umschlagswechsel Bunker genannt.

**Transportable Lagerbehälter (Container)** sind verschiedenartig ausgerüstet und für die Lagerung fast aller Stoffarten geeignet. Die Vorteile dieser Lagerart bestehen darin, dass aufwendige Umschlagsarbeit entfällt, stoffspezifische Lagerung erfolgt, flexibel gelagert werden kann, aufwendige Lager entfallen und platzsparende Lagerung möglich ist.

### 4.4.1.3

**Lagern von Flüssigkeiten**

Große Mengen von Flüssigkeiten mit hohem Dampfdruck werden in **kugelförmigen** Behältern, von Flüssigkeiten mit niedrigem Dampfdruck in stehenden oder liegenden **zylinderförmigen** Behältern gelagert. Der Standort ortsfester Behälter kann oberirdisch, unterirdisch, im Freien oder in Gebäuden sein. Sie werden in verschiedenen Größen aus den unterschiedlichsten Werkstoffen gefertigt.

Die Zufuhr des Lagergutes erfolgt mit Pumpen, Druckfördereinrichtungen oder durch Ausnutzen der Schwerkraft. Spezialausführungen sind heiz- oder kühlbar.

Um Mensch und Umwelt vor Schäden zu bewahren, sind bei der Lagerung von gefährlichen, d.h. brennbaren, leichtsiedenden, giftigen, ätzenden usw. Flüssigkeiten besondere **Sicherheitsmaßnahmen** zu beachten:

- Die Behälter müssen exakt beschriftet sein.
- Füllstandsmessgeräte, Überfüllsicherungen und Auffangräume müssen vorhanden sein.
- Entlüftungsleitungen müssen mit Sorptionseinrichtungen[9] ausgerüstet sein. Es müssen Feueralarmeinrichtungen, Feuerlöscheinrichtungen und Flammenrückschlagsicherungen angebracht sein.
- Die elektrische Installation muss explosionssicher ausgeführt sein.
- Die Lagerbehälter und Rohrleitungen müssen geerdet sein.
- Schutzstreifen zwischen Lagerbehältern und angrenzenden Anlagen sind notwendig.

### 4.4.1.4
### Lagern von Gasen

Das Lagern von Gasen erfordert besondere Sorgfalt, da neben den spezifischen Eigenschaften der Stoffe auch der Druck berücksichtigt werden muss.

Die Gasspeicherung erfolgt bei Niederdruck in **Glocken-** und **Scheibengasbehältern** (s. Abb. 4-40), bei erhöhtem Druck in **Kugelgasbehältern**. Große Gasmengen werden auch in unterirdischen Speichern gelagert.

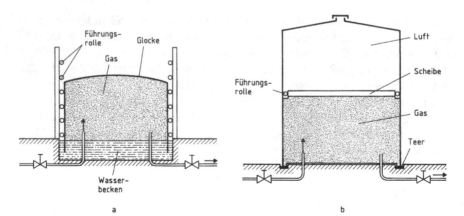

**Abb. 4-40** a Glockengasbehälter und b Scheibengasbehälter

Kleinere Gasmengen werden in **Druckgasflaschen** oder Druckgasbomben transportiert und gelagert. Diese sind zylinderförmige Behälter, meist aus Stahl und haben einen halbkugelförmigen Boden. Am Kopfende befindet sich ein eingeschraubtes Eckventil mit Verschlusskappe und Schutzhaube. Das Füllvolumen kann 1 bis 100 L, der Fülldruck bis zu 300 bar betragen.

Druckgasflaschen werden gekennzeichnet durch Kennfarben (s. Tab. 4-12) und eingravierte Daten wie z.B. Gasart, Fülldruck oder Füllmenge, Volumen oder Leergewicht, Fabrikationsnummer, Prüfdruck, Revisionen.

**Tab. 4-12** Kennfarben und Gewinde von Druckgasflaschen

| Gasart | Farbe | Gewinde |
| --- | --- | --- |
| Stickstoff | grün | Rechtsgewinde |
| Sauerstoff | blau | Rechtsgewinde |
| Wasserstoff | rot | Linksgewinde |
| Acetylen | gelb | Bügelanschluss |
| Helium | grau | Rechtsgewinde |
| Kohlenstoffdioxid | grau | Rechtsgewinde |
| Schwefelwasserstoff | rot | Linksgewinde |
| Schwefeldioxid | grau | Rechtsgewinde |

Je nach Gasart haben die Anschlussgewinde der Eckventile unterschiedliche Durchmesser und Steigungen um Unfälle und Irrtümer zu vermeiden. Anschlussgewinde für brennbare Gase haben ein Linksgewinde.

Für das **Lagern** der Druckgasflaschen gelten folgende Sicherheitsvorschriften:
- Die Druckgasflasche muss an einem sicheren Ort aufbewahrt werden.
- Der Lagerraum muss als solcher gekennzeichnet, von außen belüftet und abschließbar sein.
- Der Lagerraum darf nicht als Durchgang benutzbar sein.
- Das Dach des Lagerraumes muss an einer Stelle befestigt sein, muss sich aber schnell abheben können.

Beim **Transport** und bei der **Entnahme** von Gasen aus Druckgasflaschen sind die Unfallverhütungsvorschriften unbedingt einzuhalten. Hierbei gilt insbesondere:
- Der Transport erfolgt mit geschlossenem Eckventil, aufgesetzter Schutzkappe und ausschließlich mit dem Flaschenwagen. Druckgasflaschen dürfen niemals geworfen oder fallengelassen werden.
- Druckgasflaschen sind durch Anketten gegen Umfallen zu sichern und vor Erwärmung und Korrosion schützen.
- Der Füllzustand (Voll/Anbruch/Leer) ist zu kennzeichnen.
- Nach Gebrauch ist die Druckgasflasche in dafür vorgesehene Lagerräume zu transportieren.
- Zur Entnahme von Gasen wird die Druckgasflasche wie folgt in Betrieb genommen: Nach Abnehmen der Flaschenkappe und einer Sichtkontrolle der Dichtungen wird die Reduzierstation (s. Abb. 4-41) mit passendem Gabelschlüssel auf die Druckgasflasche aufgeschraubt. Das Abnahmeventil und die Stellschraube für den Druck müssen vollständig gelöst sein. Das Flaschenventil wird geöffnet. Ein Manometer zeigt den Flaschendruck an. Der Entnahmedruck wird mit der Stellschraube eingestellt und vom zweiten Manometer angezeigt.

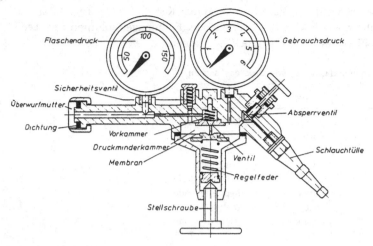

Flaschendruck

Gebrauchsdruck

Sicherheitsventil

Überwurfmutter

Absperrventil

Dichtung

Vorkammer

Druckminderkammer

Schlauchtülle

Membran

Ventil

Regelfeder

Stellschraube

**Abb. 4-41**   Reduzierstation

4.4.2
**Fragen zum Thema**

Nach welchen Kriterien werden Lagereinrichtungen eingeteilt?
Welche Lager für Schüttgüter gibt es?
Welche Lagerbehälter gibt es für Gase?
Welche Vorteile hat die Silolagerung gegenüber der Gebäudelagerung?
Welche Vorteile hat die Lagerung in Containern?
Welche Stoffe werden in Freilagern gelagert?
Welche Sicherheitsmaßnahmen sind beim Lagern von Gasen zu beachten?
Was muss beim Umgang mit Gasstahlflaschen beachtet werden?
Welche Maßnahmen sind beim Transport von Gasstahlflaschen zu beachten?
Welche Kennzeichnungen finden Sie auf Gasstahlflaschen?
Welche Sicherheitsmaßnahmen sind bei der Lagerung von Flüssigkeiten zu beachten?

**Begriffserklärungen**

1 von lat. *centrum* für Mittelpunkt und lat. *fugere* für fliehen.

2 von lat. *cavus* für hohl, d.h. hohlraumbildend

3 von lat. *corrodere* für zernagen, angreifen, zerstören

4 von lat. *abrasere* für abtragen

5 von lat. *oscillare* für schwingen, pendeln

6 von lat. *comprimare* für zusammenpressen, verdichten

7 von lat. *lamina* für gleichmäßig, schichtweise gleitend.

8 von lat. *elevare* für erheben.

9 von lat. *ad* für zu und lat. *sorbere* für in sich ziehen.

# 5
# Mischen und Agglomerieren

## 5.1
## Mischen von Stoffen

### 5.1.1
### Theoretische Grundlagen

#### 5.1.1.1
#### Themen und Lerninhalte

Mischen ist das Vereinigen von Stoffen gleicher oder unterschiedlicher Aggregatzustände mit Hilfe von mechanischen Werkzeugen oder Kraftfeldern (s. Abb. 5-1).

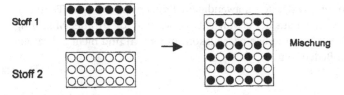

**Abb. 5-1** Mischen von Stoffen

Das Ziel des Mischens besteht darin, die Komponenten gleichmässig ineinander zu verteilen.

Der Mischvorgang wird beeinflusst von atomaren, zwischenmolekularen und elektrostatischen Kräften.

Häufig liegt eine Komponente in grösserer Menge vor. Diese wird als *Dispersionsmittel* bezeichnet. Weitere Komponenten werden als *disperse Phase* bezeichnet. Eine Einteilung der Dispersionen[1] anhand der Teilchengröße der dispergierten Teilchen zeigt Tab. 5-1.

**Tab. 5-1** Einteilung von Dispersionen

| Dispersion | Teilchengröße |
|---|---|
| grobdispers | $> 10^{-6}$ m |
| kolloiddispers | $10^{-6}$ bis $10^{-9}$ m |
| molekulardispers | $< 10^{-9}$ m |

Grobdisperse Systeme werden anhand des Aggregatzustands von Dispersionsmittel und disperser Phase unterschieden (s. Tab. 5-2).

**Tab. 5-2** Grobdisperse Systeme

| Dispersionsmittel | disperser Stoff | Dispersion |
|---|---|---|
| flüssig | fest | Suspension[2] |
| flüssig | flüssig | Emulsion[3] |
| flüssig | gasförmig | Schaum |
| fest | flüssig | Paste/Teig/Gel |
| fest | fest | Gemenge |
| gasförmig | fest | Rauch/Aerosol |
| gasförmig | flüssig | Nebel/Aerosol |

In der Praxis wird hauptsächlich unter zwei Aspekten gemischt. Zum einen stellt man Produkte durch das Vermischen verschiedener Komponenten her, z.B. Farbstoffe oder Arzneimittel. Zum anderen können chemische Reaktionen nur dann kontrolliert ablaufen, wenn die Reaktionspartner und die zuzuführende bzw. entstehende Reaktionswärme homogen[4] im Rührbehälter verteilt sind. Dies geschieht im allgemeinen durch Rühren.

Die Auswahl des Mischverfahrens und der Apparatur richtet sich beispielsweise nach Aggregatzustand, Korngröße, Viskosität, Dichte und Menge der zu mischenden Stoffe. Neben unter Umständen notwendigem Konzentrations- und Temperaturausgleich sind darüber hinaus der erwünschte Mischgrad, die Art der Mischung sowie die Arbeitsweise (kontinuierlich oder diskontinuierlich) und nicht zuletzt die Arbeitssicherheit von Bedeutung.

### 5.1.1.2
### Herstellen von gasförmigen und flüssigen Mischphasen

Bei Gasen und Dämpfen kommt es auf Grund der hohen Bewegungsenergie der Atome oder Moleküle zur spontanen Vermischung, d.h. zur **Diffusion**[5]. Einbauten in Rohrleitungen, an denen der Gasstrom umgelenkt wird und Wirbel bildet, können diesen Vorgang beschleunigen (s. Abb. 5-2).

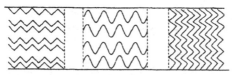

**Abb. 5-2** Lamellen als Einbauten in Rohrleitungen

Die Mischverfahren, mit deren Hilfe flüssige Mischphasen hergestellt werden können, sind in Tab. 5-3 dargestellt.

**Tab. 5-3** Mischverfahren

| Bezeichnung | Komponenten |
| --- | --- |
| Homogenisieren | Mischen löslicher Flüssigkeiten |
| Emulgieren | Mischen unlöslicher Flüssigkeiten |
| Suspendieren | Mischen unlöslicher Feststoffe mit Flüssigkeiten |
| Lösen | Mischen löslicher Feststoffe mit Flüssigkeiten |
| Begasen | Mischen löslicher Gase mit Flüssigkeiten |

Flüssigkeiten können mit Gasen gemischt werden, indem sie unter Druck mit einer Düse in kleinste Tröpfchen zerteilt und im Gas versprüht werden.

Werden Flüssigkeiten miteinander durch Einblasen von Luft gemischt, heißt dieser Vorgang **pneumatisches Rühren**. Auf diese Weise können auch Gase in Flüssigkeiten gelöst oder dispergiert werden. Eine andere Methode ist der Einsatz eines schnell drehenden Hohlrührers. Dieser kann je nach Bauweise Gas von außen in den Behälter einsaugen (s. Abb. 5-3a) oder über der Flüssigkeit befindliches Gas bzw. Dampf ansaugen (s. Abb. 5-3b).

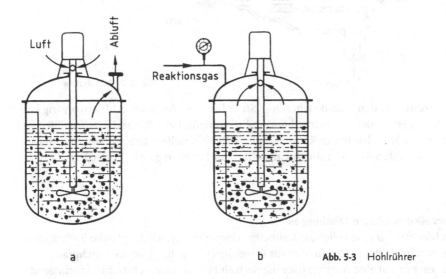

a         b        **Abb. 5-3** Hohlrührer

Dieses Mischverfahren hat im Umweltschutz zur Klärschlammbelüftung oder zur Gewässerbelebung mit Sauerstoff zunehmende Bedeutung erlangt. Weiterhin findet es Anwendung in der Biotechnologie bei der Begasung von Fermentern und bei chemischen Reaktionen, z.B. Hydrierung und Chlorierung. In der Feuerwehrtechnik wird auf diese Weise Löschschaum hergestellt.

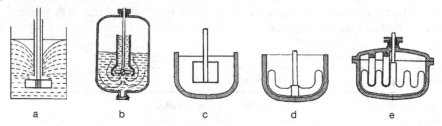

a       b       c       d       e

**Abb. 5-4**   Verschiedene Rührerformen: a Turbinenrührer, b Propellerrührer, c Blattrührer, d Ankerrührer, e Fingerrührer

Das Lösen, Emulgieren oder Homogenisieren erfolgt überwiegend in Rührbehäl-
tern. Die dabei verwendeten Rührer werden nach ihrer Umdrehungszahl eingeteilt
in langsam laufende Rührer und schnell laufende Rührer (s. Abb. 5-4).

Langsam laufende Rührer wie z.B. der Blatt-, der Anker- oder der Fingerrührer
laufen mit Umdrehungszahlen von 20 bis 100 $\min^{-1}$ und werden vorwiegend zum
Herstellen von Suspensionen verwendet. Schnell laufende Rührer wie z.B. der
Turbinen- oder der Propellerrührer laufen mit Umdrehungszahlen von 200 bis
2000 $\min^{-1}$ und werden vorwiegend zum Herstellen von Emulsionen verwendet.

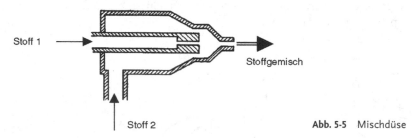

Stoff 1

Stoffgemisch

Stoff 2                **Abb. 5-5**   Mischdüse

**Einbauten** in den Rührbehälter, sog. Strombrecher können den Mischvorgang beschleunigen. Neben mechanischem und pneumatischem Rühren können Flüssigkeiten durch Einbauten in Rohrleitungen – Blechlamellen, Drahtgitter oder Misch-
düsen (s. Abb. 5-5) – oder durch Umwälzen mit Pumpen gemischt werden.

## 5.1.1.3

### Herstellen von festen Mischungen

Im Idealfall soll jede beliebige Teilmenge eines Mischgutes die gleiche Stoffzusam-
mensetzung aufweisen. Ein Maß für diese Gleichverteilung ist der **Mischgrad M.**

Dieser macht eine Aussage über die nach einer bestimmten Mischzeit vorliegende
Verteilung der Komponenten im Gemisch und kann mit Methoden der statistischen
Standardabweichung bestimmt werden. Eine mathematische Betrachtung soll an
dieser Stelle nicht erfolgen.

Nähert sich die Mischung einer idealen Gleichverteilung der Komponenten, so
strebt der Mischgrad gegen 1. Die Verteilung der Komponenten verläuft zu Beginn
sehr schnell. Bei Annäherung an die ideale Verteilung steigt die Kurve nur noch
sehr flach an (s. Abb. 5-6).

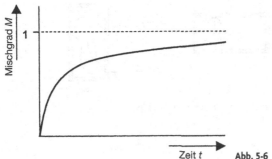

Zeit *t*    **Abb. 5-6**   Ideales Mischen

Die Herstellung einer solchen Mischung kann in der Realität auch den in Abb. 5-7 gezeigten Verlauf haben.

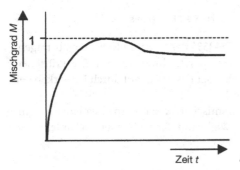

Zeit *t*    **Abb. 5-7**   Reales Mischen

In der Praxis findet parallel zur Gleichverteilung der Komponenten ein Vorgang der Entmischung statt. Das Ausmaß dieser Entmischung hängt neben den verwendeten Mischwerkzeugen von den Eigenschaften der Komponenten ab. Ursachen können sein:

- die unterschiedliche Korngröße, Kornart und Dichte der Komponenten,
- eine statische Aufladung der Körner oder
- spezifische Oberflächeneigenschaften wie z.B. Rauheit oder Klebrigkeit.

Für die praktische Durchführung von Mischaufgaben bedeutet dies, dass die Mischdauer für eine ausreichend gute Gleichverteilung der Komponenten experimentell bestimmt werden muss. Anschließend werden die Mischdauer und der erreichbare Mischgrades bei verschiedenen Mischertypen verglichen und der geeignete Mischer ausgewählt.

Die Mischapparate (s. Abb. 5-8) zur Herstellung fester Mischungen werden in Mischer mit rotierenden Behältern, Mischer mit beweglichen Mischwerkzeugen und pneumatische Mischer unterschieden.

Bei jedem Mischvorgang erfahren die Partikel unter anderem Prall, Schlag, Druck oder Reibung. Dadurch tritt ein oft unerwünschter Zerkleinerungseffekt ein.

**Freifallmischer** (s. Abb. 5-9) sind rotierende Mischtrommeln. Das Mischgut wird angehoben und fallengelassen. Einbauten wie Spiralen oder Leisten begünstigen den Mischvorgang.

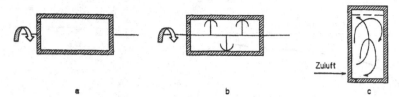

**Abb. 5-8** Prinzipien von Mischapparaten: a Freifallmischer, b Zwangsmischer, c pneumatischer Mischer

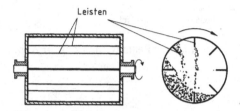

**Abb. 5-9** Freifallmischer

Die Füllhöhe der Mischtrommel sollte 25–35% des Trommelvolumens betragen.
Die Umdrehungszahl ist neben dem Trommeldurchmesser von der kritischen
Drehzahl abhängig. Dies ist die Drehzahl, bei der das Mischgut durch Einwirken der
Zentrifugalkraft an die Wand gepresst wird.

Der **Schaufelmischer** wird zu den Zwangsmischern gezählt. In einer langsam umlaufenden Trommel befindet sich eine Welle mit feststehenden Schaufeln, die
gegenläufig schnell rotiert (s. Abb. 5-10).

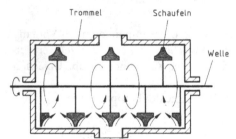

**Abb. 5-10** Schaufelmischer

Der **Schneckenmischer** eignet sich zum kontinuierlichen Mischen (s. Abb. 5-11).
Das Mischen erfolgt während des Transports durch die mit einer Spirale oder mit
Schaufeln versehene Welle.

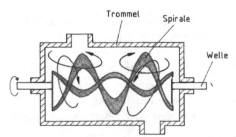

**Abb. 5-11** Schneckenmischer

**5.1.1.4**

**Herstellen von pastösen oder teigigen Mischungen**

Flüssige, plastische und feste Stoffe werden in Knetern zu Mischungen verarbeitet. Die gegeneinander oder gegen feste Flächen wirkenden Knetwerkzeuge stauchen, zerteilen und verschieben das Mischgut. Knetwerkzeuge und Mischgut werden hoher mechanischer Beanspruchung ausgesetzt. Dabei erhöht sich mit zunehmender Viskosität der Mischung der Kraftaufwand. Aus diesem Grund müssen die einzusetzenden Motoren hohe Leistungen erbringen.

Der **Schaufelkneter** besteht aus einem Knettrog, in dem zwei ineinander greifende z- oder hakenförmige Schaufeln gegensinnig umlaufen (s. Abb. 5-12). Das Knetgut wird zerteilt und an anderer Stelle wieder vermengt. Der Schaufelkneter eignet sich zum diskontinuierlichen Kneten.

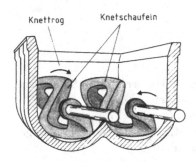

**Abb. 5-12** Schaufelkneter

Im **Schneckenkneter** wird das Knetgut wird in Drehrichtung einer rotierenden Schnecke zerteilt und längs der Welle weitertransportiert (s. Abb. 5-13). Der Vorgang kann kontinuierlich ablaufen.

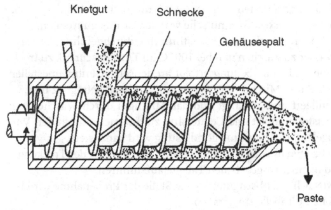

**Abb. 5-13** Schneckenkneter

## 5.1.1.5
### Hinweise zur Arbeitssicherheit
- Bei vielen Mischapparaten besteht Gefahr durch rotierende Teile.
- Arbeiten an Mischern vor und nach dem Mischvorgang dürfen nur bei gezogenem Netzstecker bzw. bei gesperrtem Sicherheitsschalter erfolgen.
- Es besteht Entzündungs- und Explosionsgefahr durch Reibungswärme, elektrische Aufladung oder Reaktionen zwischen den Komponenten.

## 5.1.2
### Arbeitsanweisung

Für die folgende Aufgabe werden ein Arbeitsanzug, Sicherheitsschuhe und eine Schutzbrille benötigt.

## 5.1.2.1
### Herstellen einer Feststoffmischung
**Apparatur und Geräte:** Mischer, Petrischalen, Ultra-X-Trockenlampen, Saugflasche mit Porzellansaugnutsche, Becherglas mit Rührstab, Sieb
**Chemikalien:** Natriumchlorid, Cellite und Kunststoffgranulat
**Arbeitssicherheit:** Probenahme und Reinigung des Mischers dürfen nur bei gezogenem Netzstecker bzw. gesperrtem Sicherheitsschalter erfolgen.
**Arbeitsanweisung:** 2 kg Cellite, 2 kg Natriumchlorid und 0,8 kg Kunststoffgranulat werden in dieser Reihenfolge in den Mischer eingefüllt und 7 min lang gemischt. Danach sind von zwei verschiedenen Stellen im Mischer je 20 g Probe zu entnehmen.

Jede Probe wird mit 100 mL Wasser verrührt, das aufschwimmende Kunststoffgranulat mit einem Sieb abgenommen und bei 60 °C im Trockenschrank getrocknet. Das Cellite ist über eine *trockene* Saugnutsche von der Lösung zu trennen.

Von jeder Lösung wird eine Trockengehaltsbestimmung durchgeführt. Das Cellite ist mehrmals mit Wasser zu waschen und bei 100 °C im Trockenschrank zu trocknen. Diese Probenahme und –aufarbeitung erfolgt an denselben Entnahmestellen noch 5 mal nach jeweils 7 min Mischzeit. Die gesamte Mischzeit beträgt 42 min.

Der Mischer wird entleert und gereinigt und das Mischgut durch Waschen mit Wasser getrennt. Kunststoffgranulat und Cellite sind zu trocknen und in den Vorratsbehälter zurückzugeben. Die Natriumchloridlösung wird kanalisiert.
**Auswertung:** Die Mischzeiten und die dazugehörenden Ergebnissen der Trockengehaltsbestimmung sind in einer vorgegebenen Tabelle aufzuführen.

Der Massenanteil w(NaCl) des Mischgutes an der Stelle der Probenahme wird berechnet und ebenfalls in die Tabelle eingetragen.

In einem Diagramm wird für den jeweiligen Probenort der Massenanteil w(NaCl) des Mischgutes in Abhängigkeit von der Mischzeit dargestellt. Der theoretische Massenanteil w(NaCl) ist ebenfalls einzutragen und das Diagramm zu interpretieren.

5.1.3
**Fragen zum Thema**

Erklären Sie die Begriffe Emulsion, Aerosol, Suspension und Rauch.
Was ist das Ziel von Mischvorgängen?
Wie werden Gase und Dämpfe miteinander vermischt?
Wie können Flüssigkeiten und Gase gemischt werden?
Erklären Sie den Begriff pneumatisches Rühren.
Wie arbeitet eine Mischdüse?
Weshalb kann es zum Entmischen von Komponenten kommen?
Wodurch unterscheiden sich Mischapparate?
Wozu werden Kneter angewandt und welche Anforderungen müssen sie erfüllen?
Beschreiben Sie die Arbeitsweise eines Schaufelkneters.

**5.2
Agglomerieren**[6]

5.2.1
**Theoretische Grundlagen**

5.2.1.1
**Themen und Lerninhalte**
Agglomerieren bedeutet allgemein, feste oder flüssige Stoffteilchen zu größeren Teilen, »Agglomeraten«, zusammenzuballen. Dabei ist im engeren Sinn ein Zusammenlagern von Feststoffen zu kompakten grösseren Teilchen gemeint (s. Abb. 5-14).

Aufbauagglomeration
(Pelletieren)

Abbauagglomeration
(Brikettieren)

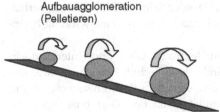

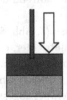

**Abb. 5-14** Agglomerieren

Der Vorteil von Agglomeraten besteht darin, dass sie besser zu fördern und zu dosieren sind, in bestimmten Handelsformen (z.B. Düngemittel) leichter anwendbar und leichter weiterzuverarbeiten sind.

5.2.1.2

**Herstellen von Agglomeraten**

Agglomerate sind z.B. Granulate, Tabletten, Dragées oder Pellets.

**Granulate** entstehen durch Aufbau kleiner Feststoffteilchen mit Hilfe von Flüssigkeiten. Sie sind in der Regel gleichmäßig gekörnt, staubarm, gut rieselfähig sowie gut zu dosieren und zu fördern.

– *Feuchtgranulation*: Pulver wird in Knetern oder Mischapparaten mit einem Gemisch aus Flüssigkeit und Bindemittel befeuchtet, verknetet und passiert. Die entstehenden Agglomerate werden anschließend getrocknet.

– *Trockengranulation*: Das trockene Pulver wird zwischen gerillten, gegenläufig rotierenden Walzen unter Druck zu Agglomeraten gepresst (s. Abb. 5-15). Auf diese Weise werden Zwischenprodukte zur Herstellung von Tabletten, Dragees, Kunststoffteilen sowie staubfreie Farbstoffe, Düngergranulate und sofortlösliche Nahrungsmittel hergestellt.

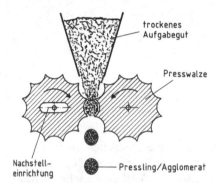

trockenes
Aufgabegut

Presswalze

Nachstell-
einrichtung

Pressling/Agglomerat

**Abb. 5-15** Trockengranulation

**Tabletten** entstehen durch Pressen von Pulver oder häufiger von Granulat mit Zusatzstoffen unter Druck und sind meist zylinderförmig.

Zusatzstoffe sind Füll-, Binde-, Spreng-, Gleit- oder Schmiermittel, die das Verhalten der Tablette während des Herstellungsprozesses bzw. in ihrer Wirkung beeinflussen.

*Tablettenpressen* (s. Abb. 5-16) bestehen aus Matrizen, Ober- und Unterstempeln sowie einem Fülltrichter, dessen unteres Ende als Füllschuh bezeichnet wird. Der Unterstempel befindet sich in der Matrize und wird zum Füllen heruntergezogen. In die Öffnung wird aus dem Füllschuh Granulat gefüllt, der Überschuss abgestreift und der Oberstempel abgesenkt.

Mit hohem Druck (500 bis 1000 MPa) wird das Granulat komprimiert, Ober- und Unterstempel heben sich an. Dabei wird die Tablette ausgestossen und wieder Füllstellung erzeugt.

Moderne Tablettenpressen laufen vollautomatisch. Bei der *Rundläuferpresse* rotieren Matrizen- und Stempelpaare und der Füllschuh ist feststehend. Die Kapazität beträgt über 100 000 Tabletten pro Stunde. In der *Exzenterpresse* wird der Füllschuh über feststehenden Matrizen- und Stempelpaaren verschoben. Der Ausstoß beträgt 2000 bis 3000 Tabletten pro Stunde.

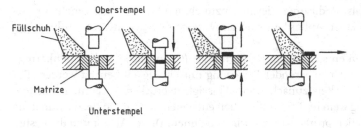

a

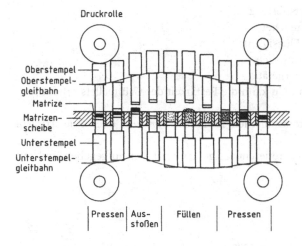

| Pressen | Aus-stoßen | Füllen | Pressen |

b

**Abb. 5-16** Tablettenpresse

**Dragees** erhalten als Sonderformen der Tabletten Zucker- und Farbüberzüge.

Tablettenpresslinge werden in rotierenden Trommeln mit Überzügen versehen wobei die Lösungen oder Suspensionen per Hand oder automatisch zudosiert werden (s. Abb. 5-17). Zwischen den einzelnen Überzügen werden die Dragees mit Warmluft getrocknet und abschließend poliert.

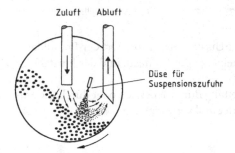

**Abb. 5-17** Dragieren

Dragées sind als Medikament leicht einzunehmen, da ein unangenehmer Geschmack überdeckt ist. Außerdem sind die Wirkstoffe gegen äußere Einflüsse gut geschützt.

Beim **Pelletieren** entstehen feuchte Formlinge (Grünpellets), indem feinkörnige Feststoffteilchen unter rollierender Bewegung mit Flüssigkeit benetzt werden. Dabei werden die Teilchen zunächst von Flüssigkeitsbrücken zusammengehalten. Durch Anlagerung weiterer Feststoffteilchen entstehen Kornverbände, die durch die Rotation des Pelletierapparates Kugelform annehmen. Dieser Ablauf und die Festigkeit der entstehenden Grünpellets werden von folgenden Faktoren beeinflusst:
- Art und Korngröße der Festsubstanz
- Benetzbarkeit der Feststoffteilchen
- Oberflächenspannung der Flüssigkeit
- Feuchtigkeitsgehalt der Grünpellets
- Bewegungsablauf im Pelletiergerät.

Durch Zusatz von Bindemitteln kann die Festigkeit der Grünpellets erhöht werden.

Die Herstellung erfolgt kontinuierlich in *Pelletiertrommeln* oder *Pelletiertellern* (s. Abb. 5-18).

Der Feststoff wird auf einen rotierenden, geneigten Teller aufgegeben und mit Flüssigkeit besprüht.

Bewegungsablauf der Pellets

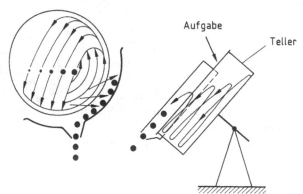

**Abb. 5-18** Pelletierteller

Die Qualität der Grünpellets und der Durchsatz werden vom Ort der Produktaufgabe und der Flüssigkeitsdüse, der Tellerneigung, der Drehzahl und der Einstellung des Abstreifers beeinflusst.

Die Grünpellets werden nach der Herstellung durch Trocknen oder durch thermische Behandlung (Brennen, Sintern) gehärtet und verfestigt.

5.2.2
**Arbeitsanweisung**

Für die folgende Aufgabe werden ein Arbeitsanzug und Sicherheitsschuhe benötigt.

5.2.2.1
**Untersuchen der Abhängigkeit des Pressvolumens vom Pressdruck beim Brikettieren von Papier**
**Apparatur und Geräte:** Apparatur zum Brikettieren (s. Abb. 5-19), 10 L Eimer, 5 kg Massestein, Maßstab Zeitungspapier.

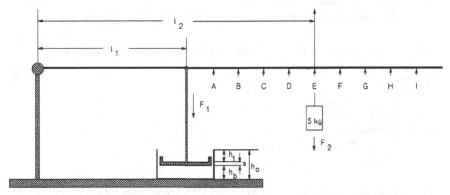

**Abb. 5-19**   Apparatur zum Brikettieren

**Arbeitsanweisung:** 0,4 kg zu Stücken von ca. 4 cm² zerrissenes Zeitungspapier werden 1 Stunde in Wasser eingeweicht und in den Füllbehälter der Presse eingefüllt. Der Stempel ist so einzusetzen, dass er horizontale Lage hat. Der Massestein wird in die erste Bohrung des Hebels eingehängt und nach einer Presszeit von 5 Minuten die Eintauchtiefe des Stempels in den Füllbehälter gemessen. Diese Messung ist mit ebenfalls 5 Minuten Presszeit an allen Bohrungen des Hebels zu wiederholen. Anschließend ist die Presse zu reinigen.
**Auswertung:** Das Pressvolumen des Briketts ist wie folgt zu berechnen:

$$V = A \cdot h_b \tag{5-1}$$

In Gl. (5-1) bedeuten
$V$       Pressvolumen
$A$       Grundfläche des Füllbehälters
$h_b$      B016 Briketthöhe

Dabei gilt:
$$h_b = h_0 - h_1 - s \tag{5-2}$$

In Gl. (5-2) bedeuten
$h_0$    Höhe des Füllbehälters
$h_1$    Eintauchtiefe bis zur Oberkante des Stempels
$s$    Stärke des Stempels (3 mm)
Zuerst wird die Kraft berechnet, mit der der Stempel auf das Papier wirkt:

$$F_1 = \frac{F_2 \cdot l_2}{l_1}$$    (5-3)

In Gl. (5-3) bedeuten
$F_1$    Presskraft
$l_1$    Hebelarmlänge bis zum Stempel (0,83 m)
$F_2$    Kraft des Massesteins (49,05 N)
$l_2$    Hebelarmlänge bis zum Massestein

Nach Berechnung der Presskraft kann der Pressdruck ermittelt werden :

$$p = \frac{F_1}{A}$$    (5-4)

In Gl. (5-4) bedeuten
$p$    Pressdruck
$A$    Stempelfläche
$F_1$    Presskraft

Das porenfreie Papiervolumen $V_t$ ist gemäß Gl. (5-5) zu berechnen:

$$V_t = \frac{m}{\rho}$$    (5-5)

In Gl. (5-5) bedeuten
$m$    Masse Papier
$\rho$    Dichte Papier (0,8 kg/L)

In einer Tabelle werden folgende Messwerte aufgeführt:
- $l_2$    Hebelarmlänge bis zum Massestein
- $h_b$    Brikett höhe
- $F_1$    Presskraft
- $V_t/V$    Quotient von porenfreiem Papiervolumen und Pressvolumen
- $p$    Pressdruck

Auf einfach logarithmiertem Papier wird an der logarithmierten Ordinate der Pressdruck, an der Abszisse der Quotient aus porenfreiem Papiervolumen und Pressvolumen Vt/V aufgetragen. Der Kurvenverlauf soll interpretiert werden.

5.2.3
**Fragen zum Thema**

Was bedeutet a) Pressagglomeration, b) Aufbauagglomeration?
Welche Vorteile hat die Verwendung von Agglomeraten?
Erklären Sie das Verfahren der Feuchtgranulation.
Erklären Sie den Vorgang des Tablettenpressens.
Wie werden Dragees hergestellt?
Welche Vorteile haben Dragees gegenüber Tabletten?
Beschreiben Sie die Arbeitsweise zur Herstellung von Grünpellets.

### Begriffserklärungen

1 Von lat. *dispergere* für fein verteilen, zerstreuen.
2 Von lat. *suspendere* für schweben lassen.
3 Von lat. *emulgere* für ab-, ausmelken.
4 Von griech. *homos* für gleich und griech. *genos* für Art, d.h. gleichartig zusammengesetzt.

5 Von lat. *diffundere* für ausbreiten, sich zerstreuen.
6 Von lat. *agglomerare* für aneinander drängen.

# 6
# Trennen und Zerkleinern

## 6.1
## Mechanisches Trennen von Feststoffgemischen

### 6.1.1
### Theoretische Grundlagen

#### 6.1.1.1
#### Themen und Lerninhalte

Beim Zerkleinern entsteht ein Haufwerk, dessen Bestandteile sich in ihrer Korngröße und/oder in ihren Eigenschaften unterscheiden. Die mechanische Zerlegung dieses Haufwerkes in Teilchen mit gleichen physikalischen Eigenschaften heißt *Sortieren*. Die Trennung in Teilchen gleicher Korngrößenbereiche heißt *Klassieren* (s. Abb. 6-1).

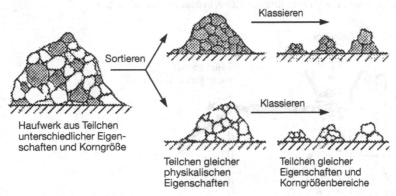

**Abb. 6-1** Sortieren und Klassieren

#### 6.1.1.2
#### Sortieren

Beim **Sortieren** wird die Korngröße nicht berücksichtigt. Entscheidend ist, dass die Teilchen sich in bezug auf eine bestimmte Eigenschaft, das sogenannte Trennmerkmal, genügend unterscheiden. Charakteristische Trennmerkmale sind die Magnetisierbarkeit, die Dichte und die Oberflächenaktivität.

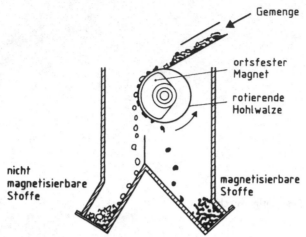

**Abb. 6-2**  Magnetabscheider

Beim **Magnetscheiden** (s. Abb. 6-2) wird ein Gemenge nach den magnetischen Eigenschaften seiner Bestandteile zerlegt. Das Verfahren wird angewendet, um z.B. das Eindringen von magnetisierbaren Stücken (Nägel etc.) in Mühlen oder Brecher zu verhindern.

Das **Dichtesortieren** (s. Abb. 6-3) kann eingesetzt werden, wenn die Teilchen unterschiedliche Dichten besitzen. Dadurch haben sie unterschiedliche Absetzgeschwindigkeit in Luft oder Flüssigkeiten. Teilchen mit höherer Dichte sedimentieren, Teilchen mit niedrigerer Dichte schwimmen auf der Flüssigkeit. Die Trennung der Teilchen wird durch den Einsatz eines Pulsators verbessert.

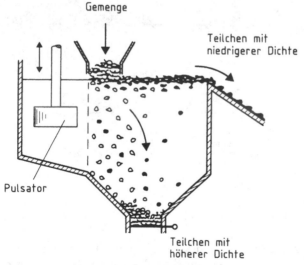

**Abb. 6-3**  Dichtesortieren

Beim **Flotieren**[1] (s. Abb. 6-4) ist das Trennmerkmal die unterschiedliche Fähigkeit von Teilchen, sich an Gasblasen oder Öltröpfchen anzulagern. Es werden Flotationshilfsmittel benötigt, um die Gasblasen bzw. Öltröpfchen zu stabilisieren und ihren Oberflächen spezifische Eigenschaften zu verleihen. Die Feststoffpartikel lagern sich z.B. an die Blasen an und werden von diesen an die Oberfläche getragen. Dieser Schaum kann durch Filtration oder Abschöpfen abgetrennt werden.

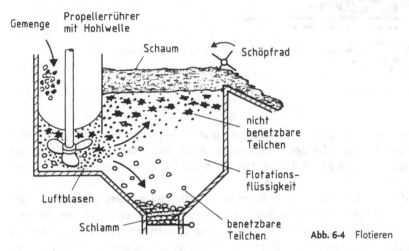

**Abb. 6-4** Flotieren

### 6.1.1.3
### Klassieren durch Sieben

In einem Haufwerk liegen meist viele unterschiedliche Korngrößen vor, die als Korngrößenbereich oder Kornspektrum bezeichnet werden. Um die Korngrößenverteilung kennenzulernen, wird das Haufwerk in Fraktionen unterschiedlicher Korngröße getrennt. Dies kann auf Grund der unterschiedlichen Teilchendurchmesser mit Sieben geschehen. Teilchen eines Stoffes haben entsprechend ihrer Größe unterschiedliche Massen und können durch Sichten (s. Abschn. 6.1.1.5) getrennt werden.

Beim Siebklassieren oder Sieben erfolgt die Zerlegung des Haufwerkes in mindestens zwei Kornklassen mit Hilfe einer schwingenden oder vibrierenden Trennfläche. Dieses Siebmittel kann aus gelochten Blechen, Kunststoffgeweben oder Textilien bestehen.

Die Trenngrenze ist durch die Maschenweite des Siebes festgelegt. Die Sieböffnungen können rund, quadratisch, spaltförmig oder oval sein (s. Abb. 6-5).

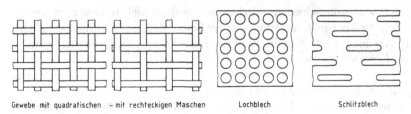

Gewebe mit quadratischen   – mit rechteckigen Maschen      Lochblech            Schlitzblech

**Abb. 6-5** Trennsiebe

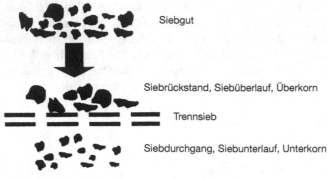

Abb. 6-6  Siebvorgang

Teilchen mit geringerem Durchmesser und einer passenden Lage zur Sieböffnung passieren die Maschen und werden als *Siebdurchgang*, Siebunterlauf oder Unterkorn bezeichnet (s. Abb. 6-6). Der auf dem Sieb verbleibende Teil heißt *Siebrückstand*, Siebüberlauf oder Überkorn.

Soll das Haufwerk in mehrere Kornklassen unterteilt werden, wird die entsprechende Anzahl Siebe unterschiedlicher Maschenweite hintereinander bzw. übereinander angeordnet. Je mehr Siebe zur Trennung benutzt werden, desto genauer ist die errechnete Korngrößenverteilung. Der Siebvorgang wird u.a. beeinflusst von der Gesamtfläche der freien Sieböffnungen (offene Siebfläche), dem Zustand der Siebfläche, der Beladung des Siebes, der Kornform und der Feuchte des Siebgutes.

Siebhilfsmittel (Kugeln, Würfel, Bürsten) und die Bewegung von Siebgut und Sieb verbessern die Siebleistung.

$$P_s = \frac{m}{A \cdot t} \qquad (6\text{-}1)$$

In Gl. (6-1) bedeuten

$P_s$     Siebleistung

$m$     aufgegebene Masse des Haufwerks

$A$     Siebfläche

$t$     Zeit

Durch die Verwendung von Siebhilfsmitteln kann das Hängenbleiben von Teilchen in der Sieböffnung oder das Agglomerieren von Siebkorn vermieden werden. Bei allen Siebvorgängen tritt ein meist unerwünschter Mahleffekt ein.

Allgemein wird unterschieden zwischen technischem Sieben, dass zum Gewinnen bestimmter Korngrößenfraktionen in größeren Mengen dient, und der Siebanalyse (s. Abschn. 6.1.1.4), die zum Bestimmen der Korngrößenverteilung in einem Haufwerk herangezogen wird.

**Technische Siebmaschinen** bestehen aus übereinander oder schräg hintereinander angeordneten Sieben oder Siebtrommeln unterschiedlicher Maschenweite.

Das Siebgut wird durch Schwingungen oder Rotation in Bewegung versetzt (s. Abb. 6-7).

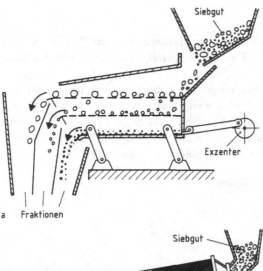

a Fraktionen

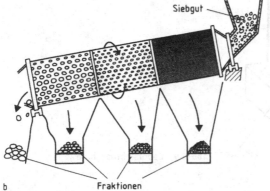

b Fraktionen

**Abb. 6-7** Technische Siebmaschinen

Beim **Luftstrahlsieb** (s. Abb. 6-8) wird durch eine langsam rotierende Strahldüse ein scharfer Luftstrahl gegen das Siebgewebe geblasen. Dadurch werden die Sieböffnungen freigespült und das Siebgut aufgelockert. Gleichzeitig wird das Agglomerieren der Teilchen verhindert. Das Luftstrahlsieb wird bei Korngrößen unter 0,1 mm bis zu etwa 0,04 mm eingesetzt.

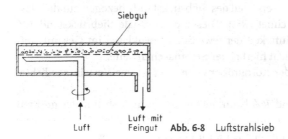

**Abb. 6-8** Luftstrahlsieb

6.1.1.4

## Korngrößenanalytik

In der Korngrößenanalytik werden neben der klassischen Siebanalyse heute auch andere Methoden eingesetzt, die auf optischen oder elektronischen Effekten beruhen.

Die in der klassischen Siebanalyse eingesetzte **Laborsiebmaschine** (s. Abb. 6-9) besteht aus einem genormten Prüfsiebsatz von 6-8 Sieben, der in einem Gestell montiert und durch einen Antrieb in Vibration oder Schüttelbewegung versetzt wird. Die Siebe werden von unten nach oben mit steigender Maschenweite aufgebaut und der Feinstkornanteil in einem Bodenblech aufgefangen.

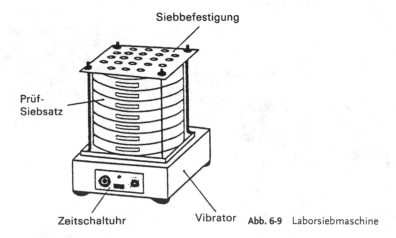

**Abb. 6-9** Laborsiebmaschine

Die Zusammensetzung der zur Siebanalyse verwendeten Probe soll der des Gesamthaufwerks entsprechen. Die Probenahme kann nach dem **Kegelverfahren** erfolgen.

Dazu wird das Gesamthaufwerk zu einem Kegel aufgeschüttet und in vier gleichgroße Teile aufgeteilt. Die gegenüber liegenden Kegelviertel werden vereinigt und wiederum geviertelt. Dies wird wiederholt, bis die gewünschte Probemasse für die Siebanalyse erreicht ist.

Zur Auswertung der Siebanalyse werden die Massen des Siebrückstandes $R$ auf jedem Sieb gewogen und der Massenanteil des Siebrückstands bezogen auf die Masse Aufgabegut in Prozent berechnet ($R\%$). Dieser prozentuale Siebrückstand $R\%$ lässt eine Aussage über die Häufigkeit der jeweiligen Kornklasse im Gesamthaufwerk zu. Die Kornklasse entspricht hierbei der Siebmaschenweite.

Die graphische Darstellung der Korngrößenverteilung ist das **Verteilungsdichtediagramm** (s. Abb. 6-10).

Der prozentuale Siebrückstand $R\%$ kann ausgehend vom Sieb mit der größten Maschenweite zur Rückstandssumme $\Sigma R\%$ aufsummiert werden. Die graphische Darstellung ist das **Rückstandssummendiagramm** (s. Abb. 6-11).

$\Sigma R\% = 57\%$ bedeutet: 57% des Haufwerks haben eine Korngröße von mehr als 300 µm.

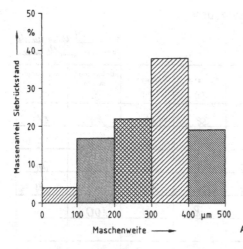

**Abb. 6-10**  Verteilungsdichtediagramm

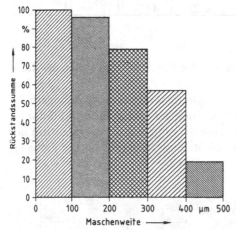

**Abb. 6-11**  Rückstandssummendiagramm

Die Auswertung soll an einem Beispiel verdeutlicht werden (s. Abb. 6-12).

Aus Abb. 6-12 ist zu entnehmen, dass die Kornklasse von 100 µm – 200 µm zu 17% am Gesamthaufwerk beteiligt ist.

Die Rückstandssumme von 96% bedeutet, dass 96% der Gesamtmasse eine Korngröße von mehr als 100 µm aufweisen.

Die Durchgangssumme 4% bedeutet, dass 4% der Gesamtmasse eine Korngröße von weniger als 100 µm aufweisen.

Dabei gilt

$$\Sigma R\% + \Sigma D\% = 100\%$$ (6-2)

Die Darstellung dieser Summenverteilungen geschieht näherungsweise durch mathematische Funktionen. Eine solche Verteilungsfunktion ist die RRSB-Verteilung, die nach den Autoren Rosin, Rammler, Sperrling und Bennet benannt ist. In einem speziellen Diagramm, dem RRSB-Netz oder Körnungsnetz, wird die Durch-

## Siebanalyse

Prüfsubstanz: **Calciumcarbonat**
Probenmasse: **200 g**

Mühle: **Schwingmühle**
Mahldauer: **10 min**

| Maschen-weite [μm] | Prüfsiebeinsatz | Kornklassen-breite Δd [μm] | Rückstand [g] | Rückstand [%] | Rückstands-summe [%] | Durchgangs-summe [%] |
|---|---|---|---|---|---|---|
| 400 | | > 400 | 38 | 19 | 19 | 81 |
| 300 | | 300 – 400 | 76 | 38 | 57 | 43 |
| 200 | | 200 – 300 | 44 | 22 | 79 | 21 |
| 100 | | 100 – 200 | 34 | 17 | 96 | 4 |
| Boden | | < 100 | 8 | 4 | 100 | 0 |
| | | | | | | |
| | Σ | | 200 | 100 | | |

**Abb. 6-12**   Protokoll einer Siebanalyse

gangssumme $\Sigma D\%$ oder die Rückstandssumme $\Sigma R\%$ in Abhängigkeit von der Korngröße aufgetragen.

In diesem Diagramm ist die Einteilung der Ordinate zweifach logarithmiert, die der Abszisse einfach logarithmiert. Die Verbindung der Messpunkte im Körnungsnetz ergibt annähernd eine Gerade. Aus dem Schnittpunkt der Geraden mit der Durchgangssumme, $\Sigma D\% = 63{,}2\%$, kann die mittlere Korngröße $d'$ der Probe ermittelt werden (s. Abb. 6-13).

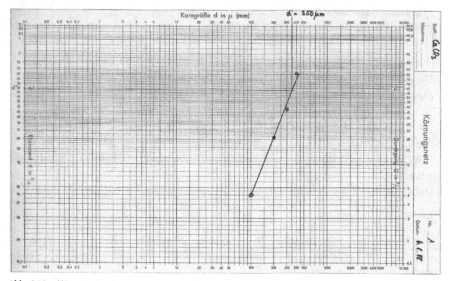

**Abb. 6-13**   Körnungsnetz

Wird die Rückstandssumme $\Sigma R\%$ aufgetragen, liegt dieser Schnittpunkt bei $\Sigma R\%$ = 36,8%.

## 6.1.1.5
### Klassieren durch Sichten

Feinkörnige Haufwerke können mit Hilfe eines Gas- oder Luftstroms im **Windsichter** (s. Abb. 6-14) klassiert werden.

Verschieden große Teilchen gleicher Dichte haben auf Grund ihrer unterschiedlichen Oberfläche in einem solchen Luftstrom einen unterschiedlich großen Luftwiderstand.

Bei kleinen Teilchen ist die Luftwiderstandskraft $F_W$ größer als die Schwerkraft $F_G$, d.h. sie werden im Luftstrom nach oben mitgerissen. Bei großen Teilchen überwiegt die Schwerkraft, sie fallen im Sichtrohr nach unten.

Die Trenngrenze zwischen Grob- und Feingut kann durch die Luftgeschwindigkeit beeinflusst werden.

Durch Windsichten können auch Teilchen gleicher Größe nach ihrer Dichte oder Kornform getrennt werden. Das Verfahren ist dann dem Sortieren zuzuordnen.

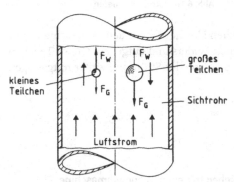

**Abb. 6-14** Windsichter

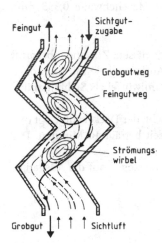

**Abb. 6-15** Zick-Zack-Sichtrohr

In einem senkrechten Sichtrohr ist die Trenngenauigkeit nur gering. Eine Verbesserung ist das Zick-Zack-Sichtrohr, in dem die unten eingeblasene Luft in Wirbelströmung gerät (s. Abb. 6-15). Die Teilchen werden an den Rohrknicken gebremst und nochmals einer Sichtung unterzogen.

Beim Stromklassieren werden Haufwerke in strömendem Wasser nach der Korngröße getrennt (s. Abb. 6-16).

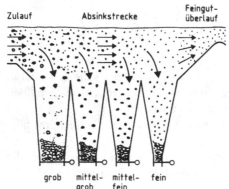

Abb. 6-16   Stromklassieren

Ähnlich dem Windsichten setzen Teilchen gleicher Dichte aber unterschiedlicher Größe dem Wasserstrom unterschiedlichen Widerstand entgegen. Große Teilchen sinken schneller ab, während kleine Teilchen von der Strömung weiter mitgetragen werden.

## 6.1.2
### Arbeitsanweisung

#### 6.1.2.1
**Analyse der Korngrößenverteilung durch Sieben mit einer Laborsiebmaschine**
**Apparatur und Geräte:** Laborsiebmaschine, Siebe der Maschenweite 0,355 mm; 0,2 mm; 0,16 mm; 0,1 mm; 0,08 mm; Siebhilfsmittel
**Chemikalien:** Kalkstein (Korngröße 0,1 – 0,5 mm)
**Arbeitsanweisung:** Alle Siebe werden auf ordnungsgemäßen Zustand überprüft und ausgewogen. Der Zusammenbau erfolgt auf der Auffangschale mit nach oben steigender Maschenweite. Auf jedes Sieb wird ein Gummiwürfel als Siebhilfsmittel gelegt.

100 g Kalkstein werden auf das oberste Sieb aufgebracht, der Deckel aufgelegt und der Prüfsiebsatz in der Maschine befestigt. Die Siebzeit beträgt 10 Minuten. Der Siebrückstand wird ausgewogen.
**Auswertung:** Der prozentuale Siebrückstand ($R\%$) wird bezogen auf die Ausgangsmenge berechnet und eine Tabelle entsprechend Tab. 6-1 erstellt.

**Tab. 6-1**  Protokoll einer Siebanalyse

| Maschenweite in mm | Kornklassenbreite in mm | Rückstand in g | Rückstand in % | Rückstandssumme in % | Durchgangssumme in % |
|---|---|---|---|---|---|
| | | | | | |

Die Korngrößenverteilung wird in Abhängigkeit von der Maschenweite in einem Stabdiagramm dargestellt.

### 6.1.3
### Fragen zum Thema

Erklären Sie den Unterschied zwischen Sortieren und Klassieren.
Nach welchem Prinzip arbeitet ein Magnetabscheider?
Erklären Sie den Begriff Flotieren.
Was verstehen Sie unter dem Begriff Kornklasse?
Welche Siebmittel kennen Sie?
Wozu dienen Siebhilfsmittel?
Was bedeutet a) der Begriff Siebrückstand b) der Begriff Siebdurchgang?
Welche Größen beeinflussen den Siebvorgang?
Erklären Sie die Arbeitsweise eines Luftstrahlsiebes.
Aus welchem Grund werden Siebanalysen durchgeführt?
Was bedeutet die Aussage $R\% = 22\%$ für die Kornklasse 200µm – 300µm?
Was bedeutet die Aussage $\Sigma R\% = 70\%$ für die Siebmaschenweite 200 µm?
Erklären Sie die Vorgänge beim Windsichten.
Erklären Sie die Vorgänge beim Stromklassieren.

### 6.2
### Mechanisches Trennen von Suspensionen und Emulsionen

### 6.2.1
### Theoretische Grundlagen

### 6.2.1.1
### Themen und Lerninhalte

Suspensionen und Emulsionen können durch Einwirken von Schwerkraft, Druckgefälle oder Zentrifugalkraft in die Bestandteile zerlegt werden.
In Tab. 6-2 sind Trennverfahren für Dispersionen aufgeführt.

**Tab. 6-2** Trennverfahren für Dispersionen.

| Verfahren | Treibende Kraft |
| --- | --- |
| Sedimentieren[2]/Dekantieren[3] | Schwerkraft |
| Filtrieren | Druckgefälle |
| Zentrifugieren[4] | Zentrifugalkraft |

6.2.1.2
### Sedimentieren und Dekantieren

Grobe Suspensionen werden durch Sedimentieren und Dekantieren getrennt.

Da die Dichte der dispergierten Feststoffteilchen größer ist als die Dichte des Dispersionsmittels, setzen sich die Feststoffteilchen ab, d.h. sie sedimentieren (s. Abb. 6-17). Die darüberstehende geklärte Flüssigkeit (Klare) wird abgegossen, d.h. dekantiert.

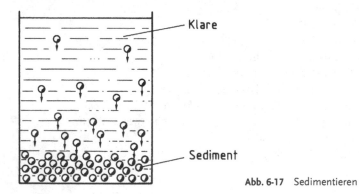

**Abb. 6-17** Sedimentieren

Voraussetzung für die technische Anwendung ist eine ausreichende Absetzgeschwindigkeit. Die Größe der dispergierten Teilchen sollte 0,5 bis1 μm nicht unterschreiten.

Die Absetzgeschwindigkeit wird von der Dichte und der Größe der dispergierten Teilchen, der Dichte und dem Strömungszustand der Flüssigkeit (ruhend oder turbulent) der Flüssigkeit sowie dem Feststoffgehalt und der Viskosität der Suspension beeinflusst.

Zum Sedimentieren in diskontinuierlicher Fahrweise kann im Prinzip jeder Behälter als Absetzapparat eingesetzt werden. Nach ausreichender Absetzdauer wird die klare Flüssigkeit dekantiert, der Feststoffschlamm wird per Hand, mit einem Schieber oder mit einer Pumpe zur weiteren Aufarbeitung entfernt.

In **Rundeindickern** (s. Abb. 6-18) kann die Suspension kontinuierlich zentral zugeführt werden. Der Schlamm wird durch ein langsam laufendes Krählwerk zur Bodenöffnung befördert und mit Pumpen abgesaugt. Die Klarflüssigkeit fließt an einem Überlauf ab.

Eine andere Form der Absetzapparate stellen **Längsbecken** dar (s. Abb. 6-19).

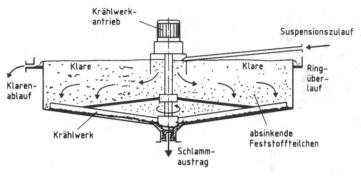

**Abb. 6-18** Rundeindicker

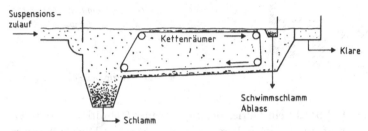

**Abb. 6-19** Längseindicker

Kontinuierliche Absetzapparate finden vor allem in der Abwasserreinigung als Klärbecken Anwendung.

Eine weitergehende Trennung von Feststoff und Flüssigkeit erfolgt durch Hintereinanderschalten von Eindickern (Stufensedimentation) bzw. durch nachfolgendes Filtrieren oder Zentrifugieren des Schlammes.

### 6.2.1.3
**Physikalische Grundlagen des Filtrierens**

Durch Filtrieren werden Suspensionen in Feststoff und Flüssigkeit getrennt (s. Abb. 6-20). Dies geschieht in einem Druckgefälle mit Hilfe eines porösen Materials, dem Filtermittel. Als Vorstufe wird oft eine Sedimentation durchgeführt.

Flüssigkeiten passieren die Poren bzw. Öffnungen des Filtermittels, Feststoffteilchen werden auf dem Filtermaterial zurückgehalten.

Das Druckgefälle als treibende Kraft bezieht sich auf den Druckunterschied zwischen der Suspension auf der einen Seite und dem Filtrat auf der anderen Seite des Filtermittels. Es wird erzeugt durch Unterdruck auf der Filtratseite oder Überdruck auf der Suspensionsseite (hydrostatischer oder mit Hilfe von Pumpen erzeugter Druck).

Zielsetzung von Filtrationen kann zum einen die Gewinnung des suspendierten Feststoffes (**Kuchenfiltration**), zum anderen die Gewinnung der gereinigten Flüssigkeit (**Klärfiltration**) oder auch die Aufkonzentration einer Suspension sein.

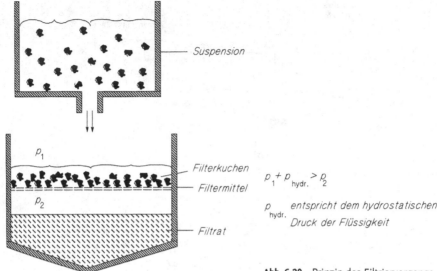

$$p_1 + p_{hydr.} > p_2$$

$p_{hydr.}$ entspricht dem hydrostatischen Druck der Flüssigkeit

**Abb. 6-20** Prinzip des Filtriervorgangs

Im einfachsten Fall beruht ein Filtriervorgang auf einer Siebwirkung. Teilchen, deren Durchmesser größer ist als die Poren und Öffnungen des Filtermittels werden von diesem zurückgehalten. Dieser Vorgang heißt **Oberflächenfiltration** (s. Abb. 6-21).

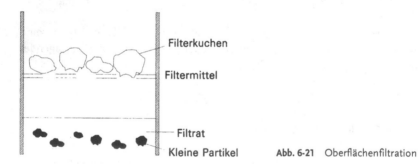

**Abb. 6-21** Oberflächenfiltration

Der sich aufbauende Filterkuchen muss vom Filtrat durchströmt werden und erhöht den Filtrationswiderstand. Teilchen, die kleiner sind als die Filtermittelöffnungen, werden dann infolge der Brückenbildung der Feststoffpartikel ebenfalls im Kuchen zurückgehalten (s. Abb. 6-22).

Zu Beginn einer Filtration wird oft ein trübes Filtrat in Kauf genommen, da durch den Effekt der Brückenbildung im Laufe der Filtration auch die kleineren Teilchen abgetrennt werden. Das trübe Filtrat kann dann wieder der Filtration zugeführt werden.

Oberflächenfiltration wird vor allem zur Gewinnung von Feststoffen aus Dispersionen eingesetzt. Für den entstehenden Filterkuchen spielt neben der Teilchengrö-

d₁

d₂

**Abb. 6-22** Brückenbildung

ße auch die Teilchenform eine Rolle. Es können grob- und feinkörnige, nadelig-kristalline, amorphe[5], faserige, kolloidale oder schleimige Feststoffe suspendiert sein. Der Filterkuchen kann kompressibel oder feinporig und unter Umständen filtratundurchlässig sein.

Neben der Oberflächenfiltration kann in der Regel auch eine **Tiefenfiltration** stattfinden. Hierbei werden relativ dicke Filtermittelschichten eingesetzt.

Teilchen, die kleiner sind als die Filtermittelporen, dringen in diese Poren ein. Da die Porenkanäle nicht geradlinig, sondern verzweigt sind, lagern sich die Feststoffteilchen langsam durch Adsorption[6] ab. Diese Adsorption verkleinert den Porendurchmesser, so dass im weiteren Filtriervorgang auch kleine Teilchen zurückgehalten werden (s. Abb. 6-23).

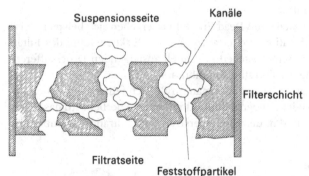

Suspensionsseite    Kanäle

Filterschicht

Filtratseite

Feststoffpartikel          **Abb. 6-23** Tiefenfiltration

Tiefenfiltration wird häufig zur Klärung von Suspensionen mit geringem Feststoffgehalt angewendet.

Die Mechanismen der Oberflächen- und der Tiefenfiltration hängen stark von den Filtermitteln ab und können sowohl einzeln als auch gemeinsam wirksam werden.

Darüber hinaus wird anhand der Führung der Stoffströme unterschieden zwischen:

- statischer oder »Dead-End[7]«-Filtration und
- Cross-Flow[8]- oder Tangenzialflussfiltration.

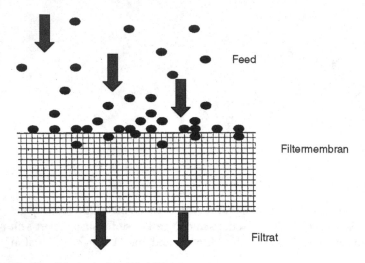

**Abb. 6-24**  Prinzip der Dead-End-Filtration

Bei dem klassischen Verfahren der **statischen** oder **Dead-End-Filtration** strömt die Suspension, auch als *Feed* bezeichnet, senkrecht auf die Filterfläche (s. Abb. 6-24). Am und im Filtermittel können die Mechanismen der Oberflächen- oder Tiefenfiltration zur Wirkung kommen. Dieses Verfahren wird insbesondere dann angewendet, wenn niedrig konzentrierte Verunreinigungen aus Fluiden abzutrennen sind.

Ein Dead-End-Filter besitzt *einen* unreinseitigen Eingang, den Feed, und *einen* reinseitigen Ausgang, das Filtrat.

Einschränkungen des Einsatzes von Dead-End-Filtern ergeben sich beispielsweise durch hohe Feststoffkonzentrationen oder auch geringe Rückhalteraten des Filtermittels. Nachteile des Verfahrens bestehen in schnell ansteigenden Druckdifferenzen und schneller Blockung der Filtrationsmembran.

Um diese Nachteile zu vermeiden wendet man im Bereich feiner Filtrationen das Verfahren der **Cross-Flow-** oder **Tangenzialflussfiltration** an. Hierbei wird das Filtermittel tangenzial angeströmt, d.h. der Feed überströmt die Filtrationsmembran (s. Abb. 6-25).

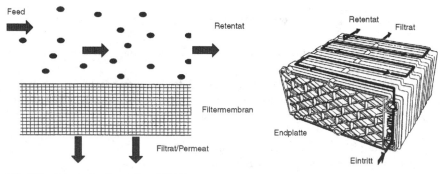

**Abb. 6-25**  Prinzip der Cross-Flow-Filtration

Ein Teil der Flüssigkeit passiert das Filtermittel, darin enthaltene Partikel werden von diesem zurückgehalten.

An diesem Ausgang des Cross-Flow-Filters wird dann das Filtrat, auch als *Permeat*[9] bezeichnet, entnommen. Der aufkonzentrierte Rückstand wird auch als *Retentat*[10] bezeichnet und fließt auf der Filtermitteloberfläche ab. Treibende Kraft der Cross-Flow-Filtration ist die »transmembrane Druckdifferenz«, d.h. der Druckunterschied zwischen Feed und Filtrat. In der Literatur wird diese Art der Filtration auch als Überström-, Ultra- oder Membranfiltration bezeichnet.

Bei der Cross-Flow-Filtration wird dem Filter *ein* Stoffstrom, das Feed, zugeführt. *Zwei* Stoffströme, das aufkonzentrierte *Retentat* und das filtrierte *Permeat* werden abgeführt.

Nach der Größenordnung der abzutrennenden Partikel unterscheidet man verschiedene Filtrationsbereiche, die Tab. 6-3 zu entnehmen sind.

**Tab. 6-3**  Filtrationsarten nach Partikelgrößen

| Filtrationsart | Größe der zurückgehaltenen Partikel in $\mu$m |
| --- | --- |
| Filtration | > 5 |
| Mikrofiltration | 0,1 bis 5 |
| Ultrafiltration | 0,05 bis 0,1 |
| Nanofiltration | 0,001 bis 0,01 |
| Umkehrosmose | 0,0005 bis 0,005 |

Die **Filterleistung** wird von der Druckdifferenz, der Filterkuchenstärke, der Teilchengröße, -form und -elastizität, dem Feststoffgehalt, der Temperatur sowie von der Art des Filtermittels beeinflusst.

$$P_F = \frac{m}{A \cdot t} \tag{6-3}$$

In Gl. (6-3) bedeuten

$P_F$    Filterleistung
$m$    Masse des Filtrats
$A$    Filterfläche
$t$    Zeit

Bei gleichbleibenden Druckverhältnissen wird die Filterkuchenhöhe mit fortschreitender Filtration zunehmen (s. Abb. 6-26). Dadurch erhöht sich der Widerstand für die weiter zulaufende Suspension, so dass die Filtratmenge pro Zeiteinheit mit ansteigender Filterkuchenhöhe abnimmt.

Bei der Filtration unter Überdruck darf man das Druckgefälle nur bis zum **kritischen Druck** erhöhen. Ab diesem Druck kommt es zur Kompression des Filterkuchens und damit zum Absinken des Filtratdurchsatzes und der Filterleistung.

Die Durchlässigkeit des Filterkuchens kann durch den Zusatz von **Filterhilfsmitteln** verbessert werden.

Sie werden besonders bei Klärfiltrationen eingesetzt. Es sind feinkörnige oder faserige Stoffe, die der Suspension zugesetzt oder auf das Filtermittel aufgeschwemmt

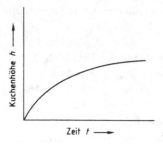

Zeit $t$ ———▶     **Abb. 6-26** Abhängigkeit der Filterkuchenhöhe von der Zeit

werden. Sie binden feine Teilchen durch Adsorption oder bilden einen durchlässigen, lockeren Filterkuchen.

Die Filterhilfsmittel calciniertes Kieselgur, Quarzsand, Cellulose und Glaswolle werden zur Verbesserung der Stabilität des Filterkuchens eingesetzt. Aktivkohle dient vorwiegend zur Reinigung durch Adsorption.

In der Praxis genügt es oft nicht, die Parameter für eine Trennaufgabe allein anhand der physikalischen Gesetzmäßigkeiten zu bestimmen. Durch eine Anzahl von Vorversuchen und Experimenten werden Apparatur und Verfahren bestimmt. Dazu gehört auch, die geeigneten Filtermittel festzulegen.

**Filtermittel** werden unterteilt in lose Filtermittel, Filtergewebe und poröse Filtermassen.

– Schüttschichten aus Sand oder Kies werden als *lose Filtermittel* zum Filtrieren großer Mengen z.B. in der Trinkwasserreinigung oder zur industriellen Abwasserreinigung eingesetzt. Durch Zusatz von Aktivkohle, Kieselgur oder Bleicherde kann dabei gleichzeitig das Filtrat entfärbt werden (aktive Schüttung).

– *Filtergewebe* sind Flächenfilter aus Wolle (geeignet für saure Medien), Baumwolle (geeignet für alkalische Medien), Papiervlies, Synthese- oder Mineralfasern (säure- und laugenbeständig), die auf Lochbleche oder Gitter aufgezogen werden können. Daneben werden Metallgewebe bis zu einer Feinheit von 50 μm und Drahtgewebe sowie Lochbleche eingesetzt. Membranfilter aus mit Kunstharz getränktem Papier oder aus Pergamentpapier werden zur Ultrafiltration von Teilchen im Bereich von 0,5 μm Durchmesser eingesetzt.

– *Poröse Filtermassen* bestehen aus Ton, Quarz, Glas, Keramik oder Kunststoff werden durch Bindemittel, durch Brennen oder Sintern verbunden, so dass Porengrößen von einem Mikrometer bis zu mehreren hundert Mikrometern entstehen. Rillen auf der dem Filtergut abgewandten Seite dienen zum besseren Ablauf des Filtrats.

Metallfilterschichten aus gesintertem Kupfer, Grauguss, Stahl, Edelstahl o.ä. werden als Feinfilter z.B. zur Filtration heißer alkalischer Medien eingesetzt.

6.2.1.4

**Filterapparate**

Technische Filterapparate werden in diskontinuierliche und kontinuierliche Apparate eingeteilt.

Zu den **diskontinuierlichen Filterapparaten** gehören u.a. die Saugnutsche, der Druckfilter, der Kerzenfilter, die Kammer- und die Rahmenfilterpresse.

– Bei der *Saugnutsche* (s. Abb. 6-27) wird auf einer Filterplatte ein Filtermittel aufgebracht. Nach Zufuhr der Suspension wird unterhalb der Filterplatte ein Unterdruck erzeugt und das Filtrat abgesaugt. Die Saugnutsche findet Verwendung zur Kuchenfiltration.

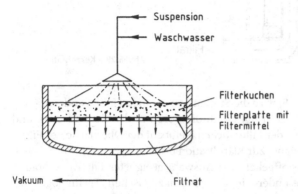

**Abb. 6-27** Saugnutsche

– Beim *Druckfilter* (s. Abb. 6-28) wird die Suspension mit Druck auf das Filtermittel gepresst. Er wird je nach Ausführung Verwendung sowohl zur Klär- als auch zur Kuchenfiltration eingesetzt und findet daneben Anwendung, wenn eine Geruchsbelästigung durch die Suspension stattfindet.

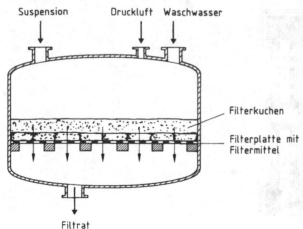

**Abb. 6-28** Druckfilter

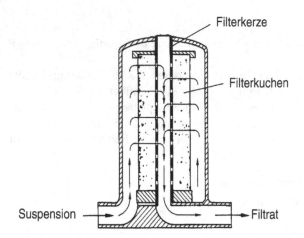

Abb. 6-29 Kerzenfilter

– Beim *Kerzenfilter* (s. Abb. 6-29) wird die Suspension in einen Hohlzylinder, die Filterkerze, gedrückt. Das Filtrat dringt durch die Poren in das Kerzeninnere und kann aus der Kerze ablaufen, der Filterkuchen bleibt auf der Oberfläche der Filterkerze. Kerzenfilter sind geeignet zur Klärfiltration und zur Trennung von Suspensionen mit geringem Feststoffgehalt. Bei Auswahl geeigneter Filtermembranen werden Kerzenfilter insbesondere in der pharmazeutischen Technologie zur *Sterilfiltration* eingesetzt. Um Keime, deren geringster Durchmesser ca. 0,25 μm beträgt, aus Lösungen zu entfernen, darf die Porenweite dieser Filtermembranen 0,2 μm nicht überschreiten.

– Bei der *Kammerfilterpresse* (s. Abb. 6-30) wird die Suspension in die zwischen den Platten befindlichen Kammern eingeleitet. Die Platten sind mit dem Filtermittel

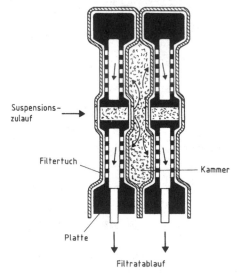

Abb. 6-30 Kammerfilterpresse

belegt. Das Filtrat wird durch das Filtermittel in das Platteninnere gedrückt und verlässt die Presse unten durch den Filtratkanal. Die Kammerfilterpresse findet Verwendung zur Trennung schwer filtrierbarer Suspensionen mit geringem Feststoffanteil. Kammerfilterpressen werden häufig modifiziert zu Membranfilterpressen, indem zwischen Presse und Filtermittel eine Gummimembran eingebaut wird. Ziel dieser Maßnahme ist die bessere Entfeuchtung des Filterkuchens.

– In der *Rahmenfilterpresse* (s. Abb. 6-31) wird die Suspension von oben in den Hohlrahmen zwischen den Filterplatten eingeleitet. Die Hohlrahmen oder die Platten sind von außen mit Filtertuch bespannt, das Filtrat verlässt über einen Sammelkanal am unteren Auslauf die Presse. Rahmenfilterpressen finden vorwiegend Verwendung zur Kuchenfiltration leicht filtrierbarer Suspensionen.

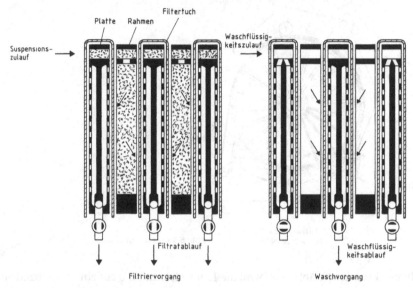

**Abb. 6-31** Rahmenfilterpresse

Zu den **kontinuierlichen Filterapparaten** gehören Planzellenfilter, Vakuumtrommelzellenfilter und Bandfilter.

– Im *Planzellenfilter* (s. Abb. 6-32) wird die Suspension auf eine horizontale, in Sektoren unterteilte Filterscheibe aufgebracht. Über eine rotierende Hohlwelle wer-

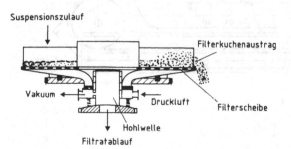

**Abb. 6-32** Planzellenfilter

den die Sektoren über einen Steuerkopf einzeln evakuiert und das Filtrat abgesaugt. Der Filterkuchen kann gewaschen, trockengesaugt, gelockert und ausgetragen werden. Planzellenfilter werden für die Filtration grobkristalliner Stoffe verwendet.

– Im *Vakuumtrommelzellenfilter* (s. Abb. 6-33) taucht eine rotierende, im Inneren in Zellen eingeteilte Filtertrommel in die Suspension ein. Die Zellen werden über einen Steuerkopf einzeln evakuiert und das Filtrat in das Trommelinnere gesaugt. Der Filterkuchen kann auf der Trommel gewaschen und trocken gesaugt werden und wird über eine Schälvorrichtung abgenommen.

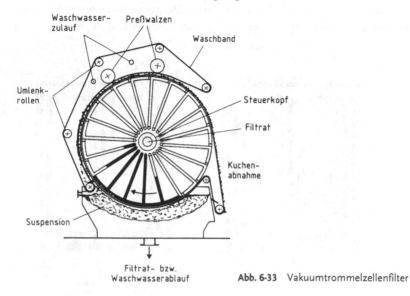

**Abb. 6-33**  Vakuumtrommelzellenfilter

– Beim *Bandfilter* (s. Abb. 6-34) wird die Trübe gleichmäßig auf ein Filtrierband aufgegeben und kontinuierlich über die einzelnen Stufen weitertransportiert. Das

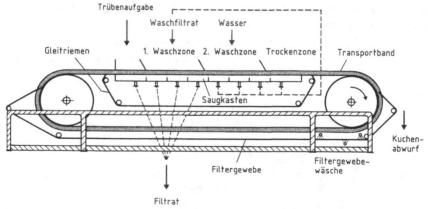

**Abb. 6-34**  Bandfilter

Filtrat wird überwiegend durch Vakuum aber auch Schwerkraft oder Druck mit Hilfe des Filtermittels vom Feststoff getrennt. Der Filterkuchen kann auf den einzelnen Stufen gewaschen oder entwässert werden.

## 6.2.1.5
### Physikalische Grundlagen des Zentrifugierens

Filtrations- und Sedimentationsvorgänge, die im Erdschwerefeld nur langsam ablaufen, können im vielfach stärkeren Zentrifugalfeld beschleunigt werden. Dies gilt vor allem für die Trennung von Emulsionen oder Suspensionen, in denen die dispergierten Teilchen eine geringe Größe haben. Die dispergierten Teilchen und die Teilchen des Dispersionsmittels werden abhängig von ihrer Masse unterschiedlich beschleunigt und auf diese Weise getrennt.

Unter Einbeziehen der Umfangsgeschwindigkeit berechnet sich die Zentrifugalkraft wie folgt:

$$F_z = \frac{m \cdot v^2}{r} \tag{6-4}$$

In Gl. (6-4) bedeuten
$F_Z$     Zentrifugalkraft
$m$     Masse der Teilchen
$v$     Umfangsgeschwindigkeit des Teilchens
$r$     Radius der Trommel

Den gesetzmäßigen Zusammenhang zwischen der Umfangsgeschwindigkeit und der Drehzahl $n$ stellt Gl. (6-5) dar.

$$v = 2\pi \cdot r \cdot n \tag{6-5}$$

Wird jetzt die Umfangsgeschwindigkeit in Gl. (6-4) durch Gl. (6-5) ersetzt, so ergibt sich für die Zentrifugalkraft:

$$F_z = m \cdot r \cdot (2\pi \cdot n)^2 \tag{6-6}$$

Beim Zentrifugieren wirkt auf die Teilchen ein Vielfaches der Erdanziehungskraft ein. Das Verhältnis der Zentrifugalkraft $F_Z$ zur Erdanziehungskraft $F_G$ wird als Schleuderzahl $k_Z$ bezeichnet.

$$k_z = \frac{F_z}{F_G} \tag{6-7}$$

In einer Zentrifuge mit einem Radius von 0,5 m und einer Drehzahl von 700 min$^{-1}$ wirkt auf die Teilchen das 274fache der Erdanziehungskraft ein. Bei einer Drehzahl von 1250 min$^{-1}$ steigt sie sogar auf das 873fache.

6.2.1.6
**Zentrifugen**
Zum Zentrifugieren wird die Dispersion in eine rotierende Trommel eingeleitet. Die verwendeten Trommeln werden unterschieden in Vollmanteltrommeln und Siebtrommeln.

In einer Vollmanteltrommel bilden sich zwei Schichten in radialer Richtung, wobei die Teilchen mit größerer Masse die äußere Schicht darstellen. Dispersionsmittel und dispergierte Teilchen müssen sich dabei wie beim Sedimentieren hinsichtlich ihrer Dichte unterscheiden. In Siebtrommeln findet eine durch die Zentrifugalkraft beschleunigte Filtration statt. Die flüssige Phase tritt auf Grund ihrer geringeren Teilchengröße durch das mit einem Filtermittel belegte Sieb hindurch. Die Feststoffteilchen bilden auf dem Filtermittel einen Kuchen aus.

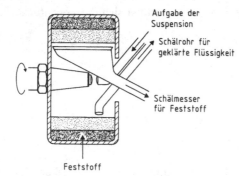

**Abb. 6-35**  Vollmantelzentrifuge

Bei der **Sedimentier-** oder **Vollmantelzentrifuge** (s. Abb. 6-35) wird die Suspension zentral in die Zentrifuge eingefüllt und der Feststoff an die Wand geschleudert. Die geklärte Flüssigkeit wird kontinuierlich über ein Schälrohr abgenommen. Zum Austragen des Feststoffes wird der Zulauf abgestellt und der Feststoff durch ein Schälmesser oder eine Schnecke entnommen.

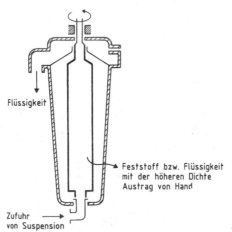

**Abb. 6-36**  Rohrzentrifuge

In der **Rohrzentrifuge** (s. Abb. 6-36) wird die Suspension unten zugeführt und durch eine mit der Welle rotierende Scheibe in Rotation versetzt. Die Trennung erfolgt auf dem Weg durch das Rohr. Die geklärte Flüssigkeit tritt am oberen Ende aus, die mit Feststoff gefüllte Trommel wird ausgewechselt und entleert.

Die Rohrzentrifuge läuft mit hohen Drehzahlen (10 000 – 50 000 $min^{-1}$) und ist für Suspensionen mit geringen Feststoffmengen oder auch schwer trennbare Emulsionen gut geeignet.

Die **Tellerzentrifuge** (Separator) (s. Abb. 6-37) wird zur Trennung von Suspensionen und vor allem von Emulsionen verwendet. Durch die Unterteilung des Trommelinhaltes mit konischen Tellern in dünne Schichten wird Wirbelbildung in der Emulsion gehemmt. Die Emulsion wird zentral zugeführt und die Flüssigkeit mit der höheren Dichte durch die Rotation der Teller beschleunigt und nach außen befördert. Die Flüssigkeit mit der niedrigeren Dichte wird nach innen zur Achse geführt.

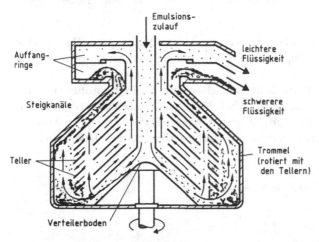

**Abb. 6-37** Tellerzentrifuge

**Siebzentrifugen** besitzen eine perforierte, mit Filtergewebe bezogene Trommelwandung (s. Abb. 6-38). Der Trennvorgang beinhaltet die Trennung von Feststoff und Flüssigkeit durch das Sieb, die Ausbildung eines Filterkuchens, anschließende Kuchenverdichtung und Trockenschleudern des Kuchens.

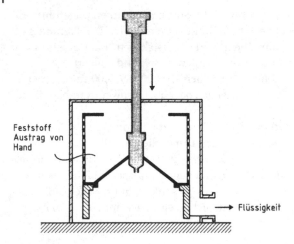

**Abb. 6-38** Siebzentrifuge

Unterschiede in der Bauart bestehen vor allem in der Lagerung der Welle und im Feststoffaustrag. Siebzentrifugen sind für Suspensionen mit geringem Feststoffanteil geeignet.

Die Schubzentrifuge ist eine kontinuierlich arbeitende Siebzentrifuge mit horizontal gelagerter Trommelachse (s. Abb. 6-39). Ein hydraulisch betätigter Schubboden schiebt den abgeschleuderten Feststoff in periodischen Abständen zum Ausgang. Schubzentrifugen sind geeignet für gut filtrierbare Suspensionen von faserigen und kristallinen Stoffen.

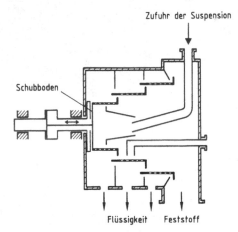

**Abb. 6-39** Schubzentrifuge

Mit zunehmendem Radius nimmt die auf die Teilchen wirkende Zentrifugalkraft zu, d.h. der Feststoff hat dann einen niedrigeren Feuchtigkeitsgehalt.

6.2.1.7
**Hinweise zur Arbeitssicherheit**
* Zentrifugen sind mindestens jährlich zu überprüfen.
* Zentrifugen müssen mit einem zu verriegelndenSchutzdeckel versehen sein.
* Auf dem Typenschild angegebene Werte für Füllmenge und Drehzahl dürfen nicht überschritten werden.
* Es ist auf gleichmäßiges Beschicken zu achten. Kann eine auftretende Unwucht durch Nachfüllen oder Ausschälen nicht ausgeglichen werden, ist die Zentrifuge sofort abzustellen.
* Bei brennbaren Stoffen muss mit inerten[11] Gasen überlagert werden.
* Das Reinigen oder Entleeren von Hand darf nur bei stillgelegter Zentrifuge erfolgen.

6.2.2
**Arbeitsanweisungen**

Für das Arbeiten mit Filterapparaten werden ein Arbeitsanzug, Sicherheitsschuhe und eine Schutzbrille benötigt. Bei bestimmten Arbeiten notwendige Sicherheitsmaßnahmen werden bei jeder Aufgabenstellung zusätzlich angegeben.

6.2.2.1
**Filtration mit einer Handfilterplatte unter Verwendung verschiedener Filtertücher zur Auslegung eines Trommelzellenfilters**
**Apparatur und Geräte:** Saugapparatur (s. Abb. 6-40), Filtertücher, Saugflasche mit Porzellansaugnutsche

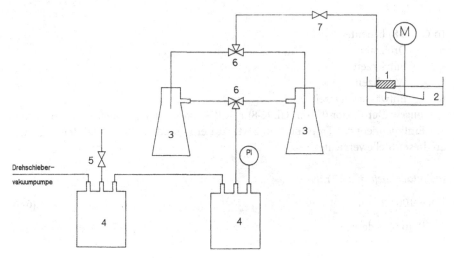

**Abb. 6-40** Saugapparatur mit Handfilterplatte und Drehschiebervakuumpumpe

**Arbeitssicherheit**: Die Vakuumpumpe muss in der Regel vor dem An- und Abstellen belüftet werden. Dabei sind die Vorgaben des Herstellers zu beachten.

**Chemikalien**: Cellite

**Arbeitsanweisung**: In einer Kunststoffwanne werden 200 g Cellite in 10 L Wasser suspendiert. Nach Anstellen der Drehschiebervakuumpumpe wird die Anlage evakuiert und auf Dichtigkeit überprüft. Ein Filtertuch wird angefeuchtet, auf die Handfilterplatte gespannt und die Platte an die Apparatur angeschlossen.

Die Suspension wird aufgerührt, der Zweiwegehahn zur Glasapparatur geöffnet und die Handfilterplatte bis knapp unter die Oberfläche eingetaucht. Unter gleichmäßiger Bewegung der Suspension ist solange abzusaugen, bis die Filterkuchenhöhe 10 mm beträgt. Die benötigte Filtrierzeit wird notiert. Der Filterkuchen wird trockengesaugt, bis kein ablaufendes Filtrat mehr zu erkennen ist. Dabei sind im Filterkuchen entstehende Risse mit einem Spatel zu glätten. Die Entwässerungszeit wird notiert. Der Filterkuchen wird feucht ausgewogen, im Trockenschrank bei 100 °C getrocknet und erneut ausgewogen. Dieser Versuch wird mit drei Filtertüchern unterschiedlicher Porösität jeweils als Doppelbestimmung durchgeführt. Die Saugflaschen werden über den Dreiwegehahn im Wechsel benutzt.

**Auswertung**: An der Handfilterplatte werden die Vorgänge simuliert, die an einem Trommelzellenfilter ablaufen. Die verwendeten Filtertücher sind anhand der Filtrierleistung und des Feuchtigkeitsgehalts des Filterkuchens miteinander zu vergleichen.

Aus der Masse des Filterkuchens, der Filtrierzeit, der Waschzeit und der Entwässerungszeit werden folgende Parameter des Trommelzellenfilters berechnet:

a) *Drehzahl der Trommel*

$$n = \frac{0,75}{t_F + t_W + t_E} \tag{6-8}$$

In Gl. (6-8) bedeuten:
$n$     Drehzahl
$t_F$     Filtrierzeit
$t_W$     Waschzeit
$t_E$     Entwässerungszeit

*Hinweis*: Der Faktor 0,75 in Gl. (6-8) resultiert aus einer gewünschten prozentualen Eintauchtiefe der Trommel von 25%. Auf eine mathematische Herleitung wird an dieser Stelle verzichtet.

b) *Eintauchtiefe in die Trübe*

$$h = 100 \cdot t_F \cdot n \tag{6-9}$$

In Gl. (6-9) bedeutet:
$h$     Eintauchtiefe in % bezogen auf die Gesamthöhe der Suspension.

c) *Filterleistung*

$$P_\mathrm{F} = \frac{n \cdot m}{A} \tag{6-10}$$

In Gl. (6-10) bedeuten:
$P_\mathrm{F}$    Filterleistung
$n$    Drehzahl
$A$    Fläche der Handfilterplatte
$m$    Masse des trockenen Filterkuchens.

Alle Messwerte und die daraus errechneten Parameter des Trommelzellenfilters werden in einer Tabelle zusammengefasst.

### 6.2.2.2
**Trennen einer Suspension mit unterschiedlichen Filterapparaten**
Diese Aufgabe wird an einer Filtrierstrasse (s. Abb. 6-41) durchgeführt. Die Suspension wird in einem Kessel hergestellt und unter Rühren mit einer Exzenterschneckenpumpe und mit Druckluft zu der entsprechenden Filterapparatur gefördert.

An der hier verwendeten Anlage ist dabei ein Vordruck von 0,4 bar im Kessel notwendig. Der Filterkuchen wird jeweils bei 100 °C im Trockenschrank getrocknet, ausgewogen und in einem Vorratsbehälter deponiert.

Die Herstellung der Suspension wird im folgenden unter Punkt 1 beschrieben. Die Bedienung der einzelnen Filterapparate wird in derselben Reihenfolge wie in Abb. 6-41 von oben nach unten unter Punkt 2 bis 7 beschrieben. Die Auswertung ist unter Punkt 8 zu finden.

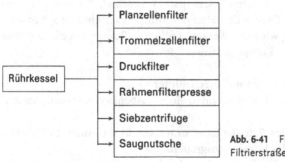

**Abb. 6-41**  Filtrieren an der Filtrierstraße

**1. Herstellen der Suspension und Fördern zur Filterapparatur**
**Apparatur und Geräte:** Rührkessel (s. Abb. 6-42)
**Chemikalien:** Cellite
**Arbeitssicherheit:** Die beim Arbeiten an Druckbehältern geltenden Sicherheitsvorschriften sind einzuhalten. Beim Arbeiten an den Filteranlagen ist besonders auf Abstand zu drehenden Teilen zu achten.

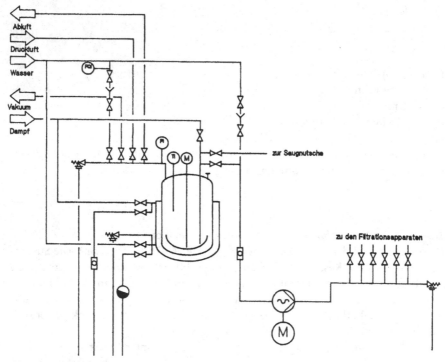

**Abb. 6-42** Rührkessel

**Arbeitsanweisung**: Im Kessel sind 150 L Wasser vorzulegen und 5 kg Cellite einzutragen. Die Suspension rührt 10 Minuten nach. Die Bedienöffnung wird verschlossen und das Ventil zur entsprechenden Filterapparatur geöffnet. Am Kessel ist ein Vordruck von 0,4 bar und der Drehzahlschalter des Pumpengetriebes ist auf Stufe 7 einzustellen. Die Saugleitung wird mit Wasser gefüllt, die Pumpe angefahren und sofort das Saugseitenventil zur Pumpe geöffnet.

### 2. Trennen einer Suspension mit dem Planzellenfilter

**Apparatur und Geräte**: Apparatur zum Trennen einer Suspension mit dem Planzellenfilter (s. Abb. 6-43)

**Arbeitssicherheit**: Während des Betriebs ist es untersagt, in die Austragsschnecke und den Riemenantrieb mit der Hand einzugreifen.

**Arbeitsanweisung**: Am Planzellenfilter und an den beiden Saugvorlagen sind alle Absperrvorrichtungen zu schließen. Vakuumpumpe, Planzellenfilter und Austragsschnecke werden eingeschaltet. Die Saugvorlagen werden wechselweise gefahren. Dazu wird die erste Vorlage (V1 in Abb. 6-43) evakuiert und Betriebsbereitschaft hergestellt. Die Suspension ist 30 Minuten lang auf den Filter zu fördern und der Suspensionszulauf einzuregulieren. In dieser Zeit wird Vorlage 2 (V2 in Abb. 6-43) evakuiert und Betriebsbereitschaft hergestellt.

Ist die erste Saugvorlage gefüllt, wird auf Vorlage 2 umgeschaltet sowie Vorlage 1 belüftet und entleert. Anschließend wird die Leitung 5 Minuten lang mit Wasser gespült.

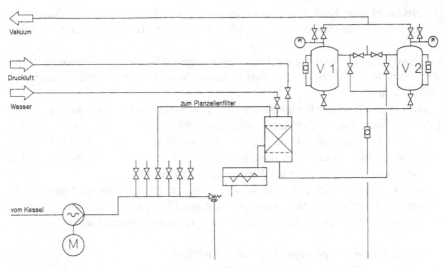

**Abb. 6-43** Apparatur zum Trennen einer Suspension mit dem Planzellenfilter

Danach werden Pumpe, Planzellenfilter und Austragsschnecke abgeschaltet und gereinigt. Die Saugvorlagen werden belüftet und entleert.

### 3. Trennen einer Suspension mit dem Bandfilter

**Apparatur und Geräte:** Apparatur zum Trennen einer Suspension mit dem Bandfilter (s. Abb. 6-44)

**Arbeitssicherheit:** Während des Betriebs nicht mit der Hand an den Antriebszylinder fassen, es besteht Einklemm- bzw. Quetschgefahr.

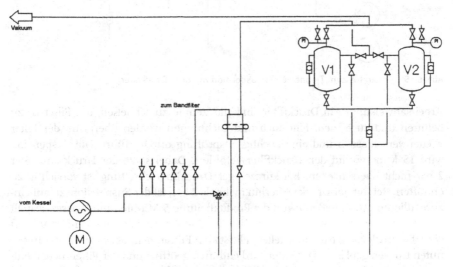

**Abb. 6-44** Apparatur zum Trennen einer Suspension mit dem Bandfilter

**Arbeitsanweisung:** Nach Einschalten der Stromversorgung werden die Saugvorlagen in Betrieb genommen (siehe Abschn. 6.2.2.2 Teil 2). Der Bandfilter wird evakuiert.

*Hinweis:* Zur Herstellung der Druckluftversorgung ist ein Kompressor nach Anfahrvorschrift des Herstellers in Betrieb zu nehmen. Der Druck sollte zwischen 5 und 6 bar liegen.

Zur Vorbereitung der Bandwäsche ist das Ventil zur Wasserversorgung nach Vorgabe zu öffnen. Ein Trockenblech wird bereitgestellt. Nach Einschalten des Bandfilters wird die Suspension 30 min lang auf den Bandfilter gefördert. An der Exzenterschneckenpumpe ist dabei die niedrigste Hubhöhe einzustellen. Während der Filtration sind die Saugvorlagen im Wechsel zu betreiben.

Nach Beendigung der Filtration wird die Zuleitung mit Reinwasser gespült, die Wasser- und die Druckluftversorgung werden geschlossen. Der Filterkuchen ist bei 100 °C im Umlufttrockenschrank bis zur Massenkonstanz zu trocknen.

**4. Trennen einer Suspension mit einem Druckfilter**

**Apparatur und Geräte:** Apparatur zum Trennen einer Suspension mit dem Druckfilter (s. Abb. 6-45)

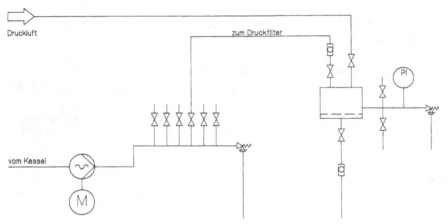

**Abb. 6-45**   Apparatur zum Trennen einer Suspension mit dem Druckfilter

**Arbeitsanweisung:** Am Druckfilter sind alle Ventile zu schließen, der Filter ist zu belüften und zu öffnen. Filtertuch und Dichtungen werden überprüft, der Filter wieder verschlossen und eine Dichtigkeitsprüfung durchgeführt. Die Suspension wird 15 Minuten auf den Druckfilter gefördert. Dabei sollte der Druck am Filter 2 bar nicht überschreiten. Bei kurzzeitiger Drucküberschreitung ist vorsichtig zu entlüften. Beträgt der Druck weiterhin mehr als 2 bar, ist der Suspensionszulauf einzuregulieren. Anschließend wird die Produktleitung 5 Minuten mit Wasser gespült und die Pumpe abgestellt. Der Zulauf ist zu schließen und am Filter mit Druckluft ein Überdruck von 2 bar einzustellen. Fließt kein Filtrat mehr ab, wird weitere 10 Minuten trocken geblasen. Der Filter wird entlüftet, geöffnet und der Filterkuchen entnommen. Der Druckfilter wird gereinigt und wieder betriebsbereit gemacht.

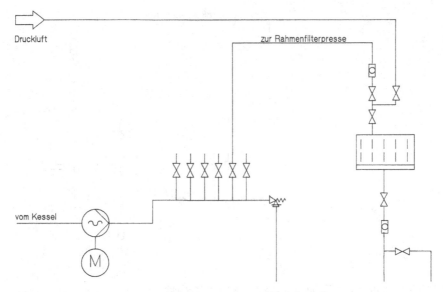

Druckluft

zur Rahmenfilterpresse

vom Kessel

M

**Abb. 6-46** Apparatur zum Trennen einer Suspension mit der Rahmenfilterpresse

## 5. Trennen einer Suspension mit einer Rahmenfilterpresse

**Apparatur und Geräte:** Apparatur zum Trennen einer Suspension mit der Rahmenfilterpresse (s. Abb. 6-46)

**Arbeitssicherheit:** Beim Zusammensetzen von Rahmen und Filterplatten ist auf die richtige Flüssigkeitsführung zu achten. Zwischen Rahmen und Platten müssen Dichtungen eingesetzt werden.

**Arbeitsanweisung:** Die Filtertücher werden angefeuchtet, die Filterpresse zusammengesetzt und mit der Spindel zusammengepresst. Die Suspension ist 30 Minuten auf die Filterpresse zu fördern und danach die Produktleitung 5 Minuten mit Wasser zu spülen. Der Filterkuchen wird solange trocken geblasen bis kein Filtratablauf mehr zu erkennen ist. Danach wird die Presse geöffnet, der Filterkuchen entnommen, die Presse gereinigt und wieder zusammengebaut.

## 6. Trennen einer Suspension mit einer Siebzentrifuge

**Apparatur und Geräte:** Apparatur zum Trennen einer Suspension mit der Siebzentrifuge (s. Abb. 6-47)

**Arbeitssicherheit:** Öffnen und Reinigen der Zentrifuge darf nur bei gezogenem Netzstecker bzw. gesperrtem Sicherheitsschalter erfolgen. Die Zentrifuge darf nur bei fest verschlossenem Deckel angefahren werden. Tritt eine Unwucht auf, muss die Zentrifuge sofort abgestellt werden. Die angegebenen Drehzahlen sind unbedingt einzuhalten.

**Arbeitsanweisung:** Die Zentrifuge ist in Betriebsbereitschaft zu bringen. Dazu wird die Produktleitung abgeflanscht, der Zulauftrichter entfernt und die Zentrifuge geöffnet. Nach dem Lösen des Zentrifugentellers ist der Zentrifugensack zu reinigen,

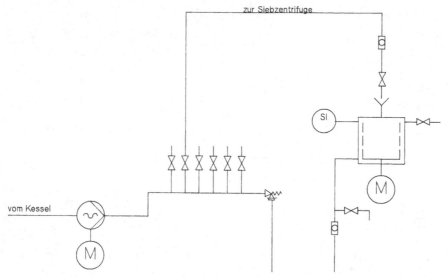

zur Siebzentrifuge

SI

M

vom Kessel

M

**Abb. 6-47**  Apparatur zum Trennen einer Suspension mit der Siebzentrifuge

anzufeuchten und fest einzulegen. Der Zentrifugenteller wird angezogen, die Zentrifuge verschlossen und alle Anschlüsse eingesetzt und angeflanscht. Nun wird langsam bis auf eine Drehzahl von 500 min$^{-1}$ angefahren und die Suspension 2 Minuten auf die Zentrifuge gefördert. Die Drehzahl wird auf 1200 min$^{-1}$ erhöht und die Suspension weitere 4 Minuten zentrifugiert.

Die Produktleitung ist 4 Minuten mit Wasser zu spülen und die Pumpe abzustellen. Danach wird bei 2000 min$^{-1}$ 3–4 Minuten trockengeschleudert bis kein Fugatablauf mehr zu erkennen ist. Die Drehzahl ist langsam auf eine Drehzahl von 0 min$^{-1}$ zu reduzieren und die Zentrifuge dabei frei auslaufen zu lassen. Der Zentrifugensack mit dem Filterkuchen wird entnommen und gereinigt.

### 7. Trennen einer Suspension mit einer Saugnutsche

**Apparatur und Geräte:** Apparatur zum Trennen einer Suspension mit der Saugnutsche (s. Abb. 6-48)

**Arbeitssicherheit:** Beim Leerdrücken des Kessels ist darauf zu achten, dass es an der Zuleitung zur Saugnutsche zum Aufspritzen der Suspension kommen kann.

**Arbeitsanweisung:** Die Saugnutsche ist auf Betriebsbereitschaft zu überprüfen, alle Absperrvorrichtungen sind zu schließen. Der befeuchtete Filtersack wird eingelegt, durch kurzes Öffnen und Schließen des Vakuumventils angesaugt und die Suspension 15 Minuten auf die Saugnutsche gefördert. Ist die Saugnutsche zur Hälfte mit Suspension gefüllt, wird der Zulauf geschlossen und nach kurzem Sedimentieren die Vorlage evakuiert.

*Hinweis:* Der sich aufbauende Filterkuchen wirkt als zusätzliches Filtermittel. Durch Rissbildung im Kuchen ist dieser Effekt nicht mehr wirksam. Daher ist durch sorgfältiges Glattstreichen der Kuchenoberfläche die Bildung von Rissen zu vermeiden.

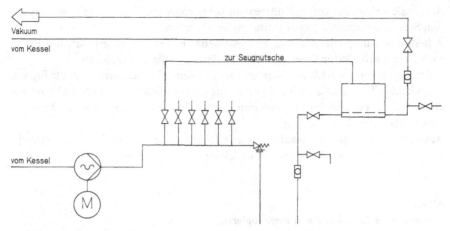

**Abb. 6-48** Apparatur zum Trennen einer Suspension mit der Saugnutsche

Die Saugvorlage ist in Abständen zu entleeren. Anschließend wird die Produktleitung 5 Minuten mit Wasser gespült und die Pumpe abgeschaltet. Der restliche Kesselinhalt ist mit Druckluft auf die Saugnutsche zu drücken. Der Filterkuchen wird trocken gesaugt, die Nutsche belüftet, entleert, gereinigt und betriebsbereit gemacht.

**8. Auswertung**
Es wird ein Ablaufprotokoll geführt, in dem alle Berechnungen aufzuführen sind. Es ist eine Tabelle (s. Tab. 6-4) zu erarbeiten und alle Messwerte einzutragen. Die Gesamtausbeute und der Verlust an Cellite in kg sind zu berechnen. Die getrocknete Cellite aus allen Filtrationsversuchen wird in einem Vorratsbehälter deponiert.

**Tab. 6-4** Auswertung: Trennen einer Suspension mit unterschiedlichen Filtrationsapparaten.

| Filtrierein-richtung | Bildzeichen nach DIN / EN | Feuchtauswaage in kg | w(Cellite) | Trockenauswaage in kg |
|---|---|---|---|---|
| Planzellenfilter | | | | |
| Trommelzellenfilter | | | | |
| Bandfilter | | | | |
| Druckfilter | | | | |
| Rahmenfilterpresse | | | | |
| Siebzentrifuge | | | | |
| Saugnutsche | | | | |

**6.2.2.3**
**Trennen einer Suspension mit einer Laborsiebzentrifuge**
**Apparatur und Geräte**: Magnetrührgerät, Siebzentrifuge, Filtertuch, Becherglas
**Chemikalien**: Cellite

**Arbeitssicherheit**: Zentrifugen dürfen nur bei gezogenem Netzstecker bzw. gesperrtem Sicherheitsschalter gereinigt und entleert werden.

**Arbeitsanweisung**: Die erhaltene Probesuspension wird 5 min gerührt. Ein Filtertuch ist in Laufrichtung überlappend in die Siebzentrifuge einzulegen.

Zunächst werden 1000 mL Wasser, anschließend die Suspension zentrifugiert. Läuft keine Klare mehr ab, wird die Zentrifuge abgeschaltet. Filtertuch und Filterkuchen sind zu entnehmen, der Filterkuchen feucht auszuwiegen und im Trockenschrank bei 100 °C zu trocknen.

**Auswertung**: Es wird ein Ablaufprotokoll geführt. Anzugeben sind Feuchtauswaage, Trockenauswaage und Massenanteil $w$(Cellite) der Suspension.

### 6.2.2.4
### Trennen einer Emulsion durch Zentrifugieren

**Apparatur und Geräte**: Apparatur zum Zentrifugieren mit einer Tellerzentrifuge (s. Abb. 6-49), Becherglas, Standzylinder, Aräometersatz, Magnetrührgerät

**Chemikalien**: Öl

**Abb. 6-49** Apparatur zum Zentrifugieren mit einer Tellerzentrifuge

**Arbeitssicherheit**: Die Tellerzentrifuge (Separator) läuft beim Abschalten frei aus und darf nicht abgebremst werden.

**Arbeitsanweisung**: Vor Beginn der Arbeit ist ein RI-Fließbild der Anlage zu zeichnen.

Die Emulsion von Öl und Wasser wird mit dem Intensivrührer hergestellt und mit der Kreiselpumpe im Kreislauf gepumpt. Nach 10 Minuten wird eine Probe genommen und nach einer Volumen- und Massenbestimmung die Dichte der Emulsion berechnet.

Der Separator wird eingeschaltet und der Zufluss der Emulsion einreguliert. Von den zwei abfließenden Phasen wird je eine Probe genommen. Mit dem Aräometer wird ihre Dichte bestimmt. Ist der Auffangbehälter für die wässrige Phase zur Hälfte mit Wasser gefüllt, wird die Kreiselpumpe abgeschaltet. Fließt kein Fugat[12] mehr aus dem Separator, wird die Zentrifuge abgeschaltet. Der Überlauf der Zentrifuge wird entleert und in den Glaskessel zurückgegeben. Der Inhalt der Auffangbehälter für Wasser und Öl ist in den Glaskessel zu entleeren.

**Auswertung**: Es wird ein Ablaufprotokoll geführt, in dem Volumen, Masse und Dichte der Emulsion sowie die Dichten der beiden separierten Phasen anzugeben sind.

### 6.2.3
**Fragen zum Thema**

Was sind Dispersionen?
Wo wird das Verfahren der Sedimentation angewendet?
Erklären Sie die Vorgänge und Grundlagen des Sedimentierens.
Wovon wird die Absetzgeschwindigkeit bei der Sedimentation beeinflusst?
Definieren Sie den Begriff Filtration.
Wie kann das beim Filtrieren notwendige Druckgefälle erzeugt werden?
Erklären Sie den Unterschied zwischen Kuchen- und Klärfiltration.
Erklären Sie den Begriff Tiefenfiltration.
Welche Auswirkung hat die Kristallform suspendierter Teilchen auf den entstehenden Filterkuchen?
Wodurch wird die Filterleistung beeinflusst?
Wie wirkt sich Druckerhöhung beim Filtrieren unter Überdruck aus?
Nennen Sie einige Filterhilfsmittel und die Gründe für ihre Anwendung.
Wo werden Schüttschichten aus Sand oder Kies als Filtermittel eingesetzt?
Welche Folgen hat bei einer Kuchenfiltration mit einer Saugnutsche die Bildung von Rissen im Filterkuchen?
Beschreiben Sie die Arbeitsweise einer Rahmenfilterpresse.
Beschreiben Sie die Funktionsweise eines Vakuumtrommelzellenfilters.
Welche Apparate zur kontinuierlichen Filtration kennen Sie?
Erklären Sie die Arbeitsschritte bei der Durchführung einer Kuchenfiltration mit der Saugnutsche.
Wie erfolgt die Trennung einer Suspension a) mit einer Siebzentrifuge, b) mit einer Sedimentierzentrifuge?

Wovon hängt die Zentrifugalkraft ab?

Erklären Sie das Arbeitsprinzip einer Schubzentrifuge.

Wozu wird eine Tellerzentrifuge verwendet?

Welche Sicherheitsvorschriften sind beim Arbeiten mit Zentrifugen unbedingt einzuhalten?

## 6.3
## Zerkleinern von Stoffen

### 6.3.1
### Theoretische Grundlagen

#### 6.3.1.1
#### Themen und Lerninhalte

Zerkleinern ist das Teilen von Stoffen in kleinere Stücke. Damit ist eine Vergrößerung der Oberfläche verbunden. Bei festen Stoffen findet die Zerkleinerung hauptsächlich durch Einwirken mechanischer Kräfte statt (s. Abb. 6-50).

Abb. 6-50 Zerkleinern

Im Folgenden wird das Zerkleinern **fester** Stoffe betrachtet. Eine Zerkleinerung wird unter anderem durchgeführt

- um die Lösegeschwindigkeit von Feststoffen zu verbessern,
- um den Ablauf chemischer Prozesse zu beschleunigen,
- um aus Gemengen die darin enthaltenen Wertstoffe zur weiteren Verarbeitung freizusetzen,
- um Zwischen- und Handelsprodukte besser lagern, verpacken oder transportieren zu können.

#### 6.3.1.2
#### Brechen und Mahlen

Das Zerkleinern von Feststoffen kann auf verschiedene Arten erfolgen (s. Abb. 6-51).

Brechen und Mahlen werden wie folgt unterschieden:

**Brechen** ist Zerkleinern zu einem Gut, bei dem mehr als 50% des entstandenen Korns *größer* als 3 mm sind. **Mahlen** ist Zerkleinern zu einem Gut, bei dem mehr als 50% des entstandenen Korns *kleiner* als 3 mm sind.

Daneben gibt es eine Anzahl von Unterteilungsmöglichkeiten wie z.B. Grobbrechen, Feinbrechen, Grobmahlen, Schroten, Feinmahlen, Feinstmahlen, Kolloidmahlen usw., die unterschiedlich definiert werden (s. Tab. 6-5).

**Tab. 6-5** Zerkleinerungsverfahren

| Verfahren | Korngröße | Kornart | Zerkleinerungsgrad |
|---|---|---|---|
| Grobbrechen | > 50 mm | Brocken | 3 bis 6 |
| Feinbrechen | 5 bis 50 mm | Schotter, Split | 4 bis 10 |
| Schroten | 0,5 bis 5 mm | Grieß | 5 bis 10 |
| Feinmahlen | 50 bis 500 μm | Mehl | 10 bis 50 |
| Feinstmahlen | 5 bis 50 μm | Puder | > 50 |
| Kolloidmahlen | < 5 μm | Kolloidale Feinheit | > 50 |

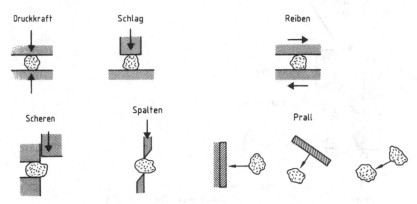

**Abb. 6-51** Beanspruchungsarten beim Zerkleinern

Die Wahl des Zerkleinerungsverfahrens für einen bestimmten Stoff hängt besonders von der Teilchengröße, Härte, Sprödigkeit und Zähigkeit des Mahlgutes sowie vom gewünschten Zerkleinerungsgrad ab. Weiterhin spielen Temperaturempfindlichkeit, Feuchtigkeit, Brennbarkeit, Staubexplosionsgefährlichkeit, Mahldauer und Beladung des Zerkleinerungsapparates eine Rolle.

Der Zerkleinerungsgrad $n_Z$ ist ein Maß für das Ergebnis einer Zerkleinerung. Er ist der Quotient der maximalen Korngröße im Gut vor und nach der Zerkleinerung.

$$n_Z = \frac{d_A}{d_E} \qquad (6\text{-}11)$$

In Gl. (6-11) bedeuten

$d_A$      maximale Korngröße vor der Zerkleinerung

$d_E$      maximale Korngröße am Ende der Zerkleinerung

$n_Z$      Zerkleinerungsgrad

Oft führt ein Zerkleinerungsdurchgang allein noch nicht zum gewünschten Endprodukt. Das bedeutet, die Zerkleinerung erfolgt in Mahlanlagen stufenweise bis zur gewünschten Endfeinheit des Gutes. Dabei kann der Durchsatz durch ständiges Entfernen des Mahlgutes mit der erreichten Endfeinheit erhöht werden.

6.3.1.3

**Brecher**

Backen- und Walzenbrecher eignen sich zum Zerkleinern von hartem bis mittelhartem Gut, z.B. Granit, Basalt, Kalkstein, Erze usw.

Beim **Backenbrecher** erfolgt die Zerkleinerung hauptsächlich durch Druck zwischen einer feststehenden und einer beweglichen Backe (s. Abb. 6-52). Die bewegliche Backe wird durch einen Exzenter angetrieben. Die Korngröße kann durch Variieren der Brechmaulweite verändert werden.

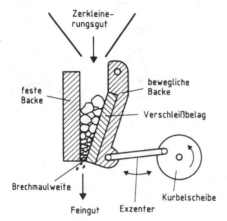

**Abb. 6-52**  Backenbrecher

Beim **Walzenbrecher** wird das Gut von oben aufgegeben und zwischen zwei gegensinnig drehende Walzen eingezogen (s. Abb. 6-53). Die Oberfläche der Walzen kann glatt oder profiliert sein. Dabei verbessern Profile (Stachel, Nocken etc.) den Guteinzug.

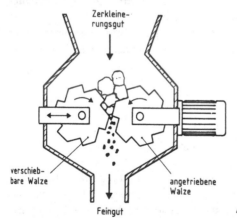

**Abb. 6-53**  Walzenbrecher

Die Zerkleinerung erfolgt zwischen den Walzen überwiegend durch Druck. Der Abstand der Walzen bestimmt die maximale Korngröße des Gutes.

6.3.1.4
**Mühlen**
Eine Einteilung kann erfolgen nach den Mahlwerkzeugen, den Mahlkörpern oder der Mahlweise (s. Tab. 6-6).

**Tab. 6-6** Einteilung der Mühlen

| Mühlen | Mahlwerkzeug | Mahlkörper | Mahlweise |
|---|---|---|---|
| Schlagmühlen (Hammer-, Schlagkreuz-, Schlagstiftmühle) | ja | nein | trocken |
| Mörsermühle | ja | nein | trocken |
| Kugelmühle | nein | ja | trocken / nass |
| Schwingmühle | nein | ja | trocken |
| Strahlmühle | nein | nein | trocken |
| Rührwerksmühle | ja | ja | nass |

Zur Gruppe der **Schlagmühlen** gehören u.a. die Hammer-, Schlagkreuz- und Schlagstiftmühle (s. Abb. 6-54). An einer Welle, dem Rotor, befinden sich festsitzende Schlagarme z.B. ein Schlagkreuz oder Schlagstifte, oder bewegliche Schlagarme z.B. mit Hammern. Das Mahlgut wird bei der Rotation der Welle zerschlagen und gleichzeitig nach außen beschleunigt. Am Gehäuse, dem Stator, werden die Teilchen durch Schlag oder Prall zerkleinert bzw. einer Scherbeanspruchung zwischen Stator und Rotor ausgesetzt.

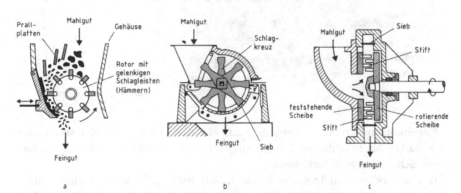

**Abb. 6-54** Schlagmühlen; a Hammermühle, b Schlagkreuzmühle, c Schlagstiftmühle

Die Verweilzeit des Gutes in der Mühle und die maximale Korngröße bestimmt ein Siebeinsatz vor der Austragsöffnung der Mühle. Schlagmühlen eignen sich zum Mahlen weicher bis mittelharter Stoffe ,
Bei der **Mörsermühle** wirkt ein rotierender Behälter gegen ein drehbar gelagertes zylindrisches Pistill (s. Abb. 6-55). Auf das Mahlgut wirken Druck-, Reib- und Scherkräfte ein. Die Größe des Mahlspalts beeinflusst die Endfeinheit des Gutes.

**Abb. 6-55** Mörsermühle

**Kugelmühlen** werden überwiegend zum Fein- und Feinstzerkleinern von trocke-nen, harten bis mittelharten Stoffen eingesetzt. Die Teilchen werden durch Rei-bung, Schlag und Prall zerkleinert.

In einer rotierenden Trommel befinden sich außer dem Mahlgut Stahl-, Guss-eisen-, Steatit- oder Porzellanmahlkörper, die bei optimaler Drehzahl in eine Fall-bewegung geraten (s. Abb. 6-56).

Bei zu geringer Drehzahl entsteht eine Schaukelbewegung, die Zerkleinerung er-folgt überwiegend durch Reibung. Ab einer bestimmten Drehzahl laufen die Kugeln durch Einwirkung der Zentrifugalkraft mit. Diese wird als kritische Drehzahl be-zeichnet.

Die optimale Drehzahl beträgt in der Regel 75% der kritischen Drehzahl.

Die Zerkleinerungsgeschwindigkeit und die Endfeinheit des Mahlgutes werden durch die Trommeldrehzahl, den Mahlkörperfüllgrad, die Mahlkörpergröße und -dichte, die Art und Menge des Mahlgutes und die Mahldauer beeinflusst.

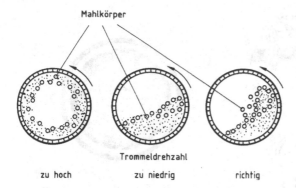

Abb. 6-56 Trommeldrehzahl der Kugelmühle

Der optimale Mahlkörperfüllgrad entspricht ca. 40% des Trommelvolumens. Der Hohlraum zwischen den Kugeln beträgt 15-25% des Trommelvolumens und wird mit dem Mahlgut gefüllt.

Kugelmühlen eignen sich zum Trocken- und Nassmahlen.

Bei der Rohrkugelmühle (s. Abb. 6-57) ist durch die Trennsiebe beim Zerkleinern die Grobzerkleinerung bis hin zur Feinzerkleinerung durchführbar.

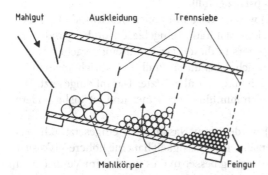

Abb. 6-57 Rohrkugelmühle

Bei einer **Schwingmühle** (s. Abb. 6-58) werden durch einen Schwingbock mechanische Schwingungen erzeugt, die sich auf die Kugeln und das Mahlgut übertragen. Die Teilchen werden durch Schlag und Prall zerkleinert.

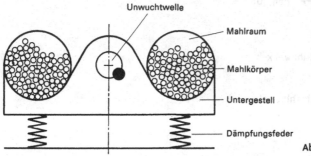

Abb. 6-58 Schwingmühle

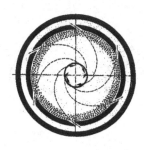

**Abb. 6-59**   Strahlmühle

Die Einflussgrössen auf die Zerkleinerungsgeschwindigkeit und die Endfeinheit sind die gleichen wie bei der Kugelmühle. An die Stelle der Trommeldrehzahl tritt hier die Schwingungshöhe (Amplitude). Der optimale Mahlkörperfüllgrad beträgt 70% des Trommelvolumens. Der Hohlraum zwischen den Kugeln von 10–20% des Trommelvolumens wird mit Mahlsubstanz gefüllt.

Bei der Strahlmühle (s. Abb. 6-59) werden Gase mit hoher Geschwindigkeit über mehrere Düsen in einen zylindrischen Mahlraum eingeblasen und expandieren. Das Mahlgut wird mittels eines Injektors in diesen Gasstrahl eingebracht und beschleunigt. Die Teilchen zerkleinern sich dabei durch Prall und Abrieb aneinander bzw. an der Wandung. Als Gas werden Luft oder überhitzter Dampf eingesetzt. Die Strahlmühle wird oft auch als Spiralstrahlmühle bezeichnet und ist insbesondere zur Feinstzerkleinerung geeignet.

**Rührwerksmühlen** (s. Abb. 6-60) werden zum Nassmahlen eingesetzt, d.h. das Aufgabegut besteht aus einer Suspension. Die Flüssigkeit hat eine höhere Viskosität als Luft. Deshalb ist die Energieübertragung besser und es werden im Vergleich zu anderen Mühlen bessere Zerkleinerungsergebnisse erzielt.

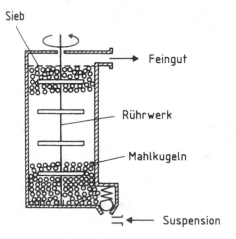

Abb. 6-60   Rührwerksmühle

Durch eingebaute Sieb- oder Sichtvorrichtungen kann das Mahlgut erst ab einer bestimmten Korngröße den Mahlraum verlassen.

Im Mahlraum befinden sich ein Rührwerk und Mahlkugeln. Die Suspension kann kontinuierlich von unten zugeführt werden und am oberen Ende aus dem Mahlraum austreten. Die Zerkleinerung geschieht durch Druck und Scheren zwischen den Mahlkugeln. Die Mahlkörper werden durch ein Sieb oder einen Spalt im Mahlraum zurückgehalten.

Brennbare Stoffe und solche, die zu statischem Aufladen neigen, werden häufig in nassem Zustand gemahlen. Außerdem wird hierbei Staubentwicklung unterbunden.

### 6.3.1.5
#### Hinweise zur Arbeitssicherheit
- Bei vielen Zerkleinerungsapparaten besteht Gefahr durch rotierende Teile.
- Es besteht Entzündungsgefahr durch Reibungswärme oder Reaktionen zwischen unterschiedlichen Stoffen. Um statische Aufladung zu vermeiden, muss die Apparatur geerdet werden.
- Fremdkörper dürfen nicht in die Apparatur gelangen. Es sollte ein Magnetabscheider oder ein Sieb vorgeschaltet werden.
- Nicht einwandfrei laufende oder verstopfte Maschinen müssen sofort abgeschaltet werden.
- Die Maschine darf nicht überladen werden.
- Vor Reinigung oder Reparatur muss der Netzstecker gezogen bzw. der Sicherheitsschalter gesperrt werden.
- Sicherheitseinrichtungen wie Überlastungsschutz oder Endschalter dürfen nicht blockiert werden.
- Beim Zerkleinern feuergefährlicher Stoffe müssen besondere Schutzmaßnahmen ergriffen werden, z.B. Kühlen und Schutzgasüberlagerung.

### 6.3.2
#### Arbeitsanweisungen

Für das Arbeiten mit Zerkleinerungsapparaten werden ein Arbeitsanzug, Sicherheitsschuhe und eine Schutzbrille benötigt. Bei bestimmten Arbeiten notwendige Sicherheitsmaßnahmen werden bei jeder Aufgabenstellung zusätzlich angegeben.

### 6.3.2.1
#### Brechen von Kalkstein und Klassieren des entstandenen Haufwerks
**Apparatur und Geräte:** Backenbrecher, technische Siebmaschine, Siebe der Maschenweite 0,8 mm; 1,2 mm; 2,0 mm; 3,0 mm; ca. 30 Gummikugeln
**Chemikalien:** Kalkstein (Korngröße < 30 mm)
**Arbeitssicherheit:** Beim Zerkleinern muss auf kontinuierliche Zugabe von Kalkstein geachtet werden. Es darf nur Kalkstein der Korngröße < 30 mm eingesetzt werden.

Die Reinigung des Brechers darf nur bei gezogenem Netzstecker bzw. gesperrtem Sicherheitsschalter erfolgen. Bei laufender Siebmaschine ist Abstand zu halten.

**Arbeitsanweisung:**

a) *Brechen:* Die Brechmaulweite am Backenbrecher wird auf Stufe 6 eingestellt, Brecher und Absauganlage werden eingeschaltet. 4 kg Kalksteinbrocken sind kontinuierlich einzutragen. Der zerkleinerte Kalkstein wird in einem Behälter aufgefangen.

b) *Klassieren:* Die Gummikugeln werden gleichmäßig auf dem Bodengitter verteilt und zwei Siebe mit 0,8 mm Maschenweite aufgelegt. Kasten und Deckel sind unter Beachten der Dichtflächen aufzusetzen und *über Kreuz* festzuspannen. Nach Einschalten der Siebmaschine wird der Kalkstein kontinuierlich eingetragen. Der Siebvorgang ist beendet, wenn der Kalkstein restlos von den Sieben gefördert ist.

Der Siebüberlauf und der Siebdurchgang werden ausgewogen und der Siebvorgang nacheinander mit den restlichen Sieben nach ansteigender Maschenweite wiederholt. Dabei ist jeweils der Siebüberlauf des vorhergehenden Siebvorganges einzusetzen. Der Siebdurchgang ist in einem Behälter zu deponieren.

**Auswertung:** Es ist ein Ablaufprotokoll zu führen und der Zerkleinerungsgrad $n_Z$ anzugeben. Die Massen von Siebdurchgang und Siebüberlauf sind in einer Tabelle aufzuführen und die Durchgangssumme $\Sigma D\%$ ist zu berechnen.

In einem Stabdiagramm wird der Siebdurchgang $D$ von Kalkstein in Abhängigkeit von der Maschenweite aufgetragen.

### 6.3.2.2

**Mahlen mit verschiedenen Mahlapparaten und Bestimmen der Korngrößenverteilung**

**Apparatur und Geräte:** Mörsermühle, Schlagkreuzmühle mit Siebeinsatz 0,3 mm, Mörser mit Pistill, Laborsiebmaschine, Siebe der Maschenweite 0,08 mm; 0,1 mm; 0,16 mm; 0,2 mm; 0,355 mm; Siebhilfsmittel

**Chemikalien:** Kalkstein (Korngröße 0,2 – 0,4 mm)

**Arbeitssicherheit:** Netzabhängige Apparaturen dürfen nur bei gezogenem Netzstecker geöffnet oder gereinigt werden. Der Produkteintrag soll langsam und gleichmäßig erfolgen.

**Arbeitsanweisung:** 0,5 kg Kalkstein werden gemischt und nach dem Kegelverfahren in vier Fraktionen zerlegt. 100 g einer Fraktion werden einer Siebanalyse unterzogen (siehe Abschn. 6.1.1.4).

a) *Mörsermühle:* Die Mörsermühle wird eingeschaltet. 0,1 kg Kalksteinfraktion werden langsam in die Mühle eingetragen und 10 Minuten gemahlen.

b) *Schlagkreuzmühle:* 0,1 kg Kalksteinfraktion werden portionsweise in die laufende Mühle eingefüllt und gemahlen. *Hinweis:* Bei verstopftem Siebeinsatz kann es zu starker Staubentwicklung kommen.

c) *Mörser und Pistill:* 0,1 kg Kalksteinfraktion werden 10 Minutenlang durch gleichmäßige, kreisende Druckbewegung des Pistills gemahlen.

Die gemahlenen Kalksteinfraktionen der drei Mahlversuche werden jeweils einer Siebanalyse unterzogen.

**Auswertung**: Alle Messwerte werden in einer Tabelle entsprechend Tab. 6-1 (s. Abschn. 6.1.2.1) aufgeführt.

In einem Stabdiagramm wird der prozentuale Siebrückstand $R$ % in Abhängigkeit von der Maschenweite dargestellt. Anhand der Diagramme ist ein Vergleich der Mahlmethoden durchzuführen.

### 6.3.2.3
**Untersuchen der Abhängigkeit der Korngrößenverteilung von der Mahldauer bei einer Kugelmühle**

**Apparatur und Geräte**: Fliehkraftkugelmühle mit Mahlbecher 500 mL, Steatitkugeln (Durchmesser 6 mm, 12 mm und 20 mm), Präzisionswaage, Laborsiebmaschine, Prüfsiebsatz, Messzylinder

**Chemikalien**: Kalksteinfraktion 0,4 bis 0,8 mm

**Arbeitssicherheit**: Vor jedem Mahlvorgang ist auf einen einwandfreien Sitz der Mahlbecherhalterung zu achten. Damit beim Betreiben der Mühle keine Unwucht auftritt, muss vor jedem Mahlvorgang die Anzahl an Gegengewichten der Bruttomasse des Mahlbechers (Masse Mahlbecher + Masse der Mahlkörper + Masse des Mahlgutes) angepasst werden. Die Anzahl der Gegengewichte ist wie folgt zu berechnen:

$$x = \frac{m - 1250\ \text{g}}{125\ \text{g}} \tag{6-12}$$

In Gl. (6-12) bedeuten:
$x$      Anzahl der Gegengewichte
$m$     Bruttomasse des Mahlbechers in g

**Arbeitsanweisung**: Der Mahlbecher wird zu 40% mit Kugeln und mit 150 g der Kalksteinfraktion gefüllt. Es wird 10 min bei einer Drehzahl der Mühle von 100 min$^{-1}$ gemahlen. Das gemahlene Gut ist von den Kugeln zu trennen und mit der Laborsiebmaschine 10 min zu sieben. Die Kugeln werden wieder in die Kugelmühle zurückgegeben.

Die Siebrückstände werden ausgewogen und wiederum 10 min lang gemahlen. Der Feinstkornanteil verbleibt während des gesamten Versuchs in der Auffangschale und wird nicht nochmals gemahlen.

Es werden insgesamt 7 Mahlgänge von je 10 min Dauer mit anschließender Siebanalyse durchgeführt.

**Auswertung**: Für jede Siebanalyse werden die Massen an Siebrückstand R und der prozentuale Siebrückstand R% bezogen auf die Ausgangsmasse berechnet. Der prozentuale Siebrückstand wird nach fallender Maschenweite aufsummiert ΣR%.

Alle Messergebnisse werden in einer Tabelle entsprechend Tab. 6-1 (s. Abschn. 6.1.2.1) aufgeführt und in einem Körnungsnetz nach RRSB (s. Abb. 6-13) die Rückstandssummen R% in Abhängigkeit von der Korngröße aufgetragen.

6.3.2.4

**Untersuchen der Abhängigkeit der Korngrößenverteilung von der Art der Mahlkörper bei einer Kugelmühle**

**Apparatur und Geräte:** Fliehkraftkugelmühle mit Mahlbecher 500 mL, Kalksteinfraktion 0,4 bis 0,8 mm, Steatitkugeln (Durchmesser 12 mm), Cylpepse (Durchmesser 12 mm, Höhe 12 mm), Präzisionswaage, Laborsiebmaschine, Prüfsiebsatz

**Chemikalien:** Kalksteinfraktion 0,4 bis 0,8 mm

**Arbeitssicherheit:** Vor jedem Mahlvorgang ist auf einen einwandfreien Sitz der Mahlbecherhalterung zu achten. (s. Abschn. 6.3.2.3)

**Arbeitsanweisung:** Der Mahlbecher wird zu 40% mit Kugeln und mit 150 g der Kalksteinfraktion gefüllt. Es wird 10 min bei einer Drehzahl der Mühle von 100 min$^{-1}$ gemahlen. Das gemahlene Gut ist von den Kugeln zu trennen und mit der Laborsiebmaschine 10 min zu sieben.

Der Mahlvorgang wird unter gleichen Bedingungen mit Cylpepsen als Mahlkörper wiederholt.

**Auswertung:** Die Messwerte werden in einer Tabelle entsprechend Tab. 6-1 aufgeführt und in einem Körnungsnetz nach RRSB (s. Abb. 6-13) die Rückstandssummen R% in Abhängigkeit von der Korngröße aufgetragen. Die Versuchsergebnisse sind zu interpretieren.

6.3.2.5

**Mahlversuche mit einer Fliehkraftkugelmühle**

Mit verschiedenen Mahlversuchen soll der Einfluss der Kugelgröße, des Kugelfüllgrades und der Drehzahl auf die Zerkleinerungsgeschwindigkeit bei einer Fliehkraftkugelmühle untersucht werden.

**Apparatur und Geräte:** Fliehkraftkugelmühle mit Mahlbecher 500 mL, Kalksteinfraktion 0,4 bis 0,8 mm, Steatitkugeln (Ø 6, 12 und 20 mm), Präzisionswaage, Laborsiebmaschine, Prüfsiebsatz, Messzylinder

**Chemikalien:** Kalksteinfraktion 0,4 bis 0,8 mm.

**Arbeitssicherheit:** Vor jedem Mahlvorgang ist auf einen einwandfreien Sitz der Mahlbecherhalterung zu achten (s. Abschn. 6.3.2.3).

**Arbeitsanweisung:** In den drei Versuchsvarianten werden für jeden einzelnen Mahlvorgang 150 g der gegebenen Kalksteinfraktion eingesetzt.

a) *Abhängigkeit der Zerkleinerungsgeschwindigkeit von der Mahlkugelgröße:*
Für diesen Versuch werden die Kugelgrößen 6, 12 und 20 mm eingesetzt. Für jeden Mahlvorgang wird ein Volumen von 120 mL an Kugeln *einer* Größe mit dem Messzylinder abgemessen. Diese werden in dem Mahlbecher vorgelegt, mit dem zu mahlenden Gut versehen und bei einer Drehzahleinstellung von 50 % 10 Minuten gemahlen. Der gesamte Versuch ist mit einer Mahldauer von 20 Minuten zu wiederholen.

b) *Abhängigkeit der Zerkleinerungsgeschwindigkeit vom Kugelfüllgrad:*
Für diesen Versuch werden Kugeln von 20 mm Größe verwendet. Für den einzelnen Mahlvorgang ist die Anzahl der Kugeln zwischen 0 und 40 in Schritten von je

5 Kugeln zu verändern und bei einer Drehzahleinstellung von 50 % 10 Minuten zu mahlen.

c) *Abhängigkeit der Zerkleinerungsgeschwindigkeit von der Drehzahl der Mühle:*
Bei den einzelnen Mahlvorgängen wird die Drehzahl im Bereich von 10–80 % in 10 %-Schritten verändert. Die Anzahl an zu verwendenden Mahlkugeln der Größe 20 mm beträgt 25, die jeweilige Mahldauer beträgt 10 Minuten.

Nach jedem Mahlversuch sind die Mahlkugeln vom Mahlgut zu trennen. Anschließend wird das Mahlgut auf ein 0,4 mm Sieb gegeben und 10 Minuten gesiebt. Die Massen von Rückstand und Durchgang werden gewogen und notiert.

**Auswertung:** Alle Messergebnisse sind in einer Tabelle entsprechend Tab. 6-1 (s. Abschn. 6.1.2.1) festzuhalten. Die Siebdurchgänge $D$ sind abhängig vom jeweils betrachteten Parameter (Kugelgröße, Kugelfüllgrad oder Drehzahl) in einem Diagramm darzustellen. Das Diagramm ist zu interpretieren.

### 6.3.2.6
### Untersuchen der Abhängigkeit der Korngrößenverteilung von der Größe der Mahlkörper bei einer Schwingmühle

**Apparatur und Geräte:** Zwei Kugelmühlenbehälter (Volumen 1 L), Kugeln (Durchmesser 8 mm und 20 mm), Schwingbock, Laborsiebmaschine, Siebe der Maschenweite 0,8 mm, 0,5 mm; 0,315 mm; 0,2 mm; 0,1 mm; Siebhilfsmittel
**Chemikalien:** Kalkstein (Korngröße 0,8 – 1,2 mm)
**Arbeitssicherheit:** Beim Mahlen ist auf festen Sitz der Spannriemen zu achten. Bei schwingender Mühle ist Abstand zu halten.
**Arbeitsanweisung:** Die Mahlbecher sind zu 70% mit Mahlkörpern entsprechender Größe sowie mit 120g der gegebenen Kalksteinfraktion zu füllen. Es wird 20 min gemahlen und anschließend die Kugeln von dem gemahlenen Gut getrennt. Von jedem Mahlgut ist eine Siebanalyse mit einer Siebdauer von 10 min durchzuführen.

Um eine Aussage über die Korngrößenverteilung des Ausgangsgemischs machen zu können, werden 120 g der gegebenen Kalksteinfraktion ebenfalls einer Siebanalyse unterzogen.
**Auswertung:** Die Messwerte und Ergebnisse der Siebanalysen werden in einer Tabelle entsprechend Tab. 6-1 (s. Abschn. 6.1.2.1) aufgeführt. Der prozentuale Siebrückstand $R\%$ ist in einem Diagramm in Abhängigkeit von der Maschenweite darzustellen. Die Versuchsergebnisse werden interpretiert und von der Schwingmühle eine Skizze angefertigt.

### 6.3.2.7
### Mahlen mit einer Mörsermühle und Klassieren des Haufwerks mit einem Luftstrahlsieb

**Apparatur und Geräte:** Mörsermühle, Luftstrahlsieb, Sieb der Maschenweite 0,09 mm, Umlufttrockenschrank
**Chemikalien:** Kalkstein (Korngröße 0,2 – 0,4 mm)

**Arbeitssicherheit und Umweltschutz:** Um Staubemissionen[13] zu vermeiden, muss insbesondere auf Dichtigkeit und Sauberkeit der Abluftanlage geachtet werden.

**Arbeitsanweisung:** 25 g Kalkstein werden 10 Minuten lang mit dem Luftstrahlsieb klassiert. *Hinweis:* Beim Aufbringen des Siebgutes auf das Sieb ist auf gleichmäßige Verteilung zu achten, um das Agglomerieren der Teilchen zu verhindern.

25 g Kalkstein werden in die verschlossene, laufende Mörsermühle gefüllt und 2 Minuten lang gemahlen. Das Mahlgut wird 10 Minuten bei 100 °C im Umlufttrockenschrank getrocknet und anschließend mit dem Luftstrahlsieb 10 Minuten lang klassiert. Der Versuch wird noch zweimal mit jeweils 25 g Kalkstein bei einer Mahldauer von 4 bzw. 6 Minuten durchgeführt.

**Auswertung:** Die Massen an Siebdurchgang sind aufzuführen, der prozentuale Siebrückstand $R\%$ und der prozentuale Siebdurchgang $D\%$ sind zu berechnen. Der prozentuale Siebdurchgang $D\%$ wird in einem Stabdiagramm in Abhängigkeit von der Mahldauer dargestellt. Es ist eine Skizze der Mörsermühle anzufertigen.

### 6.3.3
**Fragen zum Thema**

Definieren Sie die Begriffe Brechen und Mahlen.
Welchen Beanspruchungsarten unterliegen die Stoffe beim Zerkleinern?
Was wird durch Zerkleinern der Stoffe erreicht und welche Vorteile ergeben sich daraus?
Welche Sicherheitsmaßnahmen sind beim Arbeiten mit Zerkleinerungsmaschinen zu beachten?
Wie ist der Zerkleinerungsgrad definiert?
Welche Einflussgrößen auf die Auswahl des Zerkleinerungsverfahrens gibt es?
Beschreiben Sie die Arbeitsweise eines Backenbrechers.
Welche Mühlen arbeiten a) mit Mahlwerkzeugen? b) mit Mahlkörpern?
Auf welche Weise erfolgt die Zerkleinerung in Schlagmühlen?
Welche Vorteile hat Nassmahlen gegenüber Trockenmahlen?
Was bedeutet die kritische Drehzahl bei der Kugelmühle?
Beschreiben Sie die Arbeitsweise einer Strahlmühle.
Aus welchen Gründen erfolgt häufig eine stufenweise Zerkleinerung in Mahlanlagen?

#### Begriffserklärungen

1 Von engl. *flottage* für das auf dem Wasser schwimmende.
2 Von lat. *sedere* für absitzen.
3 Von frz. *décanter* für abgießen.
4 Von lat. *centrum* für Mittelpunkt und lat. *fugere* für fliehen.
5 aus dem griech. für ungeformt, gestaltlos.
6 Von lat. *ad* für zu und lat. *sorbere* für in sich ziehen.
7 Aus dem engl. für Sackgasse.
8 Aus dem engl. für Kreuzstrom.
9 Von lat. *permeare* für durchdringen, durchlassen.
10 von lat. *retendere* für zurückhalten.
11 Aus dem lat. für träge, unbeteiligt.
12 Von lat. *fugere* für fliehen.
13 Von lat. *emittere* für ausstrahlen, ausgeben.

# 7
# Wärmeübertragung

## 7.1
## Theoretische Grundlagen

### 7.1.1.
### Themen und Lerninhalte

Chemische Prozesse laufen oft nur unter bestimmten Temperaturbedingungen optimal ab. Um diese Bedingungen zu erhalten, muss Wärme zu- oder abgeführt werden.

Der Energieinhalt $Q$ eines Stoffes hängt von der Bewegungsenergie seiner Moleküle ab und ist seiner Masse $m$ und seiner Temperaturänderung $\Delta T$ direkt proportional. Proportionalitätsfaktor für die mathematische Gleichung ist die spezifische Wärmekapazität $c$.

$$Q = m \cdot c \cdot \Delta T \tag{7-1}$$

Die spezifische Wärmekapazität ist eine Stoffkonstante und gibt die Wärmemenge in kJ an, die notwendig ist, um 1 kg eines Stoffes um 1 K zu erwärmen.

Die treibende Kraft für den Wärmeübergang von einem Körper auf einen anderen ist eine bestehende Temperaturdifferenz. Die Wärmeübertragung geschieht immer von einem Ort höherer Temperatur zu einem Ort niedrigerer Temperatur.

## 7.1.2
## Physikalische Grundlagen

Es werden drei Arten der **Wärmeübertragung** (s. Abb. 7-1) unterschieden.
- *Wärmeleitung* findet innerhalb eines Stoffes statt. Moleküle mit hoher Bewegungsenergie übertragen diese auf benachbarte Moleküle mit niedrigerer Bewegungsenergie. Diese Wärmeübertragung kommt überwiegend in Feststoffen vor.
- *Wärmekonvektion*, d.h. *Wärmeströmung* liegt vor, wenn sich Flüssigkeitsschichten oder Gase unterschiedlicher Temperatur vermischen. Man spricht von erzwungener Konvektion, wenn die Durchmischung durch Pumpen oder Rührer erfolgt und von freier Konvektion, wenn die Durchmischung aufgrund der geringeren Dichte heißerer Flüssigkeitsschichten und damit verbundenem Auftrieb erfolgt.

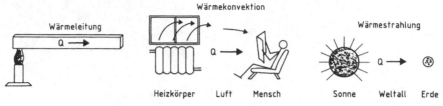

**Abb. 7-1**   Wärmeübertragung

– *Wärmestrahlung* ist der Wärmetransport durch elektromagnetische Wellen, die von jedem heißen Körper ausgesandt werden. Diese Strahlen treffen auf Körper niedrigerer Temperatur und werden dort teilweise in Wärme zurückverwandelt. Die Wärmestrahlung ist nicht an stoffliche Träger gebunden. Die Wellenlängen dieser Strahlung liegen im Bereich von 0,8 bis 15 µm.

In der Praxis kommen die verschiedenen Arten des Wärmetausches selten allein vor, in den meisten Fällen überwiegt dann eine Übertragungsart. Wärmestrahlung tritt immer auf, ist aber nur bei höheren Temperaturen von Bedeutung; z.B. bei heißen Gasen oder Feststoffen oberhalb von 400 °C.

Die Übertragung von Wärme von einer Flüssigkeit oder einem Gas an eine feste Wand heißt **Wärmeübergang**. In der Wand findet Wärmeleitung statt. Wird diese Wärme von der Wand wieder an eine Flüssigkeit oder ein Gas abgegeben, findet wiederum Wärmeübergang statt. Der gesamte Vorgang heißt **Wärmedurchgang** (s. Abb. 7-2).

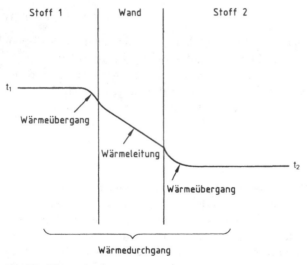

**Abb. 7-2**   Wärmedurchgang

## 7.1.3
**Energieträger**

Energieträger werden in wärme- und kältespeichernde Medien unterschieden.

Die Brennstoffe Kohle, Erdöl und Erdgas werden vorwiegend zur Erzeugung anderer Energieträger wie Wasserdampf oder elektrischem Strom eingesetzt.

**Wasserdampf** wird als häufigstes Heizmedium eingesetzt. Niederdruckdampf ist Sattdampf mit einem Druck von 3,2 bar und einer Temperatur von 150 °C. Die besonderen Vorteile von Wasserdampf sind seine hohe Kondensationswärme von 2256,7 kJ/kg und seine Umweltfreundlichkeit. Zum indirekten Heizen werden vorwiegend Wasserdampf, Warmwasser oder Öl als Energieträger eingesetzt.

**Elektrische Energie** erzeugt Wärme in Induktiv- oder Widerstandsheizungen, wie sie z.B. zum Schmelzen fester Stoffe angewendet werden.

Zum Abkühlen dienen Luft, Wasser, Eis, Trockeneis (festes Kohlenstoffdioxid) und Kühlsolen. Kühlsolen sind wässrige Lösungen von Calciumchlorid, Natriumchlorid bzw. Magnesiumchlorid oder Mischungen von mehrwertigen Alkoholen mit Wasser. Glykol-Wasser-Gemisch wird z.B. als Frostschutzmittel eingesetzt. Kühlsolen werden im Kreislauf gefahren und in Absorptions- oder Kompressionskältemaschinen gekühlt.

Energieträger werden häufig in Kreislaufsystemen geführt, um die Energienutzung zu optimieren und Ressourcen zu schonen.

## 7.1.4
**Wärmeübertragungsverfahren**

Bei der Wärmeübertragung werden direkte und indirekte Verfahren unterschieden.

Bei der **direkten Wärmeübertragung** besteht Kontakt zwischen dem heißem und dem kaltem Medium. Dieses Verfahren ist vielfach verbunden mit einer Änderung des Aggregatzustandes, z.B. der Kondensation von Wasserdampf. Direktes Heizen und Kühlen wird in der chemischen Industrie dann angewandt, wenn es nicht zu unerwünschten Reaktionen mit den Produkten kommen kann oder wenn die entstehende Verdünnung für das Verfahren sinnvoll ist.

Bei der **indirekten Wärmeübertragung** wird die Wärme durch eine Trennwand hindurch übertragen. Material, Beschaffenheit und Größe dieser Übertragungsfläche beeinflussen den stattfindenden Wärmdurchgang.

Wärmeübertragung in Apparaten kann im Gleich- oder Gegenstrom von heißem und kaltem Medium erfolgen.

– *Gleichstromwärmeübertragung* (s. Abb. 7-3) bedeutet, dass beide Medien parallel in eine Richtung geführt werden. Wird dieses Verfahren zum Abkühlen heißer Medien eingesetzt, so ist der hohe Verbrauch an Kühlmittel von Nachteil. Zu Beginn des Übertragungsvorgangs ist die Temperaturdifferenz $\Delta T$ als treibende Kraft groß; sie verringert sich gegen Ende hin.

– Bei der *Gegenstromwärmeübertragung* (s. Abb. 7-4) werden beide Medien in entgegengesetzter Richtung geführt. Dieses Verfahren bringt beim Abkühlen eine bessere Ausnutzung des Kühlmittels, da dessen Austrittstemperatur nur knapp

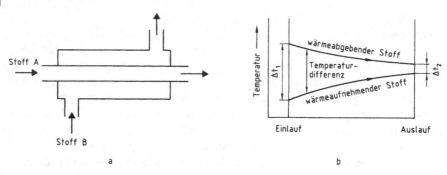

**Abb. 7-3** Gleichstromwärmetausch

unter der Eintrittstemperatur des heißen Mediums liegen muss. Die Temperaturdifferenz $\Delta T$ bleibt als treibende Kraft während des gesamten Übertragungsvorgangs ausreichend groß.

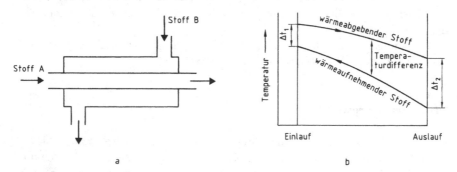

**Abb. 7-4** Gegenstromwärmetausch

### 7.1.5
### Apparate zur Wärmeübertragung

Die Apparate werden unterschieden:
- nach dem Wärmetauschverfahren (direkt oder indirekt) und
- nach ihrem Einsatz als Heiz- oder Kühlapparate.

### 7.1.5.1
### Direkte Wärmeübertragung

– *Direktes Heizen* von Reaktionsprodukten kann durchgeführt werden durch Einleiten von Wasserdampf (s. Abb. 7-5). Wasserdampf wird in den unteren Teil des Behälters eingeleitet und gibt seine Kondensationswärme an das Produkt ab. Erzwungene Konvektion durch Rühren führt zu einer besseren Verteilung der Wär-

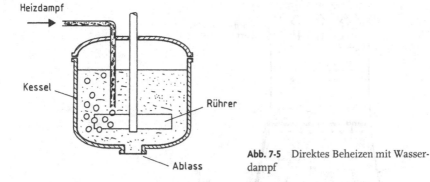

Abb. 7-5 Direktes Beheizen mit Wasserdampf

me. Die Dampfleitung wird durch ein Rückschlagventil gegen Zurücksteigen von
Flüssigkeit gesichert.
– *Elektrische Energie* kann durch Einbau von Heizschlangen in Behälter zum direkten Heizen genutzt werden. Die elektrische Widerstandsheizung wird vor allem
bei Schmelzvorgängen eingesetzt (s. Abb. 7-6).

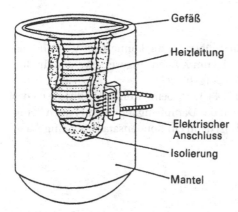

Abb. 7-6 Elektrische Widerstandsheizung

– *Direkte Kühlung* erfolgt durch Zugabe von Eis oder Trockeneis zum Produkt, wobei diese ihre Schmelz-bzw. Sublimationswärme dem heißen Medium entziehen.
Die direkte Rückkühlung großer Mengen erwärmten Kühlwassers, das beim indirekten Wärmetausch anfällt, wird in sogenannten *Kühltürmen* durchgeführt
(s. Abb. 7-7). Warmes Kühlwasser wird im oberen Drittel des Kühlturmes auf Einbauten oder Schüttungen verteilt und rieselt im Gegenstrom zur von unten seitlich eingeblasenen Kaltluft zum Boden des Turmes. Hierbei gibt das Wasser Wärme an die Kaltluft ab, wobei ein Teil verdunstet. Dadurch reichert sich die Luft mit
Wasserdampf an. Die Verdunstungswärme wird dem Restwasser entzogen.

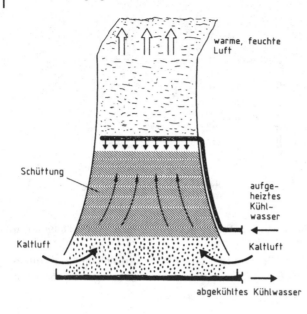

warme, feuchte
Luft

Schüttung

aufge-
heiztes
Kühl-
wasser

Kaltluft

Kaltluft

abgekühltes Kühlwasser

**Abb. 7-7**  Kühlturm

7.1.5.2
**Indirekte Wärmeübertragung**
Die meisten Apparate zur **indirekten Wärmeübertragung** können bei Verwendung
fluider Medien sowohl zum Heizen als auch zum Kühlen eingesetzt werden. Im fol-
genden werden einige wichtige Bauformen aufgeführt.
– Im *Vollmantelwärmeübertrager* (s. Abb. 7-8) wird beim Kühlen Kaltwasser oder
  Kühlsole unten in den Mantel eingeleitet, der Dampfeingang beim Heizen befin-
  det sich oben. Am Ausgang des Mantels ist dann ein Kondensatableiter eingebaut.

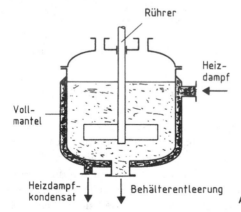

Rührer

Heiz-
dampf

Voll-
mantel

Heizdampf-
kondensat

Behälterentleerung

**Abb. 7-8**  Vollmantelwärmeübertrager

– *Rohrschlangen* (s. Abb. 7-9) können in den Kesselinnenraum eingebaut oder auf
  den Kessel aufgeschweißt werden. Eine andere Bauart sind Halbrohre oder Winkel.

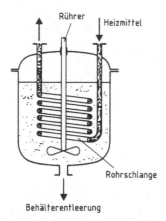

**Abb. 7-9** Rohrschlangenwärmeübertrager

– *Rohrbündelwärmeübertrager* (s. Abb. 7-10) vereinen kompakte Bauweise mit sehr großer Tauscherfläche. In einem weiten Mantelrohr befinden sich eine Anzahl von Übertragungsrohren, die bei gerader Führung an beiden Enden des Mantelrohres befestigt sind. Beim Beheizen mit Dampf strömt dieser außerhalb der

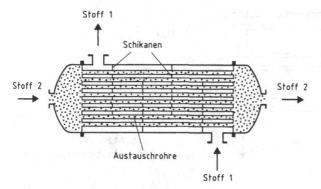

**Abb. 7-10** Rohrbündelwärmeübertrager

Übertragungsrohre von oben nach unten. Beim Kühlen wird die Kühlflüssigkeit durch die Übertragerrohre geführt.
– Weitere Beispiele für Wärmeübertrager sind *Platten-* und *Doppelrohrwärmeübertrager* (s. Abb. 7-11 und 7-12).

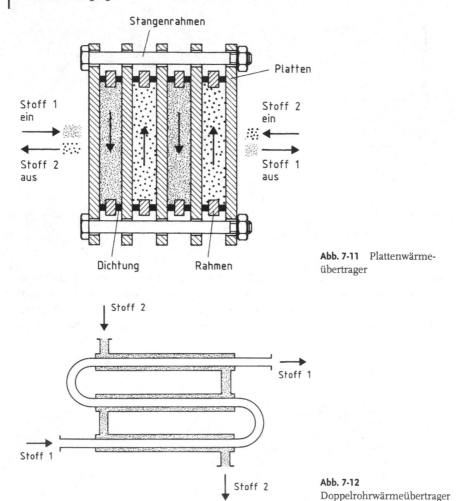

Abb. 7-11 Plattenwärme-
übertrager

Abb. 7-12
Doppelrohrwärmeübertrager

## 7.2
### Arbeitsanweisungen

Für das Arbeiten mit Kesselanlagen werden ein Arbeitsanzug, Sicherheitsschuhe, eine Schutzbrille und ein Helm benötigt. Bei bestimmten Arbeiten notwendige Sicherheitsmaßnahmen werden bei jeder Aufgabenstellung zusätzlich angegeben.

### 7.2.1
### Direktes Heizen und indirektes Kühlen an einem Reaktionskessel

**Apparatur und Geräte:** Druckbehälter mit Rührwerk und Mantel (s. Abb. 7-13).
**Arbeitssicherheit:** Zu Beginn des Heizens darf das Dampfventil nur langsam geöffnet werden. Dampfführende Leitungen sind oft sehr heiß (über 100 °C).

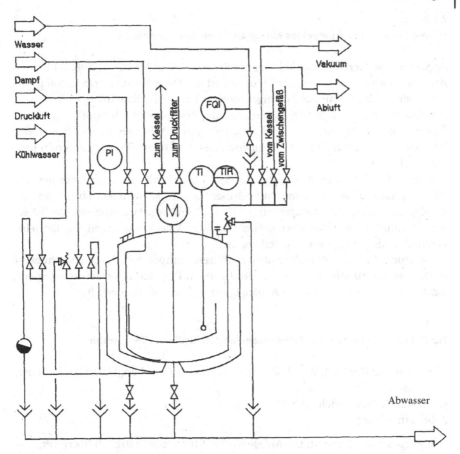

**Abb. 7-13** Druckbehälter mit Rührwerk und Mantel

**Arbeitsanweisung:** Die Betriebsbereitschaft der Anlage wird überprüft: Der Kessel ist sauber und leer. Alle Absperrvorrichtungen sind geschlossen mit Ausnahme der Abluft, des Kühlwasserausgangs und der Mantelentleerung. Der Rührer wird auf Funktionstüchtigkeit überprüft.

Der Kessel ist zu 60% mit Wasser zu füllen und bei eingeschaltetem Rührer durch direktes Heizen in 20 min auf 55 °C zu erwärmen. Nach Erreichen der Zieltemperatur wird diese 5 min konstant gehalten.

Anschließend wird in 20 min durch direktes Heizen auf 75 °C erwärmt und wiederum 5 min konstant gehalten. Der Kesselinhalt ist dann in 30 min indirekt auf 30 °C abzukühlen und das Wasser anschließend abzulassen. Die Betriebsbereitschaft der Anlage wird wieder hergestellt.

**Auswertung:** Es ist ein Ablaufprotokoll mit allen ausgeführten Tätigkeiten, den Ventilstellungen an der Anlage sowie den Volumenmesswerten zu führen. Temperaturen werden in Abständen von 5 Minuten protokolliert. Der Temperaturverlauf ist in einem Temperatur-Zeit-Diagramm zusammmen mit der Soll-Kurve darzustellen.

## 7.2.2
### Indirektes Heizen und indirektes Kühlen an einem Reaktionskessel

**Apparatur und Geräte:** Druckbehälter mit Rührwerk und Mantel (s. Abb. 7-13).
**Arbeitssicherheit:** Zu Beginn des Heizens darf das Dampfventil nur langsam geöffnet werden. Dampfführende Leitungen sind oft sehr heiß (über 100 °C).
**Arbeitsanweisung:** Die Betriebsbereitschaft der Anlage wird überprüft. Der Kessel wird zu 45% mit Wasser gefüllt. Einfüllöffnung und Abluft sind zu schließen, der Inhalt in 20 min indirekt auf 60 °C zu erwärmen und diese Temperatur 5 min konstant zu halten.

Anschließend wird in 20 Minuten auf 35 °C abgekühlt und nach Erreichen der Zieltemperatur diese 5 min konstant gehalten. Der Kessel wird dann in 10 min auf 45 °C hochgeheizt, diese Temperatur wiederum 5 min konstant gehalten. Der Kessel wird entlüftet, der Einfüllstutzen geöffnet und das Wasser abgelassen. Die Betriebsbereitschaft der Anlage wird wiederhergestellt.

**Auswertung:** Es ist ein Ablaufprotokoll zu führen. Temperatur und Druck werden in Abständen von 10 Minuten protokolliert. In einem Diagramm werden Solltemperatur, Isttemperatur und Druck in Abhängigkeit von der Zeit dargestellt.

## 7.2.3
### Herstellen und Mischen von Salzlösungen unterschiedlicher Temperatur

**Apparatur und Geräte:** Rührbehälter mit Mantel und Zwischengefäß, Standzylinder, Aräometersatz, Probenehmer
**Chemikalien:** Natriumchlorid
**Arbeitsanweisung:**

a) *Herstellen der Lösung 1*: Die Anlage wird auf Betriebsbereitschaft überprüft.

Der Kessel ist zu 45% mit Wasser zu füllen und in 30 Minuten auf 50 °C zu erwärmen. Die zur Herstellung einer Lösung mit einem Massenanteil w(NaCl) = 4,5% notwendige Masse Natriumchlorid ist zu berechnen, abzuwiegen und bei 50 °C innerhalb von 30 Minuten einzutragen. Die Lösung ist in 30 Minuten auf 75 °C zu erwärmen und diese Temperatur 30 Minuten konstant zu halten. In dieser Zeit wird eine Probe entnommen, auf 20 °C abgekühlt und mit einem Aräometer die Dichte der Lösung bestimmt.

Aus einem vorgegebenen Diagramm ist der entsprechende Massenanteil w(NaCl) der Lösung abzulesen. Bei einer absoluten Abweichung von mehr als 0,5% vom Sollwert wird eine Korrektur durch Zugabe von Salz oder Wasser durchgeführt.

b) *Herstellen der Lösung 2*: Im Zwischengefäß werden 20 L Wasser vorgelegt und unter Rühren in 15 Minuten 1,5 kg NaCl zugegeben. Die Lösung rührt 15 Minuten nach. In dieser Zeit wird eine Probe entnommen und bei 20 °C mit einem Aräometer die Dichte bestimmt. Der Massenanteil w(NaCl) der Lösung ist aus einem Diagramm zu ermitteln. Bei einer absoluten Abweichung von mehr als 0,5% vom Sollwert ist eine Korrektur durch Zugabe von Salz oder Wasser durchzuführen.

c) *Mischen der Lösungen*: Lösung 1 wird auf 45 °C abgekühlt und anschließend Lösung 2 innerhalb von 15 Minuten aus dem Zwischengefäß in den Kessel abgelassen. Die Temperatur der Mischung ist zu notieren. Es wird eine Probe entnommen, auf 20 °C abgekühlt und mit einem Aräometer die Dichte der Mischung bestimmt. Der zugehörige Massenanteil w(NaCl) der Mischung wird aus dem Diagramm ermittelt. Die Lösung wird kanalisiert, die Anlage gereinigt und wieder betriebsbereit gemacht.

**Auswertung**: Es ist ein Ablaufprotokoll zu führen, in dem alle Berechnungen, die Dichte und der Massenanteil w(NaCl) aller Proben aufgeführt werden. In einem Temperatur-Zeit-Diagramm wird in Abständen von 10 Minuten die Temperatur eingetragen. Ist- und Sollwerte sind in einer Tabelle gegenüberzustellen.

## 7.3
### Fragen zum Thema

Wodurch wird der Wärmeübergang zwischen zwei Körpern verursacht?
Wovon ist der Wärmeinhalt eines Stoffes abhängig?
Definieren Sie den Begriff spezifische Wärmekapazität.
Was bedeutet a) Wärmeleitung, b) Wärmeströmung, c) Wärmestrahlung?
Welche Vorteile hat Wasserdampf bezüglich seiner Verwendung als Heizmedium?
Nennen Sie Beispiele für Kühlmittel.
Welcher Unterschied besteht zwischen direktem und indirektem Wärmetausch?
Skizzieren Sie die Flüssigkeitsführung a) bei Gleichstromwärmetausch, b) bei Gegenstromwärmetausch.
Vergleichen Sie Gleich- und Gegenstromwärmetausch unter dem Aspekt der Wirtschaftlichkeit.
Beschreiben Sie das Verfahren der Rückkühlung erwärmten Kühlwassers in Kühltürmen.
Weshalb wird Wasserdampf beim indirekten Heizen von oben in den Heizmantel geleitet?
Skizzieren und beschreiben Sie einen Rohrbündelwärmetauscher.

# 8
# Verdampfen, Trocknen, Kristallisieren

## 8.1
## Verdampfen

### 8.1.1
### Theoretische Grundlagen

#### 8.1.1.1
#### Themen und Lerninhalte

Aus einem Flüssigkeitsgemisch oder einer Lösung eines nichtflüchtigen Feststoffes kann durch Ändern der Temperatur und/oder des Druckes eine Flüssigkeit durch Verdampfen, d.h. Überführen in den gasförmigen Zustand entfernt werden. Ziel ist dabei die Rückgewinnung des Lösemittels und/oder die Herstellung einer konzentrierten Lösung. Als Heizmittel wird im allgemeinen Wasserdampf eingesetzt.

#### 8.1.1.2
#### Verdampfer

Verdampferanlagen werden hinsichtlich ihrer Energieausnutzung und ihrer Eignung für viskose Flüssigkeiten beurteilt und eingesetzt.

Der **Kesselverdampfer** (s. Abb. 8-1) zählt zu den klassischen Verdampfertypen. Der Dampf entsteht darin aus relativ dicken Flüssigkeitsschichten, dies bedeutet, die Verdampfungsoberfläche ist sehr klein. Kennzeichnend ist eine lange Verweilzeit des Produktes im Kessel und ein ungünstiges Verhältnis vom Inhalt des Kessels zur Wärmeübertragungsfläche.

Beim **Rotationsverdampfer** (s. Abb. 8-2) rotiert ein geneigter Verdampferkolben in einem Heizmedium um seine Achse. Er ist nur zum Teil mit dem Gemisch gefüllt. Durch die Rotation entsteht auf der inneren Oberfläche ständig ein dünner Flüssigkeitsfilm. Im Vergleich zum Rührkessel mit seinen dicken Flüssigkeitsschichten wird die übertragene Wärme besser zum Verdampfen genutzt.

**Rohrverdampfer** (s. Abb. 8-3) werden auch als Umlaufverdampfer bezeichnet. Sie haben gegenüber dem Rührkessel den Vorteil einer größeren Heizfläche auf kleinem Raum. Bei innenliegender Heizkammer tritt der Heizdampf in vertikal angeordnete Rohre ein. Die Lösung wird zwischen diesen Verdampferrohren geführt,

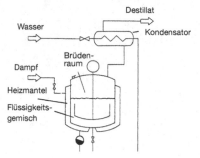

**Abb. 8-1**  Rührkessel als Verdampfer

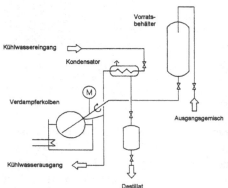

**Abb. 8-2**  Rotationsverdampfer

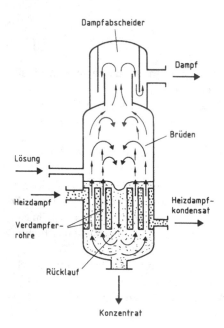

**Abb. 8-3**  Rohrverdampfer mit innenliegender Heizkammer

verdampft und die Brüden[1] am oberen Ende abgeführt. Das Konzentrat verlässt den Verdampfer z.B. unterhalb einer Prallplatte.

Bei einem Rohrverdampfer mit außenliegender Heizkammer sind die Heizrohre neben oder unterhalb des Dampfraumes angeordnet.

Der **Dünnschichtverdampfer** (s. Abb. 8-4) wird eingesetzt, wenn Lösungen temperaturempfindlich sind und nur kurze Zeit auf Siedetemperatur erhitzt werden dürfen. Der Dünnschichtverdampfer verbindet den Vorteil einer großen Verdampferoberfläche mit einem hohen Volumendurchsatz an einzudampfender Flüssigkeit.

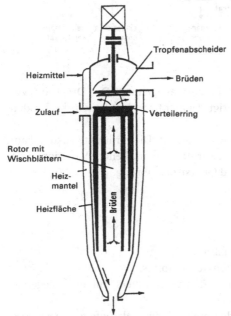

**Abb. 8-4** Dünnschichtverdampfer

In einem Verdampferrohr mit Mantelheizung befindet sich ein Rotor mit Wischblättern. Die Lösung fließt an der Innenwand herab und wird durch die Drehbewegung der Wischblätter ständig als Film auf der Heizwand verteilt. Auf der Heizwand wird die Flüssigkeit in kurzer Zeit verdampft. Die Brüden werden über einen Abscheider aus dem Dünnschichtverdampfer abgeleitet. Das Konzentrat wird nach kurzer Verweilzeit am Boden entnommen und gekühlt.

Dünnschichtverdampfer finden Anwendung in der pharmazeutischen Industrie oder zur Herstellung von Lebensmittelkonzentraten und sind auch zur Destillation hochviskoser und schwersiedender Flüssigkeiten geeignet.

### 8.1.1.3
**Mehrkörperverdampfer**
Zur besseren Ausnutzung der Wärmeenergie und zur Erhöhung des Wirkungsgrades wird in Mehrkörperverdampfern (s. Abb. 8-5) die Energie der Brüden zum

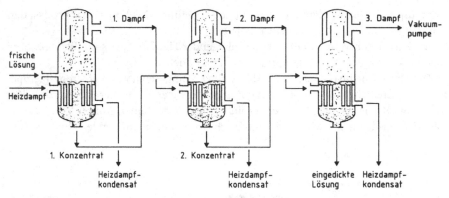

**Abb. 8-5** Mehrkörperverdampferanlage

Heizen eines nachgeschalteten Rohrverdampfers ausgenutzt. Der Druck im Verdampfer wird von Stufe zu Stufe erniedrigt. Dementsprechend sinkt die Brüdentemperatur.

Lösung und Dampf werden im Gleichstrom geführt. Die verdünnte Lösung kann in einem Rohrbündelwärmetauscher vorgewärmt werden. Weitere Variationen der Füssigkeitsführung sind Gegenstrom- und Querstromführung.

### 8.1.2
**Fragen zum Thema**

Welchen Zweck haben Verdampfungsverfahren?
Erklären Sie die Arbeitsweise eines Rotationsverdampfers.
Beschreiben Sie die Funktionsweise eines Rohrverdampfers mit innenliegender Heizkammer.
Bei welchen Stoffen wird das Verfahren des Dünnschichtverdampfens angewendet?
Beschreiben Sie das Verfahren des Dünnschichtverdampfens.

### 8.2
**Trocknen**

### 8.2.1
**Theoretische Grundlagen**

### 8.2.1.1
**Themen und Lerninhalte**
Beim Filtrieren oder Zentrifugieren einer Suspension oder eines Kristallbreis erfolgt eine Trennung in Feststoff und Flüssigkeit.

Dieser Feststoff enthält oft noch erhebliche Restfeuchte, die
- als Haftflüssigkeit auf der Oberfläche verteilt,
- als Kapillarflüssigkeit in den Poren des Feststoffes gebunden oder

- beispielsweise als Kristallwasser an den Feststoff gebunden ist.

Dabei kommen diese drei Möglichkeiten je nach Art des Feststoffes und des Lösemittels einzeln oder kombiniert vor.

Durch Trocknen wird das Restlösemittel in den gasförmigen Zustand überführt und dieser Dampf dann vom Gut entfernt.

Beim **Verdunstungstrocknen** geschieht das Entfernen dieser Flüssigkeit unterhalb ihrer Siedetemperatur, beim **Verdampfungstrocknen** erreicht die Flüssigkeit Siedetemperatur.

Voraussetzung für den Übergang von Lösemittel aus dem Feuchtgut in die Umgebung ist eine möglichst geringe Konzentration des Lösemittels in der Umgebung. Förderlich ist dabei, dass der Dampfdruck des Lösemittels im Feuchtgut größer ist als der Dampfdruck in der Umgebung. Dieser Dampfdruckunterschied kann durch Verändern der äußeren Bedingungen (Temperatur, Druck) beeinflusst werden.

Dies geschieht einerseits durch Erwärmen des Feuchtgutes, das bedeutet, das Lösemittel im Feuchtgut hat einen hohen Dampfdruck. Andererseits kann der Umgebungsdruck erniedrigt werden und dadurch das Lösemittel aus dem Feuchtgut bereits bei einem niedrigen Dampfdruck in den gasförmigen Zustand übergehen.

Der Verlauf der Trocknung hängt wesentlich von der Oberfläche des Feuchtgutes ab. Große Oberfläche wird beispielsweise durch Zerkleinern, Aufbringen als dünne Schicht, Erzeugen eines Wirbelbettes oder Zerstäuben erreicht.

## 8.2.1.2
### Trockenverfahren

Nach Art der Wärmezufuhr lassen sich die Trockenverfahren einteilen in Kontakttrocknen, Konvektionstrocknen und Strahlungstrocknen. Ein weiteres besonders schonendes Trocknungsverfahren ist das Gefriertrocknen.

Beim **Kontakttrocknen** befindet sich das feuchte Gut auf Heizplatten oder wird über diese hinwegbewegt. Die Lösemitteldämpfe werden beispielsweise durch eine Absauganlage entfernt.

Beim **Konvektionstrocknen** wird das feuchte Gut von heißem ungesättigtem Gas, meist trockener Luft, umströmt, durchströmt, aufgewirbelt, mitgeschleppt oder zerstäubt. Die Luft reichert sich mit Feuchtigkeit an und wird vom Trockengut weggeleitet.

Konvektionstrockner werden nach der Art der Bewegung von Trockengut und Trockenmittel unterschieden in Gleichstrom-, Gegenstrom- und Kreuzstromkonvektionstrockner.

Beim **Strahlungstrocknen** werden durch Strahlung große Wärmemengen pro Flächeneinheit auf das feuchte Gut übertragen. Dadurch sind nur relativ kurze Trockenzeiten nötig, es entstehen jedoch hohe Energiekosten und die Eindringtiefe der Strahlung in das Gut beträgt nur wenige Zentimeter. Die Anwendung von Infrarotstrahlen ist ein Spezialverfahren zur Trocknung von Lacken oder dünnen Schichten.

Die **Gefriertrocknung** ist ein kostspieliges Spezialverfahren und wird daher nur zum besonders schonenden Trocknen wertvoller Güter angewendet, so z.B. in der Lebensmittel- oder Arzneimittelproduktion. Das teilweise auch als Lösung vorlie gende Feuchtgut wird bis zum Erstarren der Flüssigkeit abgekühlt. Der Druck wird erniedrigt bis auf Werte von $10^{-3}$ bis $10^{-6}$ mbar und anschließend die Temperatur langsam wieder erhöht. Dabei sublimiert das gefrorene Lösemittel und kann abgesaugt werden.

Gefriertrocknung ist außer zur Entfernung von Wasser auch bei anderen Lösemitteln anwendbar, vorausgesetzt, es ist eine Sublimation wie bei Wasser (s. Abb. 8-6) möglich.

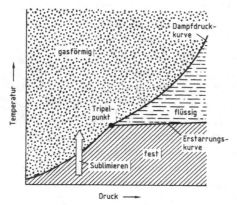

**Abb. 8-6** Zustandsdiagramm des Wassers

Der anfallende Feststoff ist rieselfähig, porös und leicht wieder löslich.

Der *Tripelpunkt* von Wasser bedeutet, dass bei einem Druck von 6,1 mbar und einer Temperatur von 273,16 K Wasser in allen drei Aggregatzuständen vorliegt.

### 8.2.1.3
**Trockner**

Im folgenden werden einige gängige Trockenapparate vorgestellt.

Im **Vakuumtrockenschrank** (s. Abb. 8-7) ruht das Trockengut auf Blechen, die auf eingebaute Heizplatten oder Heizschlangen gestellt werden. Nach dem Beladen wird der Schrank verschlossen und evakuiert. Ein Belüftungsventil wird soweit geöffnet, dass noch ein schwacher Luftstrom durchgesaugt wird. Die beim Verdampfen entstehenden Brüden werden abgesaugt, abgekühlt und kondensiert.

Beim **Walzentrockner** (s. Abb. 8-8) wird das zu trocknende Gut als dünne Schicht über eine rotierende, von innen beheizte Walze geführt. Die Lösemitteldämpfe werden abgezogen und das trockene Gut mittels Schaber von der Walze entfernt. Der Walzentrockner ist für pastöse Stoffe gut geeignet.

Im **Umlufttrockenschrank** (s. Abb. 8-9) wird heiße trockene Luft über das auf Blechen ruhende Feuchtgut geführt. Ein Teil der mit Feuchtigkeit angereicherten Luft wird aus wirtschaftlichen Gründen wieder mit Frischluft vermischt und in den Trockenschrank zurückgeführt.

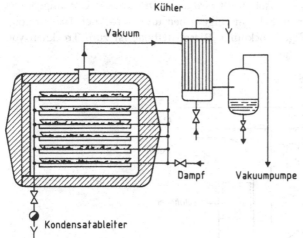

**Abb. 8-7** Vakuumtrockenschrank

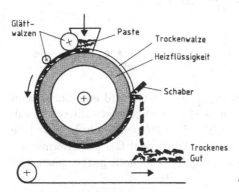

**Abb. 8-8** Walzentrockner

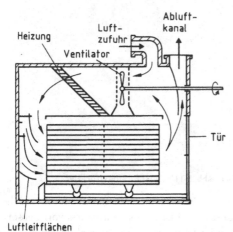

**Abb. 8-9** Umlufttrockenschrank

Im **Wirbelschichttrockner** (s. Abb. 8-10) wird das zu trocknende Gut eingebracht und durch Heißluftzufuhr im Schacht aufgewirbelt und getrocknet. Dabei erfolgt eine besonders gleichmäßige Trocknung. Diese Methode ist zum Trocknen von Granulat gut geeignet.

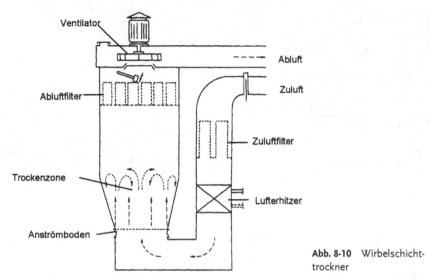

**Abb. 8-10** Wirbelschicht-trockner

Im **Zerstäubungstrockner** (Sprühtrockner) (s. Abb. 8-11) wird eine Suspension durch Düsen oder Schleuderteller zerstäubt. Die Tropfen trocknen während des Fallens im Heißluftstrom. Durch das Zerstäuben sind die Tröpfchen sehr klein und die Flüssigkeit kann sehr schnell verdampfen. Das Trockengut fällt pulverförmig an. Der Zerstäubungstrockner ist für temperaturempfindliche Stoffe gut geeignet.

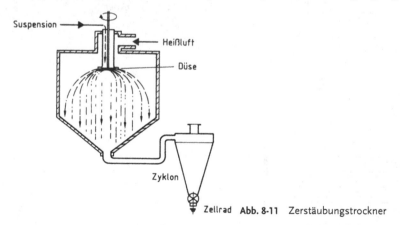

**Abb. 8-11** Zerstäubungstrockner

Beim **Bandtrockner** (s. Abb. 8-12) wird das Feuchtgut, eine Paste oder ein Gel, kontinuierlich auf ein Förderband verteilt und während des Transports von heißer Luft durchströmt. Durch Beheizen der Bänder kann zusätzlich Kontakttrocknen erfolgen und die Trockengeschwindigkeit erhöht werden.

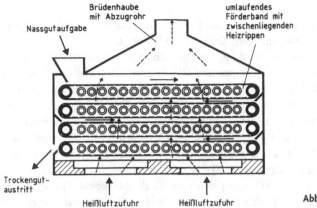

**Abb. 8-12** Bandtrockner

## 8.2.2
### Arbeitsanweisung

#### 8.2.2.1
### Untersuchen des Trocknungsverhaltens eines Wirbelschichttrockners bei unterschiedlicher Beladung
**Apparatur und Geräte:** Wirbelschichttrockner (s. Abb. 8-13), Kugelmühlenbehälter mit Rollenbock

**Abb. 8-13** Apparatur zum Trocknen mit einem Wirbelschichttrockner

**Chemikalien:** Hostapor

**Arbeitssicherheit:** Beim Arbeiten mit dem Wirbelschichttrockner werden ein Arbeitsanzug, Sicherheitsschuhe und eine Schutzbrille benötigt.

**Arbeitsanweisung:** Der Trockner wird bis zum Erreichen eines stationären Zustandes von 60 °C hochgeheizt. 30 g Hostapor und 60 g Wasser sind 5 Minuten lang in der Kugelmühle zu durchmischen. Der Trockenturm wird gewogen, mit der Mischung beschickt und wieder die Bruttomasse bestimmt. Der Trockenturm ist in den Trockner einzuspannen, die Mischung 5 Minuten lang bei 60 °C zu trocknen und anschließend zu wiegen. Dieser Vorgang wird wiederholt, bis die Masse des Trockengutes konstant bleibt. Unter gleichen Bedingungen wird dieser Versuch mit einem Gemisch aus 50 g Hostapor und 100 g Wasser durchgeführt.

**Auswertung:** In einem Diagramm ist für jeden Versuch die Masse des Trockengutes in Abhängigkeit von der Zeit aufzutragen. Aus beiden Diagrammen wird die Trockenzeit $t$ abgelesen, ab der sich die Masse $m$ des Trockengutes nicht mehr verändert. Die Rüstzeit $t_R$ für Vor- und Nachbereitung von Trockner und Trockengut soll 20 Minuten betragen.

Die spezifische Trockenzeit $t_m$ bezogen auf die eingesetzte Masse Feuchtgut $m$ wird nach folgender Formel berechnet:

$$t_m = \frac{t + t_R}{m} \qquad (8\text{-}1)$$

Es sollen nun die Zeiten angegeben werden, die zum portionsweisen Trocknen von 10 kg zu trocknendem Gut bei den beiden verschiedenen Beladungen notwendig sind.

$$t_{ges} = m_{ges} \cdot t_m \qquad (8\text{-}2)$$

In Gl. 8-2 bedeuten

$t_{ges}$    Gesamttrockenzeit

$m_{ges}$    Gesamtmasse an Feuchtgut

### 8.2.3
**Fragen zum Thema**

Was verstehen Sie unter dem Begriff a) Verdunstungstrocknen, b) Verdampfungstrocknen?

Welche Trocknungsverfahren gibt es?

Was verstehen Sie unter Konvektionstrocknen?

Erklären Sie die Vorgänge beim Gefriertrocknen.

Beschreiben Sie die Arbeitsweise eines a) Vakuumtrockenschranks, b) Umlufttrockenschranks, c) Wirbelschichttrockners, d) Zerstäubungstrockners.

# 8.3
# Kristallisieren

## 8.3.1
## Theoretische Grundlagen

### 8.3.1.1
### Themen und Lerninhalte

Durch Kristallisieren entsteht aus einer verdünnten Lösung ein Kristallbrei.

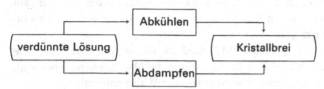

**Abb. 8-14** Kristallisationsverfahren

Wird die Sättigungskonzentration eines in Lösung befindlichen Stoffes über-schritten, kristallisiert dieser aus der Lösung aus. Diese Übersättigung entsteht bei der Kühlkristallisation durch Temperaturerniedrigung, bei der Verdampfungs-kristallisation durch Abdampfen des Lösemittels.

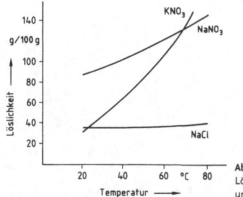

**Abb. 8-15** Temperaturabhängigkeit der Löslichkeit von Kaliumnitrat, Natriumnitrat und Natriumchlorid in Wasser

Der langsam verlaufende Kristallisationsvorgang kann durch Bewegung der Lö-sung beschleunigt werden. Auch die Größe der entstehenden Kristalle wird davon beeinflusst.

Langsames Auskristallisieren in ruhender Lösung kann zur Züchtung großer Kristalle angewendet werden.

Auskristallisieren in bewegter Lösung führt zu kleineren Kristallen.

Die Kristallgröße spielt hinsichtlich der Filtrierbarkeit des entstehenden Kristall-breis eine Rolle. Bei der Herstellung von Massenprodukten ist oft eine Mindest-korngröße der Kristalle gefordert. Die Reinheit kann durch Einschlüsse von Lösemittel, Fremdionen oder Schmutzpartikel beeinträchtigt werden. Meist ist ein zu schnelles Kristallwachstum die Ursache.

### 8.3.1.2
### Kühlkristallisation

Kühlkristallisatoren arbeiten unter Normaldruck und erzielen eine Übersättigung der Lösung durch Erniedrigen der Lösungstemperatur.

Beim **Rührkristallisator** (s. Abb. 8-16) befindet sich in einem Rührbehälter mit Mantelkühlung ein mit Wischblättern versehenes Rührwerk. An der Behälterwand haftende Kristalle werden mit den Wischblättern entfernt. Der Kristallbrei wird unten aus dem Behälter abgezogen.

Bei der Kristallisationswalze (s. Abb. 8-17) wird die Lösung auf eine rotierende, von innen gekühlte Walze aufgegeben. Die sich durch die Abkühlung bildenden, anhaftenden Kristalle werden mit einem Schaber von der Walze entfernt.

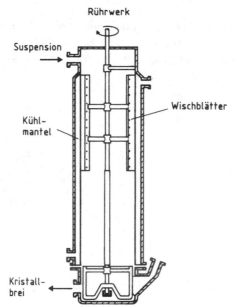

**Abb. 8-16** Rührkristallisator

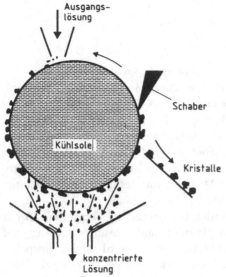

**Abb. 8-17** Kristallisationswalze

Ausgangs-
lösung

Schaber

Kühlsole

Kristalle

konzentrierte
Lösung

### 8.3.1.3
**Verdampfungskristallisation**

Das Lösemittel wird durch Verdampfen aus der Lösung entfernt und die Brüden aus dem Verdampfer abgeführt. Verdampfungskristallisatoren arbeiten häufig bei Unterdruck, um die Siedetemperatur des Lösemittels zu erniedrigen (s. Abb. 8-18).

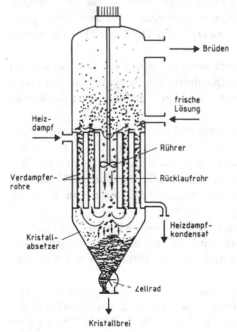

Brüden

frische
Lösung

Heiz-
dampf

Rührer

Verdampfer-
rohre

Rücklaufrohr

Heizdampf-
kondensat

Kristall-
absetzer

Zellrad

Kristallbrei

**Abb. 8-18** Verdampfungskristallisator

8.3.2
**Arbeitsanweisung**

8.3.2.1
**Kristallisation einer Salzlösung durch kontinuierliche Verdampfungskristallisation**
**Apparatur und Geräte:** Kristallisator, Vorratsbehälter, Messbecher, Trockenblech, Standzylinder, Aräometersatz, Petrischalen und Ultra-X-Trockner
**Chemikalien:** Verdünnte Natriumchloridlösung
**Arbeitssicherheit:** Beim Arbeiten mit dem Kristallisator werden ein Arbeitsanzug, Sicherheitsschuhe und eine Schutzbrille benötigt. Das Dampfventil ist so einzuregulieren, dass Siedeverzüge vermieden werden. Bei Druckschwankungen in der Anlage ist es umgehend zu schließen. Bei der Abnahme von Destillat ist auf konstanten Druck im Kristallisationskreislauf zu achten.
**Arbeitsanweisung:** Die Anlage ist auf Betriebsbereitschaft zu überprüfen. In das Vorratsgefäß wird eine bestimmte Menge Natriumchlorid-Lösung eingesaugt und das Rührwerk eingeschaltet. Der Kristallisationskreislauf wird mittels Einspeisepumpe bis zu einer am Behälter angebrachten Markierung gefüllt. Der Kristallisationskreislauf und der Vorratsbehälter müssen dabei belüftet sein. Das Kühlwasser wird auf einen Durchfluss von 300 L/h eingestellt und die Kreislaufpumpe angefahren. Die Belüftung einer Vorlage und die Belüftung des Kristallisationskreislaufs werden geschlossen und die Anlage bis zu einem Druck zwischen 0,8 und 0,95 bar evakuiert. Bei konstantem Druck wird die Lösung auf Siedetemperatur erwärmt.

Die Hubhöhe der Einspeisepumpe ist so einzuregulieren, dass der Füllstand im Kristallisationskreislauf konstant bleibt.

Das Destillat wird in Abständen von 1 Stunde abgenommen und sein Volumen gemessen. Mit einem Ärometer ist die Dichte zu bestimmen und aus einem gegebenen Diagramm der Massenanteil w(NaCl) zu ermitteln. Das Destillat ist der Abwasseraufbereitung zuzuführen.

Der anfallende Kristallbrei muss abgenommen werden, wenn es zu Ablagerungen im Kreislauf kommt. Hierzu wird die Dampfzufuhr zum Umlaufverdampfer unterbrochen, der Kristallisationskreislauf belüftet und der Kristallbrei über das Bodenventil abgelassen.

Die Kristallisation wird bei einem vorgegebenen Restvolumen im Vorratsbehälter beendet. Hierzu ist die Einspeisepumpe auf die niedrigste Hubhöhe zu stellen und abzuschalten. Die gesamte Apparatur wird belüftet und die Kreislaufpumpe abgefahren. Dampfzufuhr und Kühlwasser werden abgestellt, Destillat und Kristallbrei werden entnommen. Das Rührwerk ist abzustellen und das Bodenventil zu schließen.

Durch eine Trockengehaltsbestimmung ist der Massenanteil w(NaCl) im Kristallbrei zu bestimmen. Der Kristallbrei wird anschließend über eine Nutsche abgesaugt, der Filterkuchen aufgeblecht und getrocknet. Das Filtrat kann in den Vorratsbehälter eingesaugt werden.

*Hinweis:* Sind nach dem Abstellen der Anlage starke Anhaftungen zu erkennen, werden diese wie folgt gelöst: Die Kreislaufpumpe ist anzufahren, das Kühlwasser ist auf einen Durchfluss von 400 L/h einzuregulieren. Die verdünnte Lösung wird mit Dampf auf eine Temperatur von 70 bis 80 °C erwärmt und die Anhaftungen durch Umpumpen gelöst.

**Auswertung:** Es ist ein Ablaufprotokoll zu führen, in dem in Abständen von 15 min Werte protokolliert sowie die Trocken- und die Feuchtausbeute an Natriumchlorid aufgeführt werden. Die Messwerte sind in eine Tabelle (s. Tab. 8-1) einzutragen. Es ist ein RI-Fließbild der Anlage zu zeichnen.

**Tab. 8-1**   Messwerte der Verdampfungskristallisation.

| Zeit | Destillatmenge in mL | Dichte des Destillats in g/cm$^3$ | w(NaCl) des Destillats |
|------|----------------------|-----------------------------------|------------------------|
|      |                      |                                   |                        |

### 8.3.3
**Fragen zum Thema**

Beschreiben Sie zwei Methoden zur Gewinnung von Kristallbrei aus einer verdünnten Lösung.

Auf welche Weise entstehen a) kleine Kristalle, b) große Kristalle bei einem Kristallisationsvorgang?

Beschreiben Sie die Arbeitsweise einer Kristallisationswalze.

**Begriffserklärung**

1 Der beim Eindampfen aus einer Lösung entweichende Dampf.

# 9
# Destillieren und Rektifizieren

## 9.1
## Theoretische Grundlagen

### 9.1.1
### Themen und Lerninhalte

**Destillieren**[1] dient zum Trennen und Reinigen flüssiger Gemische und besteht aus zwei Grundvorgängen:
• Dem Überführen von einem Teil eines flüssigen Gemisches in den Dampfzustand und
• Dem Ableiten und anschließenden Kondensieren dieses Dampfes.

Werden Dampf und Kondensat in die gleiche Richtung geführt, heißt das Verfahren **Gleichstromdestillation**. Diese kann angewandt werden, wenn die Siedetemperaturen der Komponenten des Gemisches sich deutlich unterscheiden (ca. 80 °C).

Wird ein Teil des Kondensates wieder dem Flüssigkeitsgemisch zugeführt und dabei in entgegengesetzter Richtung zum Dampf geleitet, so heißt das Verfahren **Gegenstromdestillation** oder **Rektifikation**[2]. Diese dient zum Trennen von Flüssigkeiten mit nah beieinander liegenden Siedetemperaturen.

Prinzipiell ist eine absolute Trennung des Gemisches in die Komponenten nicht möglich.

### 9.1.2
### Gleichstromdestillation

#### 9.1.2.1
#### Physikalische Grundlagen
Die Siedetemperatur ist diejenige Temperatur, bei der der Dampfdruck einer Flüssigkeit ebenso groß ist wie der Umgebungsdruck. Sie ist damit abhängig vom Außendruck.

Als Dampfdruck wird der Druck bezeichnet, den die aus einer Flüssigkeit entweichenden Dampfteilchen auf die Gefäßwandung und die Flüssigkeitsoberfläche aus-

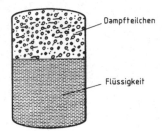

Dampfteilchen

Flüssigkeit

**Abb. 9-1** Dampfdruck von Flüssigkeiten

üben (s. Abb. 9-1). Dies gilt, wenn keine anderen Moleküle im Dampfraum vorhanden sind.

In der Praxis werden zur Beschreibung einer Flüssigkeit die Begriffe Leichtsieder und Schwersieder verwendet. Demnach werden Flüssigkeiten, die bei Raumtemperatur einen relativ hohen Dampfdruck besitzen, als **Leichtsieder** bezeichnet. Ihre Siedetemperatur ist bei Normaldruck vergleichsweise niedrig. Diethylether siedet beispielsweise bei 35 °C.

Flüssigkeiten, die bei Raumtemperatur einen relativ niedrigen Dampfdruck besitzen, werden als **Schwersieder** bezeichnet. Sie haben eine vergleichsweise hohe Siedetemperatur, wie z.B. Decahydronaphthalin (Dekalin), das bei 190 °C siedet.

Bei einer Mischung zweier Flüssigkeiten enthält der daraus entstehende Dampf ebenfalls beide Komponenten. Der Anteil an Leichtsieder in diesem Dampf ist aber im allgemeinen höher als im flüssigen Gemisch.

Wird in einem Diagramm der Leichtsiederanteil im Dampf gegen den entsprechenden Leichtsiederanteil in der Flüssigkeit aufgetragen, so erhält man die **Gleichgewichtskurve** dieses Gemisches. Eine andere gebräuchliche Bezeichnung ist **McCabe-Thiele-Diagramm**. Die Gleichgewichtskurve hat nur Gültigkeit für ein bestimmtes Gemisch bei einem Druck und einer Temperatur (s. Abb. 9-2).

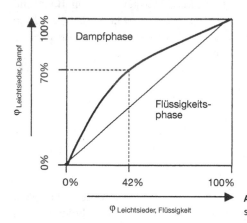

**Abb. 9-2** Gleichgewichtskurve eines Zweistoffgemisches

Aus einem Flüssigkeitsgemisch mit einem Volumenanteil $\varphi_{(Leichtsieder)} = 42\,\%$ entsteht ein Dampf mit einem Volumenanteil $\varphi_{(Leichtsieder)} = 70\%$.

Je stärker die Krümmung der Gleichgewichtskurve ist, desto größer ist auch der Unterschied zwischen Leichtsiederanteil im Flüssigkeitsgemisch einerseits und Leichtsiederanteil im Dampfgemisch andererseits. Je größer diese Differenz ist, umso leichter kann eine gute Trennung in die Komponenten durch eine Gleichstromdestillation erfolgen.

Bei Flüssigkeitsgemischen mit geringem Unterschied des Leichtsiederanteils in Flüssigkeit und Dampf kann lediglich eine Anreicherung von Leichtsieder im Dampf und im daraus entstehenden Kondensat erzielt werden. Im zurückbleibenden Flüssigkeitsgemisch, das auch als Sumpfprodukt bezeichnet wird, erfolgt in gleichem Maße eine Erhöhung des Schwersieder-Anteils.

### 9.1.2.2
**Destillierverfahren**
Bei einer **diskontinuierlichen** Destillation wird eine bestimmte Menge eines Flüssigkeitsgemisches in einer Destillierblase vorgelegt und beheizt, der Gemischdampf wird kondensiert und als Destillat in einer Vorlage aufgefangen.

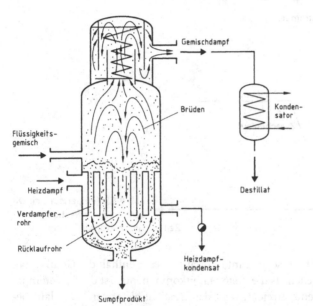

**Abb. 9-3** Kontinuierliche Gleichstromdestillation

Bei **kontinuierlicher** Verfahrensweise erfolgen die Gemischzufuhr, Destillatabnahme und Sumpfabnahme stetig (s. Abb. 9-3). Besteht ein Gemisch aus mehr als zwei Komponenten mit unterschiedlichen Siedetemperaturen, so wird das Verfahren der **fraktionierten Destillation** angewendet. Die Komponenten werden je nach Siedetemperatur in Teilgemische, sog. Fraktionen, zerlegt (s. Abb. 9-4).

Den Temperaturverlauf im Dampfgemisch während einer Destillation zeigt Abb. 9-5.

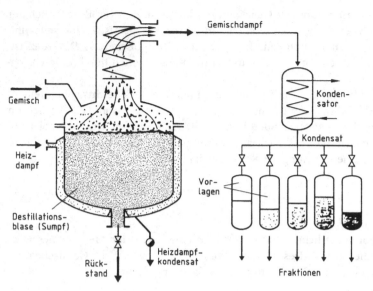

**Abb. 9-4**   Fraktionierte Gleichstromdestillation

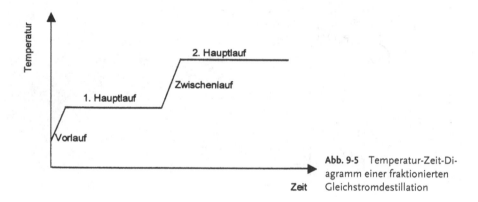

**Abb. 9-5**   Temperatur-Zeit-Diagramm einer fraktionierten Gleichstromdestillation

Bei Siedebeginn entsteht der sogenannte Vorlauf. Dieser enthält die Gemischbestandteile, die niedriger sieden als die erste Hauptkomponente. Ist die Siedetemperatur der ersten Komponente erreicht, wird das Destillat als erster Hauptlauf bezeichnet. Steigt die Dampftemperatur wieder an, folgt als Fraktion der Zwischenlauf. Dieser wird bis zum erneuten Konstantbleiben der Dampftemperatur destilliert. Die darauf folgende Fraktion heißt zweiter Hauptlauf. In der Blase verbleibt ein Gemisch, das überwiegend Schwersieder enthält.

Mehrstoffgemische werden zur Erhöhung der Trennwirkung häufiger durch Rektifizieren in ihre Bestandteile zerlegt (s. Abschn. 9.1.3).

Die **Trägerdampfdestillation**, auch **Schleppmitteldestillation** genannt, stellt einen Sonderfall unter den Destillierverfahren dar. Sie wird zur Reinigung leicht zersetzlicher oder hoch siedender Stoffe angewendet.

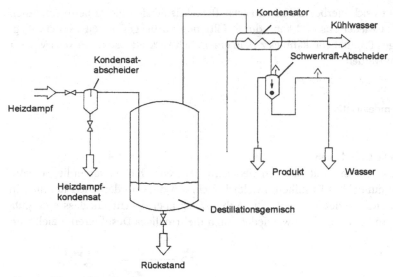

**Abb. 9-6**  Wasserdampfdestillation

Als Hilfsstoff dient häufig Wasser, in dem der zu reinigende Stoff nicht oder nur wenig löslich sein darf. Voraussetzung ist, dass es nicht zu einer ungewollten chemischen Reaktion mit dem Produkt kommt. Wasserdampf wird entweder direkt in das zu reinigende Produkt eingeleitet oder eine Mischung aus Wasser und zu reinigendem Produkt wird destilliert (s. Abb. 9-6)

Bei ineinander unlöslichen Komponenten ist der Partialdampfdruck[3] jeder Komponente unabhängig von der Zusammensetzung des Dampfes. Für diesen Gemischdampf gilt nach *Dalton* :

Der gesamte Dampfdruck $p_g$ setzt sich zusammen aus den Partialdampfdrucken $p_1$ und $p_2$ der im Dampf enthaltenen Komponenten.

$$p_g = p_1 + p_2 + p_3 + p_n \tag{9-1}$$

$$p_g = \Sigma p_i \tag{9-2}$$

Dies gilt auch z.B. bei der Reinigung eines Feststoffes durch Wasserdampfdestillation. Die Siedetemperatur der Mischung aus Rohprodukt und Wasser bzw. Wasserdampf ist erreicht, wenn die Summe der Partialdampfdrucke des Rohproduktes und des Wasserdampfes ebenso groß ist wie der Umgebungsdruck. Das Rohprodukt kann deshalb unterhalb seiner Siedetemperatur destilliert werden (vgl. Tab. 9-1).

**Tabelle 9-1**  Wasserdampfdestillation von Chlorbenzol

| Substanzen | Siedetemperatur bei 1013 mbar | Dampfdruck bei 92 °C |
|---|---|---|
| Chlorbenzol | 132 °C | 257 mbar |
| Wasser | 100 °C | 756 mbar |
| Chlorbenzol-Wasser-Gemisch | 92 °C | 1013 mbar |

Handelt es sich hierbei um einen Feststoff, so kristallisiert dieser beim Abkühlen im Destillat wieder aus und kann durch Filtration zurückgewonnen werden. Liegt ein flüssiges Produkt vor, kann es z.B. in einem Schwerkraftabscheider vom Wasser abgetrennt werden.

### 9.1.3
### Gegenstromdestillation

### 9.1.3.1
### Physikalische Grundlagen

Gemische von Flüssigkeiten, deren Siedetemperaturen nah beieinander liegen, können durch einmaliges Destillieren vielfach nicht mit der erforderlichen Reinheit in die Bestandteile zerlegt werden. Aus Abb. 9-7. ist aber ersichtlich, dass eine gute Trennung in Leicht- und Schwersieder durch mehrmaliges Destillieren erzielt werden kann.

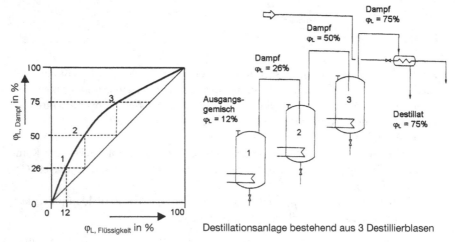

**Abb. 9-7** Mehrfaches Destillieren eines Flüssigkeitsgemisches; $\varphi_L$ = Volumenanteil Leichtsieder

Bezogen auf das Beispiel an der Abb. 9-7 lassen sich folgende Aussagen formulieren:

Eine erste Destillation (1) eines Ausgangsgemisches mit einem Volumenanteil $\varphi_{\text{Leichtsieder}}$ = 12% führt zu einem Dampf mit dem Volumenanteil $\varphi_{\text{Leichtsieder}}$ = 26%. Nach der Kondensation dieses Dampfes wird das erhaltene Flüssigkeitsgemisch ein zweites Mal destilliert (2). Man erhält eine Dampfzusammensetzung mit $\varphi_{\text{Leichtsieder}}$ = 50%. Der Dampf wird wieder kondensiert und ein drittes Mal destilliert (3). Dabei fällt ein Kondensat mit einem Volumenanteil $\varphi_{\text{Leichtsieder}}$ = 75% an.

Dieser Ablauf kann in einer Destillationsanlage mit mehreren hintereinander geschalteten Destillierblasen erfolgen.

An die Stelle dieser mehrstufigen Destillationsanlage tritt bei der Gegenstromdestillation eine Kolonne (s. Abb. 9-8).

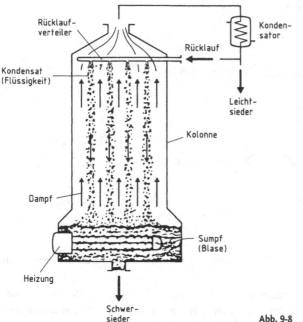

**Abb. 9-8** Rektifikationsanlage

In dieser vertikalen Kolonne werden der Gemischdampf und das entstehende Kondensat im Gegenstrom zueinander geführt. Auf speziellen Einbauten oder Füllungen kommt es zu einer intensiven Berührung von Dampf und zurückfließendem Kondensat. Dabei findet eine Übertragung von Stoff und Wärme statt.

Diese Stoff- und Wärmeübertragung besteht darin, dass der aufsteigende Dampf sich abkühlt, wobei ein Teil des Schwersieders kondensiert. Das entgegenströmende Kondensat nimmt die dabei freiwerdende Kondensationswärme auf mit dem Resultat, dass dadurch ein Teil des in diesem Kondensat enthaltenen Leichtsieders verdampft (s. Abb. 9-9).

Diese Übertragungsvorgänge finden in der gesamten Kolonne statt und können als ständig wiederholtes Destillieren bezeichnet werden. Der Dampf reichert sich auf seinem Weg durch die Kolonne mit Leichtsieder an, so dass am Kolonnenkopf ein Destillat aus überwiegend leichtsiedender Komponente entsteht.

Ein Teil dieses Destillats wird entnommen, ein Teil wird wieder in die Kolonne zurückgeleitet. Der Rücklauf in die Kolonne kann wiederum in Wechselwirkung mit dem Dampf treten.

Die Reinheit des Kopfprodukts, das bedeutet, der Volumenanteil $\varphi_{\text{Leichtsieder}}$, kann durch Einstellen des Rücklaufverhältnisses $v_R$ beeinflusst werden. Dies ist der Quotient aus dem Volumenstrom des Rücklaufes in die Kolonne $\dot{V}_R$ und dem Volumenstrom der Destillatentnahme $\dot{V}_E$.

$$v = \frac{\dot{V}_R}{\dot{V}_E} \tag{9-3}$$

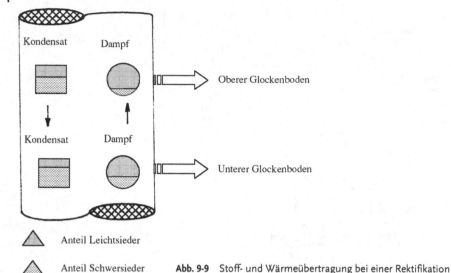

Anteil Leichtsieder

Anteil Schwersieder **Abb. 9-9** Stoff- und Wärmeübertragung bei einer Rektifikation

Je größer das Rücklaufverhältnis, d.h. je weniger Destillat im Verhältnis zum Rücklauf entnommen wird, desto intensiver findet Stoff- und Wärmeübertragung statt und umso höher ist die Reinheit des Kopfproduktes.

Zu Beginn einer Rektifikation wird das gesamte anfallende Kondensat in die Kolonne geleitet. Dieser Betriebszustand wird als totaler Rückfluss bezeichnet und solange beibehalten, bis sich in der Kolonne ein Gleichgewichtszustand zwischen Dampf und Kondensat eingestellt hat. Ein Anhaltspunkt für dieses Gleichgewicht ist eine konstante Temperatur am Kolonnenkopf.

### 9.1.3.2
### Apparatetechnik

Rektifizierkolonnen sind vertikale zylindrische Rohre, die mit Einbauten (Füllkörpern, Böden, Packungen) versehen sind. Um Wärmeverluste zu vermeiden sind die Kolonnen isoliert.

Die Einbauten dienen dazu, durch eine große Oberfläche in der Kolonne eine gute Durchmischung von Dampf und Kondensat und damit eine optimale Stoff- und Wärmeübertragung zu gewährleisten.

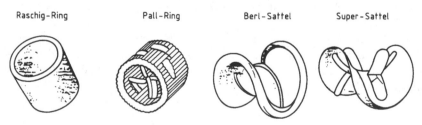

**Abb. 9-10** Füllkörperarten

**Füllkörper** bestehen z.B. aus Porzellan, Glas, Metall oder Graphit und sind zu Ringen, Sätteln oder Wendeln geformt (s. Abb. 9-10).

Sie werden als lose Schüttung auf einen Rost in die Kolonne eingebracht, wobei eine möglichst große Unordnung sinnvoll ist. Um dies zu erreichen, wird die Kolonne vor der Füllung oft mit Wasser gefüllt. Nach Aufbringen der Schüttung wird das Wasser wieder abgelassen. Die Stoff- und Wärmeübertragung von Dampf und Kondensat findet auf der Oberfläche der Füllkörper statt. Das Kondensat wird durch Brausen oder rotierende Einbauten auf der Schüttung verteilt, um die Füllkörper möglichst gleichmäßig zu benetzen (s. Abb. 9-11).

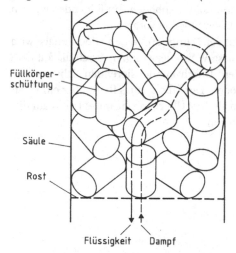

Füllkörper-
schüttung

Säule

Rost

Flüssigkeit    Dampf          **Abb. 9-11**  Füllkörperschüttung

Bei großtechnischen Anlagen wird die Füllkörperschüttung jeweils nach 1 bis 2 m durch einen Tragerost unterbrochen. Durch diese sog. Kolonnenschüsse wird auch die Randgängigkeit der Kolonne vermieden. Dies bedeutet, dass das Kondensat nach unten seitlich zur Wandung der Kolonne fließt, da hier der Widerstand der Schüttung geringer ist. Zwischen den Kolonnenschüssen wird das Kondensat gesammelt und erneut auf den Füllkörpern verteilt.

**Packungen** werden anstelle von Füllkörpern in eine Kolonne eingebracht und nehmen wie diese den gesamten Kolonnenquerschnitt ein (s. Abb. 9-12). Sie bestehen aus Bändern von engmaschigem Drahtgewebe oder gelochtem bzw. gefalztem Blech und sind zu zylinderförmigen Paketen gefaltet oder aufgewickelt.

**Abb. 9-12**  Packungen (Fa. Sulzer)

Füllkörperschüttungen und Packungen werden insbesondere in sehr hohen Kolonnen oder auch für Rektifikation unter Vakuum eingesetzt, da sie einen geringeren Strömungswiderstand haben als z.B. feste Einbauten.

**Böden** sind feste Einbauten in der Rektifizierkolonne, die in bestimmten Abständen horizontal angebracht sind. Jeder Boden enthält eine Anzahl symmetrischer Durchbohrungen, die vom Dampf durchströmt werden. Durch Ab- und Zulaufwehre sammelt sich auf dem Boden eine Kondensatschicht, die der Dampf durchströmen muss. Dadurch kommt es zur Durchmischung von Dampf und Kondensat. In der Praxis wird die Anzahl der Überläufe pro Boden auch als Flutigkeit bezeichnet.

Es gibt verschiedenste Ausführungen von Kolonnenböden. Im folgenden werden der Glockenboden, der Siebboden und der Ventilboden vorgestellt.

– Beim *Glockenboden* (s. Abb. 9-13) strömt der Dampf durch den Glockenhals, wird durch die Glocke umgeleitet und auf diese Weise gezwungen, durch die auf dem Boden stehende Flüssigkeit zu strömen. Durch kondensierenden Schwersieder steigt der Flüssigkeitsstand auf dem Boden. Der Überschuss fließt über ein Überlaufrohr zum darunterliegenden Boden ab. Das Überlaufrohr muss in das auf diesem Boden stehende Kondensat eintauchen.

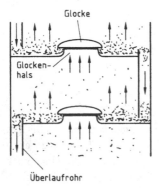

Abb. 9-13   Glockenboden

– Beim *Siebboden* (s. Abb. 9-14) befinden sich in der Bodenplatte Bohrungen durch die der Dampf in die Flüssigkeit strömt. Überschüssiges Kondensat kann wieder über ein Wehr zum darunterliegenden Boden abfließen. Notwendig ist hierbei

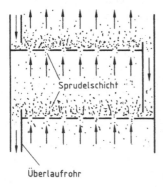

Abb. 9-14   Siebboden

eine relativ hohe Dampfgeschwindigkeit, um ein Zurücklaufen des Kondensates durch die Bohrungen zu verhindern.
– Beim *Ventilboden* (s. Abb. 9-15) werden die Öffnungen in der Bodenplatte durch Ventildeckel verschlossen. Bei genügend hoher Dampfgeschwindigkeit heben sich die Ventildeckel bis zu einer Maximalhöhe an, so dass der Dampf horizontal durch das Kondensat strömt.

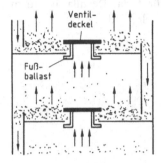

**Abb. 9-15**  Ventilboden

Der **Rücklaufteiler** hat die Aufgabe, am Kolonnenkopf anfallendes Kondensat bzw. Dampf in den Rücklauf und in das Destillat zu zerlegen (s. Abb. 9-16). Die Steuerung kann elektromagnetisch erfolgen, wobei nach einer vorgegebenen Zeit die Ableitung in die Kolonne oder in die Vorlage erfolgt. Eine andere Möglichkeit ist die volumenabhängige Steuerung. Ein eingestelltes Destillatvolumen wird gemessen und in die Vorlage geleitet. Das restliche Kondensat wird in die Kolonne geleitet.

**Abb. 9-16**  Rücklaufteiler

### 9.1.3.3
### Rektifizierverfahren

Rektifikationen werden **diskontinuierlich** oder **kontinuierlich**, bei **Normaldruck**, bei **Vakuum** oder auch bei **Überdruck** betrieben. Das Flüssigkeitsgemisch wird in einem Verdampfer zum Sieden gebracht. Das Kopfprodukt wird in einem Wärmeübertrager kondensiert und durch einen Rücklaufteiler in Rücklauf und Destillat getrennt. Der Rücklauf wird auf die Kolonne zurückgeführt, das Destillat in einem Wärmeübertrager abgekühlt und in der Vorlage gesammelt (s. Abb. 9-17).

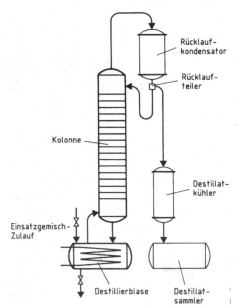

**Abb. 9-17** Diskontinuierliche Rektifikation bei Normaldruck

Bei kontinuierlicher Rektifikation besteht die Rektifizierkolonne aus einer oberen Verstärkersäule und einer unteren Abtriebssäule. Das zu trennende Gemisch wird in einem Wärmeübertrager auf Siedetemperatur gebracht und zwischen den beiden Kolonnenteilen der Anlage stetig zugeführt. Der Querschnitt der Abtriebssäule muss größer sein als der der Verstärkersäule, da im unteren Teil das Volumen des zulaufenden Gemisches noch aufzunehmen ist. Das Sumpfprodukt wird dem Verdampfer stetig entnommen. Das Kopfprodukt wird kondensiert, der Rücklauf kontinuierlich in die Kolonne geleitet und das Destillat ebenfalls kontinuierlich entnommen (s. Abb. 9-18).

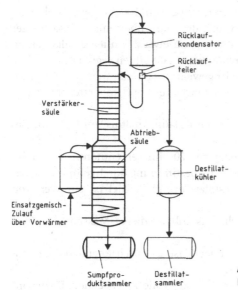

**Abb. 9-18** Kontinuierliche Rektifikation bei Normaldruck

## 9.2
## Arbeitsanweisungen

Für das Arbeiten mit Rektifizieranlagen werden ein Arbeitsanzug, Sicherheitsschuhe, eine Schutzbrille und ein Helm benötigt. Beim Umgang mit Chemikalien sind chemikalienbeständige Gummihandschuhe zu verwenden und im Einzelfall besondere Sicherheitsvorschriften zu beachten. Hinweise auf besondere Gefahren (R-Sätze), Sicherheitsratschläge (S-Sätze) und Gefahrenkennzeichnungen können dem Anhang entnommen werden.

### 9.2.1
### Diskontinuierliche Rektifikation von Ethanol-Wasser-Gemisch mit einer Glockenbodenkolonne bei Normaldruck

**Apparatur und Geräte:** Rektifizieranlage mit Blase, Glockenbodenkolonne, automatischem Flüssigkeitsteiler, Vorratsgefäß für die Rohware, Vorratsgefäß für das Destillat, Thermometer, Standzylinder, Aräometersatz
**Chemikalien:** Ethanol-Wasser-Gemisch
**Arbeitssicherheit:** Ethanol R 11, S 7-16; Gefahrensymbol F
**Arbeitsanweisung:** Die Anlage ist auf Betriebsbereitschaft zu überprüfen und die Blase aus dem Vorratsgefäß über das Zwischengefäß zu 60% zu füllen. Die Dichte des Einsatzgemisches wird bestimmt und der Massenanteil w(Ethanol) aus einem gegebenen Diagramm ermittelt.

Die Stickstoffeinperlung an der Siedekapillare wird geöffnet, der maximale Stickstoffdruck sollte 0,2 bar betragen.

Das Kühlwasserventil wird auf einen Durchfluss von 100 L/h eingestellt, das Dampfventil langsam geöffnet und der Inhalt der Blase über einen Einsatzheizer mit Dampf zum Sieden erhitzt. Ist die Kolonne zu etwa 2/3 mit Destillat gefüllt, wird das Kühlwasserventil auf einen Durchfluss von 300 L/h einreguliert.

In der Rektifizieranlage hat sich ein Gleichgewicht eingestellt, wenn alle Glockenböden befüllt und die Anlage 20 Minuten bei konstanter Kopftemperatur unter totalem Rückfluss läuft.

Der Rücklaufteiler ist einzuschalten und ein Rücklaufverhältnis von 10:2 wird eingestellt.

Das anfallende Destillat wird in Abständen von 20 Minuten entnommen und das Destillatvolumen gemessen. Es wird eine Dichtebestimmung durchgeführt und daraus der Massenanteil w(Ethanol) des Destillats ermittelt. Ziel ist ein Wert von w(Ethanol) $\geq$ 92% .

Unter Umständen ist das Rücklaufverhältnis anhand dieses Massenanteils neu einzustellen.

Das Absinken des Flüssigkeitsstandes in der Blase ist durch Regulieren des Zulaufes aus dem Vorratsgefäß auszugleichen.

Bei einer Sumpftemperatur von 97 °C ist die Rektifikation zu beenden. Dazu wird der Rücklaufteiler auf totalen Rücklauf umgestellt, das Abnahme- und das Dampfventil sind zu schließen. Ist die Kopftemperatur um 10 °C gefallen, wird der Kühlwasserdurchfluss reduziert und nach Abkühlung auf ca. 35 °C geschlossen.

**Auswertung:** Es ist ein Ablaufprotokoll zu führen, in dem für jede Destillatentnahme die Dichte und der Massenanteil w(Ethanol) des Kopfproduktes einzutragen sind. Diese Messwerte werden in eine Tabelle gemäß Tab. 9-2 eingetragen.

**Tab. 9-2** Messwerte: Rektifikation an einer Glockenbodenkolonne bei Normaldruck

| Zeit in min | Destillatvolumen in mL | Dichte in g/mL | Massenanteil w(Ethanol) in % |
|---|---|---|---|
| | | | |

Die Sumpf- und die Kopftemperatur werden in Abständen von 10 Minuten in ein Temperatur-Zeit-Diagramm eingetragen. In dieses Diagramm ist ebenfalls der Massenanteil w(Ethanol) des Kopfproduktes einzutragen.

Von der Anlage ist ein RI-Fließbild zu zeichnen. Dazu sind folgende Fragen zu beantworten:

• Kennzeichnen Sie im RI-Fließbild diejenigen Ventile, die bei einer betriebsbereiten Anlage geschlossen sind.

• Markieren Sie den Nachkühler und erläutern Sie seine Aufgabe.

9.2.2
**Diskontinuierliche Rektifikation von Ethanol-Wasser-Gemisch mit einer Füllkörper-kolonne bei Normaldruck**

**Apparatur und Geräte:** Rektifizieranlage mit Blase, Füllkörperkolonne, automatischem Flüssigkeitsteiler, Vorratsgefäßen für Rohware und Destillat, Thermometer, Standzylinder, Aräometersatz
**Chemikalien:** Ethanol-Wasser-Gemisch
**Arbeitssicherheit:** Ethanol R 11, S 7-16; Gefahrensymbol F
**Arbeitsanweisung:** Die Anlage ist auf Betriebsbereitschaft zu überprüfen und die Blase aus dem Vorratsgefäß über das Zwischengefäß zu 60% zu füllen. Die Dichte des Einsatzgemisches wird bestimmt und der Massenanteil w(Ethanol) aus einem gegebenen Diagramm ermittelt.

Die Stickstoffeinperlung an der Siedekapillare wird geöffnet, der maximale Stickstoffdruck sollte 0,2 bar betragen. Das Kühlwasserventil zum Kondensator wird auf einen Durchfluss von 100 L/h eingestellt.

Das Dampfventil wird langsam geöffnet und der Inhalt der Blase über einen Einsatzheizer mit Dampf zum Sieden erhitzt. Ist die Kolonne zu etwa 2/3 mit Destillat gefüllt, wird das Kühlwasserventil auf einen Durchfluss von 300 L/h einreguliert.

In der Rektifizieranlage hat sich ein Gleichgewicht eingestellt, wenn die Anlage 20 Minuten bei konstanter Kopftemperatur unter totalem Rückfluß läuft.

Der Rücklaufteiler ist einzuschalten und ein Rücklaufverhältnis von 10:2 wird eingestellt.

Das anfallende Destillat wird in Abständen von 20 Minuten entnommen und das Destillatvolumen gemessen. Es wird eine Dichtebestimmung durchgeführt und daraus der Massenanteil w(Ethanol) des Destillats ermittelt. Ziel ist ein Wert von w(Ethanol) ≥ 92% .

Unter Umständen ist das Rücklaufverhältnis anhand dieses Massenanteils neu einzustellen.

Das Absinken des Flüssigkeitsstandes in der Blase ist durch Regulieren des Zulaufes aus dem Vorratsgefäß auszugleichen.

Bei einer Sumpftemperatur von 97 °C ist die Rektifikation zu beenden. Dazu wird der Rücklaufteiler auf totalen Rücklauf umgestellt, das Abnahme- und das Dampfventil sind zu schließen. Ist die Kopftemperatur um 10 °C gefallen, wird der Kühlwasserdurchfluss reduziert und bei einer Kopftemperatur von 35 °C geschlossen.

**Auswertung:** Es ist ein Ablaufprotokoll zu führen, in dem für jede Destillatentnahme die Dichte und der Massenanteil w(Ethanol) des Kopfproduktes einzutragen sind. Diese Messwerte werden in eine Tabelle gemäß Tab. 9-2 eingetragen.

Die Sumpf- und die Kopftemperatur werden in Abständen von 10 Minuten in ein Temperatur-Zeit-Diagramm eingetragen. In dieses Diagramm ist ebenfalls der Massenanteil w(Ethanol) des Kopfproduktes einzutragen.

Es sind der Kühlwasserverbrauch und die dadurch entstandenen Kosten auf der Basis der folgenden Gebühren zu berechnen: Wasser 4,389 €/m³, Abwasser: 8,778 €/m³.

Von der Anlage ist ein RI-Fließbild zu zeichnen.

### 9.2.3
### Reinigung von Ethanol-Wasser-Gemisch durch Vakuumrektifikation

**Apparatur und Geräte:** Rektifizieranlage mit Blase, Glockenbodenkolonne, automatischem Flüssigkeitsteiler, Vorratsgefäßen für Rohware und Destillat, Drehschiebervakuumpumpe, Thermometer, Standzylinder, Aräometersatz

**Chemikalien:** Ethanol-Wasser-Gemisch

**Arbeitssicherheit:** Die Glasapparatur muss vor Evakuieren auf Risse oder Sprünge kontrolliert werden. Die Apparatur darf nur langsam belüftet werden.

Ethanol R 11, S 7-16; Gefahrensymbol F;

**Arbeitsanweisung:** Die Apparatur ist auf Betriebsbereitschaft zu überprüfen und die Destillierblase aus dem Vorratsgefäß zu ca. 80% mit der Rohware zu füllen. Das Kühlwasser zum Kondensator wird auf einen Durchfluss von 450 L/h eingestellt.

a) *Anfahren der Anlage:* Nach Anschalten der Vakuumpumpe wird die Anlage evakuiert, Zieldruck: 0,5 bis 0,8 bar. Hierbei ist die Funktionstüchtigkeit der Siedekapillare zu überprüfen. Ein Unterdruck von 0,6 bar soll 10 Minuten lang konstant gehalten werden.

Bei konstantem Druck wird der Blaseninhalt über einen Einsatzheizer mit Dampf zum Sieden erhitzt. In der Rektifizieranlage hat sich ein Gleichgewicht eingestellt, wenn alle Glockenböden befüllt und die Anlage 20 Minuten bei konstanter Kopftemperatur unter totalem Rückfluß läuft.

Der Rücklaufteiler ist einzuschalten und ein Rücklaufverhältnis von 10:2 wird eingestellt.

Das anfallende Destillat wird entnommen und das Destillatvolumen gemessen.

b) *Entleeren der Vorlage:* Die untere Vorlage ist zu entleeren, wenn die Vorlage zu 50% gefüllt ist. Dabei soll der Druck in der Anlage konstant bleiben. Dazu wird das untere Vorlagegefäß durch Ändern der Ventilstellung von der Rektifikation getrennt. Es wird belüftet und nach dem Entleeren wieder evakuiert. Die Vorlage wird erst dann mit der Gesamtanlage verbunden, wenn in beiden Anlageteilen der gleiche Druck herrscht.

Die Dichte des Destillates wird bestimmt und daraus der Massenanteil w(Ethanol) ermittelt. Ziel ist ein Wert von w(Ethanol) $\geq$ 92%.

Unter Umständen ist das Rücklaufverhältnis anhand dieses Massenanteils neu einzustellen.

Das Absinken des Flüssigkeitsstandes in der Blase ist durch Regulieren des Zulaufes aus dem Vorratsgefäß auszugleichen.

c) *Abstellen der Anlage:* Zur Beendigung der Rektifikation wird der Rücklaufteiler auf totalen Rücklauf umgestellt und das Dampfventil geschlossen. Die Anlage ist langsam zu belüften und das Kühlwasser abzustellen. Die Vakuumpumpe und -leitung werden ebenfalls belüftet und die Pumpe dann abgeschaltet.

**Auswertung:** Es ist ein Ablaufprotokoll zu führen. In Abständen von 10 Minuten werden Sumpftemperatur, Kopftemperatur, Druck in der Destillierblase und Druck in der Vorlage in ein Diagramm eingetragen. Die Messwerte jeder Destillatentnahme werden in eine Tabelle gemäß Tab. 9-2 eingetragen.

Von der Anlage ist ein RI-Fließbild zu zeichnen. Dazu sind folgende Fragen zu beantworten:

- Kennzeichnen Sie im RI-Fließbild diejenigen Ventile, die zum Entleeren bzw. Schließen der Vorlage zu betätigen sind.
- Geben Sie die Reihenfolge der Betätigung dieser Ventile zum Entleeren der Vorlage bzw. zum Evakuieren der Vorlage an.
- Erläutern Sie die Aufgabe des Flüssigkeitsteilers.

### 9.2.4

**Reinigung von Chlorbenzol durch Wasserdampfdestillation**

**Apparatur und Geräte**: Destillationsblase mit Einsatzheizer, Brüdenrohr, Kondensator, Schwerkraftabscheider und Destillatvorlagen;

**Chemikalien**: Chlorbenzol

**Arbeitssicherheit**: Chlorbenzol: R 10-20, S 24-25, Gefahrenkennzeichnung $X_n$.

Dampfschläge in der Heizschlange des Einsatzheizers sind zu vermeiden.

**Arbeitsanweisung**: Die Apparatur ist auf Betriebsbereitschaft zu überprüfen. Das Vorratsgefäß wird durch Einsaugen mit Rohprodukt gefüllt und wieder belüftet. Dann wird Rohprodukt in die Destillierblase abgelassen, so dass das Dampfeinleitrohr 3–4 cm tief in die Flüssigkeit eintaucht. Das Kühlwasser zum Kondensator ist auf einen Durchfluss von 400 L/h einzustellen. Durch langsames Öffnen des Dampfventils wird die Rohware erhitzt. Dabei ist darauf zu achten, dass sich der Kondensator nicht erwärmt. Gegebenenfalls muss die Heizdampfzufuhr gedrosselt werden. Das Entleerungsventil des Kondensatabscheiders ist so einzustellen, dass beim Einleiten von Dampf nur Kondensat abfließt.

Steigt die Sumpftemperatur über 96 °C, ist aus dem Vorratsgefäß langsam Rohware zuzuführen. Dieser Vorgang ist zu wiederholen, bis in der Destillationsblase ein Gesamtflüssigkeitsstand von ca.8 L (Markierung) erreicht ist. Der Zulauf an Rohware wird geschlossen und das Gemisch weiter destilliert, bis die Temperatur der Brüden 100 °C beträgt. Diese wird 15 Minuten lang konstant gehalten, danach der Dampf abgestellt. Nachdem die Brüdentemperatur abgesunken ist, wird die Kühlwasserzufuhr abgeschaltet.

Das gereinigte Chlorbenzol ist in einem Vorratsgefäß zu deponieren.

**Auswertung**: Es ist ein Ablaufprotokoll zu führen. Die Sumpf- und die Brüdentemperatur werden in Abständen von 10 Minuten in ein Temperatur-Zeit-Diagramm eingetragen.

**9.3**

**Fragen zum Thema**

Was verstehen Sie unter dem Begriff Destillation?

Wann ist die Siedetemperatur einer Flüssigkeit erreicht?

Beschreiben Sie das Verfahren der diskontinuierlichen Destillation anhand einer Skizze.

Skizzieren und interpretieren Sie das Temperatur-Zeit-Diagramm einer fraktionierten Destillation eines Zweistoffgemisches.

Beschreiben Sie das Verfahren der Wasserdampfdestillation.

Für welche Stoffe ist das Verfahren der Wasserdampfdestillation geeignet?

Erklären Sie die Vorgänge der Rektifikation in einer Kolonne.

Verdeutlichen Sie die Austauschvorgänge anhand einer Skizze.

Was bedeutet das Rücklaufverhältnis und welchen Einfluss hat es auf das bei der Rektifikation entstehende Kopfprodukt?

Welche Arten von Rektifizierkolonnen gibt es?

Wozu dienen Füllkörper und Einbauten in Kolonnen?

Skizzieren Sie einen Glockenboden und erklären Sie die Funktionsweise.

Wozu dient ein Rücklaufteiler?

Skizzieren Sie eine Anlage zur diskontinuierlichen Rektifikation unter Normaldruck.

Welche Auswirkungen hat a) Druckerniedrigung, b) Druckerhöhung auf die Siedetemperatur bei einer Rektifikation?

### Begriffserklärungen

1 Von lat. *destillare* für herabträufeln.

2 Für Trennen von Flüssigkeitsgemischen durch wiederholtes Destillieren.

3 Von lat. *partialis* für anteilig.

# 10
# Extrahieren

## 10.1
## Theoretische Grundlagen

### 10.1.1
### Themen und Lerninhalte

Die beim Extrahieren[1] angewandten Verfahren können nach dem Aggregatzustand des Extraktionsgutes eingeteilt werden. Die Extraktion von festen Gemengen wird als Feststoff- oder Fest-Flüssig-Extraktion bezeichnet. Sind flüssige Gemenge zu trennen, wird das Verfahren als Flüssigkeits- oder Flüssig-Flüssig-Extraktion bezeichnet.

### 10.1.2
### Physikalische Grundlagen

Extrahieren ist das Herauslösen einer oder mehrerer Komponenten aus einem festen, flüssigen oder gasförmigen Gemenge durch Behandeln mit einem flüssigen Lösemittel.

Wichtigste Voraussetzung ist eine unterschiedliche Löslichkeit der Komponenten im jeweiligen Lösemittel. Die folgende Tabelle (Tab. 10-1) enthält einige beim Extrahieren benutzte Fachbegriffe.

**Tab. 10-1** Fachbegriffe beim Extrahieren

| Fachbegriff | Bedeutung |
| --- | --- |
| Extraktionsgut | zu extrahierendes Stoffgemisch |
| Extraktionsmittel (Solvent) | Lösemittel |
| Extrakt | Gelöste Komponente |
| Extraktlösung | Lösemittel mit der gelösten Komponente |
| Raffinat | Rückstand der Extraktion |

Die Durchführung einer Extraktion erfolgt in 3 Schritten (s. Abb. 10-1).
1. Extraktionsgut und Extraktionsmittel werden gut miteinander vermischt. Der Extrakt geht aufgrund des Konzentrationsgefälles an der Phasengrenzfläche vom Extraktionsgut in das Extraktionsmittel über.

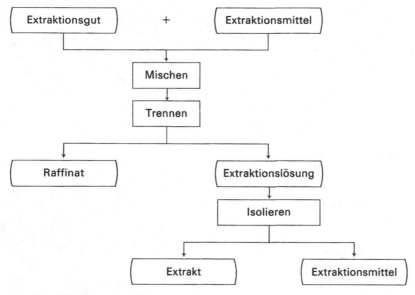

**Abb. 10-1** Ablauf einer Extraktion

2. Die Extraktlösung wird vom Raffinat getrennt.

3. Der Extrakt wird aus der Extraktlösung isoliert und gleichzeitig das Extraktionsmittel zurückgewonnen.

Das Extraktionsmittel sollte selektiv[2] und mit gutem Lösevermögen die gewünschte Komponente aus dem Gemenge herauslösen. Das Lösevermögen kann durch Erhöhung der Temperatur gesteigert und damit die Extraktionsdauer reduziert werden. Außerdem begünstigt eine niedrige Siedetemperatur des Lösemittels dessen Rückgewinnung.

Treibende Kraft beim Extrahieren ist der Unterschied der Konzentration an Extrakt im Extraktionsgut und im Extraktionsmittel. Das Ziel besteht in einem Ausgleich dieses Konzentrationsunterschiedes.

Im technischen Maßstab werden Extraktionen diskontinuierlich, halbkontinuierlich oder kontinuierlich durchgeführt. Die Auswahl des Verfahrens ist abhängig von der Menge an Extraktionsgut, von den betrieblichen Gegebenheiten und den Betriebskosten.

### 10.1.3
### Feststoffextraktion

Festes Extraktionsgut wird einmal oder mehrmals mit Extraktionsmittel oder Extraktlösung behandelt. Der Extrakt diffundiert in das Lösemittel bis sich ein bestimmtes Konzentrationsverhältnis zwischen beiden Phasen eingestellt hat.

Die Geschwindigkeit der Extraktion kann erhöht werden durch Zerkleinern des Extraktionsgutes. Allerdings kann eine zu geringe Korngröße zu einem Verstopfen der Extraktoren führen.

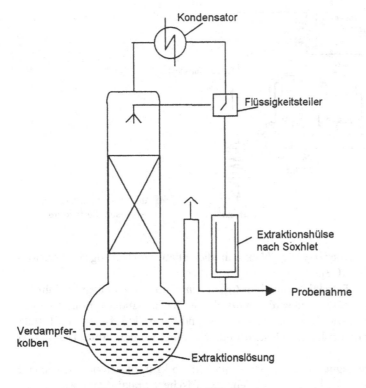

Kondensator

Flüssigkeitsteiler

Extraktionshülse
nach Soxhlet

Probenahme

Verdampfer-
kolben

Extraktionslösung

**Abb. 10-2**  Feststoffextraktion nach dem Soxhlet-Prinzip

Intensives Durchmischen beider Phasen begünstigt den Extraktionsvorgang. Hierbei wird auch eine gleichmäßige Verteilung des Extraktes im Extraktionsmittel erreicht. Zur Erhöhung der Ausbeute erfolgt eine Extraktion in mehreren Stufen.

Eine Anlage zur **diskontinuierlichen Feststoffextraktion** (s. Abb. 10-2) besteht beispielsweise aus einem Extraktionsbehälter, einem Verdampfer sowie einem Kondensator. In den Extraktionsbehälter wird auf einen mit Filterschichten belegten Siebboden das Extraktionsgut aufgebracht. Das Extraktionsmittel wird verdampft, kondensiert und dem Extraktionsgut zugeführt. Im Extraktionsbehälter erfolgt eine intensive Durchmischung von Extraktionsgut und Solvent durch Rühren. Die entstehende Extraktlösung fließt in den nachgeschalteten Verdampfer, wo wiederum Lösemittel verdampft wird. Nach dem Kondensieren wird es dem Raffinat zu einer weiteren Extraktion wieder zugeführt.

Dieses Verfahren wird auch als **Soxhlet-Extraktion** bezeichnet und zeichnet sich dadurch aus, dass der Solvent im Kreislauf geführt wird. Daraus resultiert ein geringer Lösemittelbedarf bei gleichzeitigem erschöpfendem Extrahieren. Darüber hinaus reduziert eine niedrige Siedetemperatur des Lösemittels die Betriebskosten. Ist eine vorgegebene Restkonzentration an Extrakt im Raffinat erreicht, wird dieses ausgetragen.

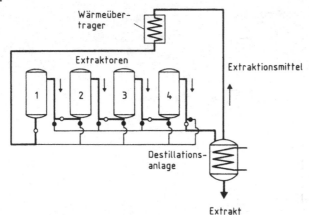

**Abb. 10-3** Batterieschaltung von Feststoffextraktoren

Wirtschaftlicher arbeitet eine **halbkontinuierliche** Batterieschaltung von Feststoff-extraktoren (s. Abb. 10-3).

Hierbei wird das Extraktionsmittel im *Gegenstrom* zum Extraktionsgut geführt (s. Abb. 10-4). Das Extraktionsgut wird in 4 Extraktoren nacheinander vom Extraktions-mittel durchströmt. Dies bedeutet, dass im 2.,3. und 4. Extraktor bereits mit Extrakt beladenes Lösemittel ankommt. Extrakt und Lösemittel werden durch Destillation wieder getrennt.

Ist das Extraktionsgut im 1. Extraktor erschöpft, so kann dieser aus dem Ablauf weggeschaltet und neu beschickt werden. Das frische Extraktionsgut wird durch geeignete Schaltung dann als letztes von der Extraktlösung durchströmt. Dadurch bildet es den letzten Extraktor der Batterie.

Durch diese Fahrweise bleibt immer ein genügend großer Konzentrationsunter-schied zwischen Extraktionsgut und Extraktionsmittel bestehen.

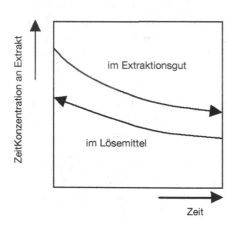

**Abb. 10-4** Konzentrations-verlauf an Extrakt bei Gegen-stromführung

Wird diese Extraktion im *Gleichstromverfahren* durchgeführt, so nimmt das Kon-zentrationsgefälle zwischen Extraktionsgut und Lösemittel stetig ab (s. Abb. 10-5).

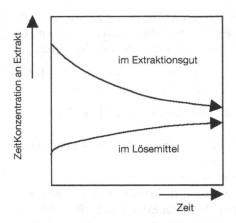

**Abb. 10-5** Konzentrationsverlauf des Extraktes bei Gleichstromführung

**Kontinuierliche Feststoffextraktoren** arbeiten ebenfalls im Gegenstromverfahren.

Im *Schneckenextraktor* transportiert eine horizontal gelagerte Förderschnecke das Extraktionsgut. Das Extraktionsmittel wird dem Raffinat vor dem Austrag zugeführt und bei der Extraktionsgutaufgabe abgezogen (s. Abb. 10-6).

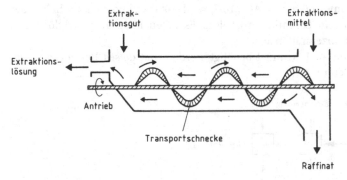

**Abb. 10-6** Schneckenextraktor

## 10.1.4
### Flüssigkeitsextraktion

### 10.1.4.1
### Allgemeines

Das bei einer Flüssigkeitsextraktion verwendete Lösemittel muss außer Selektivität und gutem Lösevermögen noch zwei weitere Eigenschaften haben:

- Es sollte im Extraktionsgut nicht löslich sein.
- Zwischen Extraktionsmittel und Extraktionsgut sollte ein genügend hoher Dichteunterschied bestehen, der ein Abtrennen beider Phasen ermöglicht.

Die Durchmischung von Extraktionsgut und Lösemittel wird durch Pumpen, Rührwerke oder Ultraschallgeber verbessert.

Der Extrakt verteilt sich immer in einem bestimmten Verhältnis zwischen Extraktionsmittel und Extraktionsgut. Hierbei stellt sich ein Gleichgewicht zwischen beiden Phasen ein, das durch das Verteilungsgesetz von Nernst beschrieben wird:

$$\zeta_{ES} = K \cdot \zeta_{ER} \tag{10-1}$$

In Gl. (10-1) bedeuten

$\zeta_{ES}$    Massenverhältnis aus Masse Extrakt im Solvent, $m_{ES}$ und Masse Solvent $m_S$, $(m_{ES}/m_S)$

$\zeta_{ER}$    Massenverhältnis aus Masse Extrakt im Raffinat $m_{ER}$ und Masse Raffinat $m_R$, $(m_{ER}/m_R)$

$K$    Verteilungskoeffizient (Nernstsche Konstante)

Aufgrund dieser Verteilung verbleibt auch nach mehrmaligem Extrahieren immer ein Rest an Extrakt im Raffinat. Welche Menge an Extrakt im Raffinat toleriert wird, hängt sowohl von Kriterien des Umweltschutzes als auch von ökonomischen Gesichtspunkten ab. Um möglichst erschöpfend zu extrahieren, d.h. optimale Ausbeute zu erreichen, wird eine Extraktion in der Praxis in mehreren Stufen durchgeführt. Der Extrakt kann aus der Extraktlösung wieder durch Destillieren isoliert werden. Als Verfahren werden Kreuzstrom- und Gegenstromextraktion unterschieden.

Bei der **Kreuzstromextraktion** (s. Abb. 10-7) wird das Extraktionsgut nacheinander mehrfach mit frischem Lösemittel extrahiert. Es fallen mehrere Extraktlösungen unterschiedlicher Konzentration an.

Da große Mengen an Lösemittel benötigt werden, hat dieses Verfahren wenig wirtschaftliche Bedeutung.

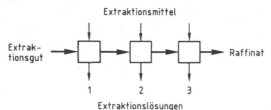

**Abb. 10-7**   Kreuzstromextraktion

Bei der **Gegenstromextraktion** (s. Abb. 10-4 und 10-8) wird das Extraktionsgut in mehreren Stufen im Gegenstrom zum Extraktionsmittel geführt. Dadurch bleibt ein genügend hoher Konzentrationsunterschied zwischen Raffinat und Extraktlösung als treibende Kraft erhalten. Es fallen eine gleichbleibende Extraktlösung und Raffinat an.

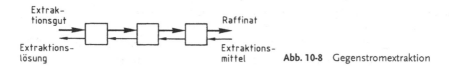

**Abb. 10-8**   Gegenstromextraktion

Ausreichende Verweilzeit beider Phasen in den einzelnen Extraktionsstufen und intensivere Durchmischung können die Leistung der Gegenstromextraktion erhöhen.

### 10.1.4.2
**Flüssigkeitsextraktoren**

Flüssigkeitsextraktoren werden entsprechend ihrer Betriebsweise in diskontinuierliche und kontinuierliche unterteilt.

Diskontinuierliche Flüssigkeitsextraktoren bestehen im einfachsten Fall aus einem Rührkessel mit Bodenventil. Mischen und Trennen beider Phasen erfolgt in einer Apparatur.

Die kontinuierliche Flüssigkeitsextraktion kann in einer Extraktionsbatterie z.B. im Gegenstrom durchgeführt werden. Diese besteht aus mehreren hintereinander geschalteten Paaren von Mischer- und Abscheidebehältern (Mixer-Settler-Extraktoren). Durchmischung und Phasentrennung erfolgen räumlich voneinander getrennt (s. Abb. 10-9).

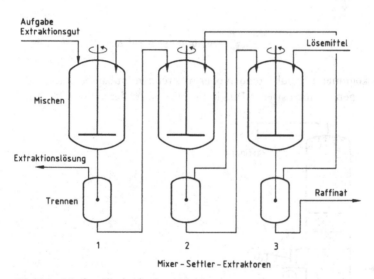

**Abb. 10-9**  Mischer-Abscheider-Batterie

Das Fördern von Extraktionsgut und Extraktionsmittel übernehmen Pumpen. Im Mischbehälter können an die Stelle des Rührwerks Umlaufpumpen oder Ultraschallgeber treten.

Eine andere Möglichkeit der kontinuierlichen Flüssigkeitsextraktion bieten die Extraktionskolonnen.

Hier werden Extraktionsgut und Extraktionsmittel in vertikalen Kolonnen mit beweglichen oder festen Einbauten im Gegenstrom geführt. Siebboden- und Füllkörperkolonnen sind in ihrer Bauweise mit den Rektifikationskolonnen zu vergleichen.

Der Unterschied besteht darin, dass diese Kolonnen beim Extrahieren vollständig mit Flüssigkeit gefüllt sind. Die spezifisch leichtere Phase wird am unteren Kolonnenende mit einer Düse in der von oben zugeführten spezifisch schwereren Phase fein verteilt. Misch- und Abscheidevorgänge laufen mehrmals nacheinander in der Kolonne ab.

In einer **Sprühkolonne** kommt es beim Durchperlen der leichten Phase zur Stoffübertragung. Dieser verläuft nur mit geringer Geschwindigkeit (s. Abb. 10-10).

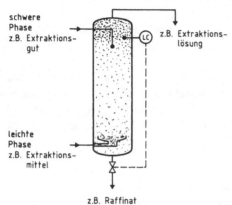

**Abb. 10-10** Sprühkolonne

In **Pulsationskolonnen** mit pulsierenden oder rotierenden Einbauten verläuft der Stoffaustausch wegen der intensiveren Durchmischung schneller (s. Abb. 10-11).

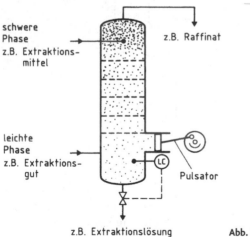

**Abb. 10-11** Pulsationskolonne

Zusätzlich zu den festen Einbauten wird die Flüssigkeit durch Kolben- oder Membranpumpen in Pulsation versetzt.

**Rotationskolonnen** sind unterteilt in Mischzonen mit Rührwerken und Ruhezonen zur Trennung der Phasen (s. Abb. 10-12).

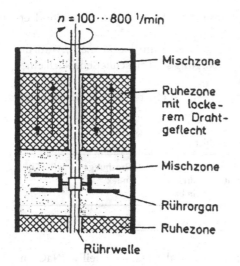

n = 100 ··· 800 ¹/min

— Mischzone

— Ruhezone
mit locke-
rem Draht-
geflecht

— Mischzone

— Rührorgan

— Ruhezone

Rührwelle

Abb. 10-12   Rotationskolonne

## 10.2
## Arbeitsanweisung

Für das Arbeiten in einem Technikum werden ein Arbeitsanzug, Sicherheitsschuhe, eine Schutzbrille und ein Helm benötigt.

### 10.2.1
### Feststoffextraktion nach dem Soxhlet-Verfahren

**Apparatur und Geräte:** Extraktionsbehälter mit Soxhlet-Rohr und Porzellanfritte als Extraktionshülse, Rektifizierblase mit Einsatzheizer und Stickstoffeinperlung, Vorlagegefäß, Füllkörperkolonne mit Kondensator, Flüssigkeitsteiler und Nachkühler, Messbecher, Refraktometer.
**Chemikalien:** Feststoffgemisch aus Natriumchlorid, Seesand und Cellite.
**Arbeitsanweisung:** Die Apparatur ist auf Betriebsbereitschaft zu überprüfen. In der Rektifizierblase wird als Extraktionsmittel Wasser vorgelegt. Im Extraktionsbehälter wird ein Filter eingelegt und die abgewogene Masse Feststoffgemisch in der Porzellanfritte eingefüllt.

Das Belüftungsventil der Rektifizierblase wird geschlossen, die Stickstoffeinperlung an der Apparatur geöffnet und auf einen Druck von 0,25 bar eingestellt. Das Kühlwasser zum Kopfkondensator ist einzuregulieren. Die Dampfzufuhr zum Einsatzheizer der Rektifizierblase ist zu öffnen und auf einen der Dampfdruck von max. 0,6 bar einzustellen. Hat sich in der Füllkörperkolonne ein Gleichgewicht eingestellt, wird der Flüssigkeitsteiler angeschaltet und auf Abnahme eingestellt.

Beim ersten Überlauf des Destillates wird das Extraktionsmittel in das Soxhlet-Rohr geleitet und die absatzweise Extraktion begonnen. Nach jedem Ablauf der Extraktionslösung in die Rektifizierblase ist eine Probe dieser Extraktionslösung zu ziehen. Der Brechungsindex der Lösung wird mittels eines Refraktometers bestimmt und aus einem gegebenen Diagramm der Gehalt an Natriumchlorid ermittelt.

Enthält die abfließende Extraktionslösung kein Natriumchlorid mehr, wird die Extraktion beendet. Dampf- und Stickstoffversorgung sind zu schließen. Nach einer Abkühlphase wird die Kühlung abgestellt.

**Auswertung:** Es ist ein Ablaufprotokoll zu führen. In einer Tabelle sind die Messwerte zu protokollieren (s. Tab. 10-2).

**Tab. 10-2** Messwerte der Feststoffextraktion nach Soxhlet

| Zeit | Sumpf-temperatur in °C | Kopf-temperatur in °C | Einlauf-temperatur in °C | Dampf druck in bar | Brechungs-index | w(NaCl) |
|------|------|------|------|------|------|------|
| | | | | | | |

In einem Diagramm werden die Temperatur und der Massenanteil w (NaCl) in Abhängigkeit von der Zeit dargestellt.

## 10.3
## Fragen zum Thema

Was bedeutet der Begriff Extrahieren?

Was verstehen Sie unter dem Raffinat und dem Solvent?

Welche Verfahrensschritte finden beim Extrahieren statt?

Wie kann eine diskontinuierliche Feststoff-extraktion durchgeführt werden?

Was bedeutet bei der Feststoffextraktion a) Gleichstrom, b) Gegenstrom von Extraktionsmittel und Extraktionsgut?

Welche Vorteile hat Gegenstromführung des Extraktionsmittels gegenüber Gleichstromführung?

Welche Anforderungen muss das einzusetzende Lösemittel bei einer Feststoffextraktion erfüllen?

Welche zusätzlichen Eigenschaften muss das Extraktionsmittel bei einer Flüssigkeits-extraktion haben?

Beschreiben Sie die kontinuierliche Flüssigkeitsextraktion in Mischer-Abscheider-Behältern.

Nennen und beschreiben Sie drei Arten von Extraktionskolonnen.

### Begriffserklärungen

1 Von lat. *extrahere* für herausziehen.

2 Von lat. *seligere* für auswählen.

# 11
# Betriebliche Reaktionstechnik

## 11.1
## Theoretische Grundlagen

### 11.1.1
### Themen und Lerninhalte

Zur Herstellung chemischer Produkte bedarf es neben dem Umgang mit technischen Geräten, und dem Wissen theoretischer Zusammenhänge auch des sicheren
und umweltbewussten Arbeitens sowie der logistischen Planung von zeitlichen und
organisatorischen Abläufen.

### 11.1.2
### Disposition von Arbeitsabläufen

Vor Herstellungsbeginn ist es notwendig, die Arbeitsvorschrift anhand eines Ab-
lauf- bzw. Zeitplans durchzuarbeiten und danach entsprechende Dispositionen zu
treffen.
   Dazu zählt im Einzelnen:
• die Abstimmung der Nutzung von Apparaturen und Geräten,
• die betriebsbereite Reaktionsapparatur,
• die Bereitstellung von Einsatzstoffen,
• die Bereitstellung von Energien und
• die organisatorische Abstimmung mit anderem Betriebspersonal.
   Der Verfahrensablauf kann mit Hilfe des in Abb. 11-1 dargestellten Ablaufsche-
mas dargestellt werden.
   Die Disposition des zeitlichen Ablaufs kann schematisch strukturiert (s. Abb.
11-2) vorgenommen werden. Die Zeit für die einzelnen Verfahrensschritte ist abzu-
schätzen und im Sollbereich einzutragen. Während der Durchführung werden die
Zeitpunkte der tatsächlichen Verfahrensabläufe im Istbereich protokolliert.

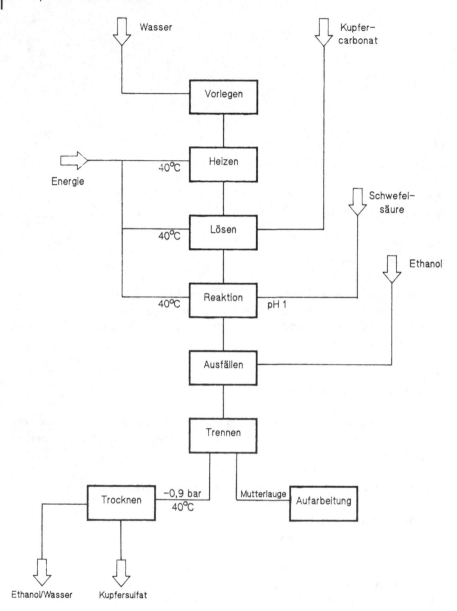

**Abb. 11-1** Ablaufplan der Herstellung von Kupfersulfat (s. Abschn. 11.2.9)

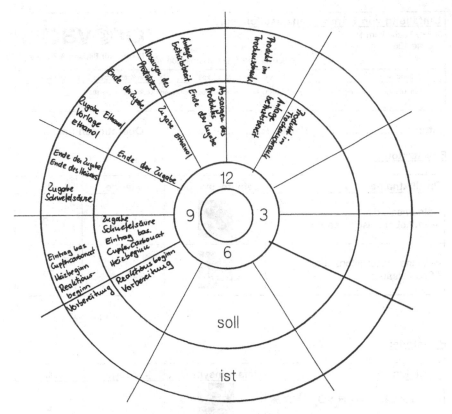

**Abb. 11-2**   Zeitliche Planung der Herstellung von Kupfersulfat

## 11.1.3
### Protokollierung

Während der Produktion ist ein Verlaufsprotokoll zu führen, das immer den momentanen Zustand der Reaktionsgarnitur und der chemischen Umsetzung wiedergibt. Von der Vorschrift abweichende Arbeitsschritte sind anzugeben. An besonders wichtigen Stationen des Produktionsablaufs müssen schriftliche Quittierungen durch Kollegen oder Vorgesetzte erfolgen.

Die Art der Protokollierung wird hier an zwei Möglichkeiten demonstriert:
– In ein vorgegebenes Lückenprotokoll werden die entsprechenden Versuchsdaten und der jeweilige Apparaturzustand eingetragen. Abb. 11-3 zeigt Ausschnitte aus dem Lückenprotokoll für die Umfällung von 4-Aminobenzolsulfonsäure (s. Abschn. 11.2.2).
– Die zweite Möglichkeit ist die Erstellung eines handschriftlichen Ablaufprotokolls auf einem Formblatt. Abb. 11-4 zeigt diese Protokollform für die Herstellung von Kupfersulfat (s. Abschn. 11.2.9).

| Umfällung von 4-Aminobenzolsulfonsäure | | |
|---|---|---|
| B 836 Technikum 1<br>Anlage 106<br><br>Dokument-Nr.:   14/PBT/0106/2000 | **provadis**<br>Partner für Bildung & Beratung | |

| Fassung-Nr.:   1 | Verfasser:   M. Strauß | in Kraft getreten am:   03.04.2002 |
|---|---|---|
| Standort, Original:   Q:\Production-Technologies\Team\FG 14 - Chemische Produktionstechnik\Lückenprotokolle\106.doc | | |

**Datum:** ....................   **Name:** ...............................   **Operationsnummer:** .....

**Einsatzstoffe:**

| Produktname | Gefahrensymbol | Menge | ME |
|---|---|---|---|
| Natriumsalz der<br>4-Aminobenzolsulfonsäure |  ✖ | ................. | kg |
| 4-Aminobenzolsulfonsäure<br>( Sulfanilsäure ) |  ✖ | ................. | kg |

Signum: ....................

**Hilfsstoffe:**

| Produktname | Gefahrensymbol | Menge | ME |
|---|---|---|---|
| Schwefelsäure  w ( $H_2SO_4$ ) = 37 % |  | ................. | L |
| Natronlauge  w ( NaOH ) = 16,5 % |  | ................. | L |
| Aktivkohle | | ................. | g |
| Reinwasser | | ................. | L |

Signum: ....................

**Abb. 11-3**   Ausschnitte aus dem Lückenprotokoll zur Umfällung von 4-Aminobenzolsulfonsäure

| Umfällung von 4-Aminobenzolsulfonsäure |  |
|---|---|
| B 836 Technikum 1 | |
| Anlage 106 | **provadis** |
| Dokument-Nr.: 14/PBT/0106/2000 | Partner für Bildung & Beratung |

| Zeit | Temperatur | Menge Druck | Arbeitsvorgang | Signum |
|---|---|---|---|---|
| ......... | .................. | | Die Anlage 106 wird auf Betriebsbereitschaft überprüft: | |
| | | | C1: Sicherheitsschalter eingeschaltet, der Rührer funktioniert. Behälter sauber und leer, alle Absperrorgane zu, außer dem Abluft-, Kühlwasserausgangs- und Mantelentleerungsventil. Ölstand im Thermosiphon der Gleitringdichtung ist in Ordnung. | |
| | | | F1: Keine sichtbaren Mängel, alle Absperrorgane zu. | |
| | | | F2: Filtertuch sauber, befeuchtet und in Ordnung. Alle Absperrorgane zu, außer der Belüftung. | |
| | | 4/ ....... bar | C2: Sicherheitsschalter eingeschaltet, der Rührer funktioniert. Behälter sauber und leer, alle Absperrorgane zu, außer dem Abluft-, Kühlwasserausgangs- und Mantelentleerungsventil. Ölstand im Thermosiphon der Gleitringdichtung ist in Ordnung und der Vordruck beträgt | |
| | | | Alle Vorratsbehälter und Vorlagen sind belüftet. Keine Mängel sind zu erkennen. | ............... |
| | | | **Quittierung Ausbilder:** ...................... | |
| .......... | | | Füllstände ( mindestens je 4 L ): | |
| | | ............... L | Natronlauge w ( NaOH ) = 16,5 % | |
| | | ............... L | Schwefelsäure w ( $H_2SO_4$ ) = 37 % | ............... |

**Abb. 11-3** Fortsetzung

| | Umfällung von 4-Aminobenzolsulfonsäure |
|---|---|
| B 836 Technikum 1 | |
| Anlage 106 | |
| Dokument-Nr.: 14/PBT/0106/2000 | |

provadis
Partner für Bildung & Beratung

| Zeit | Temperatur | Menge Druck | Arbeitsvorgang | Signum |
|---|---|---|---|---|
| ........... | ................. | | **Unfallverhütungsmaßnahmen:** *Komplette Arbeitsschutzkleidung, Schürze, Vollgesichtsschutz und Stulpenhandschuhe. Der Transport darf nur in geschlossenen Gebinden stattfinden.* | |
| | | | Belüftung geschlossen, Vakuumventil geöffnet und den Vorratsbehälter evakuiert. Das Vakuumventil geschlossen. Transportbehälter geöffnet, Einsaugschlauch eingetaucht und das Einsaugventil vorsichtig geöffnet. Den Vorratsbehälter bis zur maximalen Graduierung befüllt und das Einsaugventil geschlossen. Das Belüftungsventil geöffnet, Einsaugventil geöffnet und die restliche Natronlauge / Schwefelsäure ablaufen lassen. Danach das Einlaufventil geschlossen und den Einsaugschlauch aus dem Transportbehälter entnommen und Transportbehälter geschlossen und zur Abfüllstation zurückgebracht. | |
| | | | Die Einsaugleitung dreimal mit Reinwasser gespült: | |
| | | | Eimer mit 5 L Reinwasser befüllt und bereitgestellt. Belüftung geschlossen, Vakuumventil geöffnet und Vorratsbehälter evakuiert. Das Vakuumventil geschlossen. Einsaugschlauch in den Eimer eingetaucht und das Einsaugventil vorsichtig geöffnet. Einsaugleitung bis 20 cm unterhalb des Einlaufs des Behälters befüllt und das Einsaugventil geschlossen. Belüftungsventil geöffnet, Einsaugventil geöffnet und das Spülwasser ablaufen lassen, danach das Einlaufventil geschlossen. Den Spülvorgang noch zweimal wiederholt. | |
| | | ............. L | Natronlauge w ( NaOH ) = 16,5 % eingesaugt | |
| | | ............. L | Schwefelsäure w ( $H_2SO_4$ ) = 37 % eingesaugt. | ............. |
| ........... | | 30/.......... L | **Pult 101** Wasser über Dosierer FQIS+ 10602 in Behälter C1 vorgelegt: Dosierung nach C1 angewählt. Anzeige mit Reset gelöscht, Menge eingegeben, mit Set die Eingabe bestätigt. Reinwasserventil geöffnet. Den Dosiervorgang gestartet. | |
| ........... | | | Die Dosierung ist beendet Reinwasserventil geschlossen. | ............. |
| ........... | | | **Pult 101** Rührer EM 1062 eingeschaltet. | ............. |

**Abb. 11-3**  Fortsetzung

*Arbeitsprotokoll* (Anlage _12_ )

| Name: | Hans Hansen | | Datum: | 02. Juli 2002 |
|---|---|---|---|---|
| Aufgabe: | Herstellen von kupfersulfat | | Op.-Nr.: | 018 |

| Zeit | Temp. | Menge | Arbeitsablauf |
|---|---|---|---|
| 7⁵⁰ | 23°C | | Vorratsgefäß und Reaktionsgefäß sind sauber und leer. Alle Ventile sind geschlossen. Rührer und Pumpe auf Funktion überprüft. |
| 8⁰⁵ | 23°C | | Im Reaktionsgefäß sind |
| | | 5 L | Wasser vorgelegt. Der Rührer ist eingeschaltet, Ventil Saugseite geöffnet, Ventil Druckseite zum Füllen der Pumpe geöffnet, danach geschlossen, Umlaufpumpe eingeschaltet, Druckseitenventil eingestellt. |
| 8¹⁰ | 23°C | | Dampfventil geöffnet und einreguliert. |
| 8¹⁵ | 40°C | | Reaktionstemperatur erreicht |
| 8³⁰ | 41°C | | Beginn des Eintrags von |
| | | 0,46kg | basischem kupfercarbonat (pulverisiert). |
| 8⁴⁰ | 40°C | | Eintrag beendet. |
| 9¹⁰ | 40°C | | Im Vorratsgefäß |
| | | 0,9 L | Schwefelsäure w(H₂SO₄) = 37% vorgelegt. Sicherheitsmaßnahmen: Arbeitskleidung, Schutzbrille, Vollgesichtsschutz, Gummihandschuhe, Schürze. |
| 9³⁰ | 41°C | | Dosierpumpe eingeschaltet. Beginn der Zugabe von Schwefelsäure ins Reaktionsgefäß. |

343559/98 4 M

**Abb. 11-4**  Ablaufprotokoll: Herstellung von Kupfersulfat

| Zeit | Temp. | Menge | Arbeitsablauf |
|---|---|---|---|
| $9^{22}$ | 40°C | | 1. Probe pH 5 |
| $9^{25}$ | 40°C | | 2. Probe pH 4 |
| $9^{27}$ | 39°C | | 3. Probe pH 3 |
| $9^{29}$ | 40°C | | 4. Probe pH 3 |
| $9^{31}$ | 40°C | | Dosierpumpe abgeschaltet. |
| $9^{41}$ | 41°C | | Überprüfung pH-Wert : pH 3 |
| $9^{42}$ | 41°C | 0,44 L | Schwefelsäure $w(H_2SO_4) = 37\%$ wurden benötigt. Die restliche Schwefelsäure ist in einem Behälter deponiert. |
| $9^{50}$ | 40°C | | Dampfventil zu; Heizphase ist beendet. |
| $10^{15}$ | 38°C | 4 L | Ethanol sind im Vorratsgefäß vorgelegt. Dosierpumpe ist eingeschaltet. |
| $10^{45}$ | 29°C | | Ethanol ist in das Reaktionsgefäß gepumpt. Dosierpumpe ist abgeschaltet. Probe aus dem Reaktionsgefäß entnommen, abgesaugt, Filtrat mit Ethanol versetzt. |
| $10^{50}$ | 28°C | | Die Ausfällung ist vollständig. |
| $11^{00}$ | 28°C | | Produkt abgelassen, abgesaugt, Reaktionsgefäß mit Mutterlauge nachgespült und ebenfalls abgesaugt. |
| $11^{05}$ | 28°C | | Umlaufpumpe und Rührer abgestellt. |
| $11^{30}$ | | | Anlage ist sauber und leer, alle Ventile sind geschlossen. Produkt ist aufgeblüht und in den Vakuumtrockenschrank gegeben. Ausbeute feucht : 0,660 kg Ausbeute trocken : 0,625 kg |

**Abb. 11-4** Fortsetzung

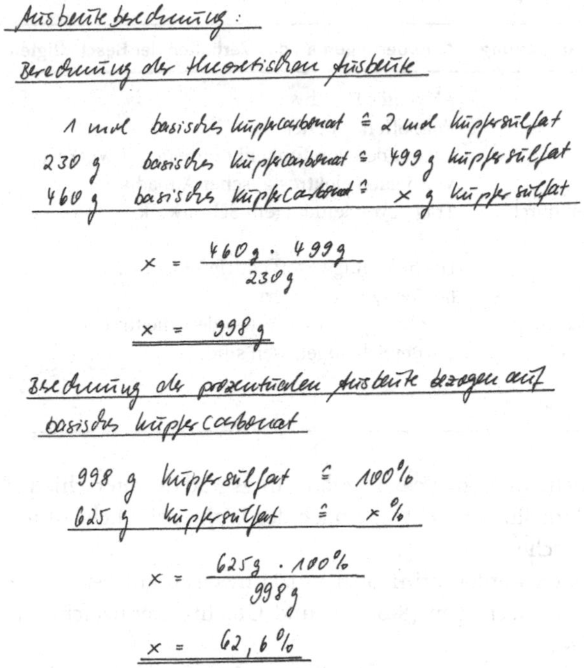

Ausbeuteberechnung:

Berechnung der theoretischen Ausbeute

1 mol basisches Kupfercarbonat ≙ 2 mol Kupfersulfat
230 g basisches Kupfercarbonat ≙ 499 g Kupfersulfat
460 g basisches Kupfercarbonat ≙ x g Kupfersulfat

$$x = \frac{460 \, g \cdot 499 \, g}{230 \, g}$$

$$x = 998 \, g$$

Berechnung der prozentualen Ausbeute bezogen auf basisches Kupfercarbonat

998 g Kupfersulfat ≙ 100 %
625 g Kupfersulfat ≙ x %

$$x = \frac{625 \, g \cdot 100 \, \%}{998 \, g}$$

$$x = 62,6 \, \%$$

**Abb. 11-4**  Fortsetzung

## 11.2
## Arbeitsanweisungen

Für das Arbeiten in einem Technikum werden ein Arbeitsanzug, Sicherheitsschuhe, eine Schutzbrille und ein Helm benötigt. Beim Umgang mit chemischen Substanzen sind chemikalienbeständige Gummihandschuhe, beim Arbeiten an Maschinen oder Apparateteilen sind Lederhandschuhe zu verwenden. Zusätzlich notwendige Sicherheitsmaßnahmen werden bei der entsprechenden Aufgabenstellung angegeben. Für den Umgang mit Chemikalien und ihre ordnungsgemäße Entsorgung gelten im Einzelfall besondere Sicherheitsvorschriften. Die zu den Chemikalien angegebenen Gefahrenkennzeichnungen, Hinweise auf besondere Gefahren (R-Sätze) sowie Sicherheitsratschläge (S-Sätze) wurden der GESTIS-Stoffdatenbank des Berufsgenossenschaftlichen Instituts für Arbeitssicherheit, einem Insitut der gewerblichen Berufsgenossenschaften, entnommen.

Im technischen Maßstab wird insbesondere mit größeren Mengen an Chemikalien gearbeitet, die selbstentzündlich sind oder deren Dämpfe zündfähige Gemische bilden können. Dies erfordert eine besondere Kennzeichnung von Arbeitsbereichen als sogenannte explosionsgeschützte Bereiche, kurz: EX-Bereich. Hier werden besondere Anforderungen zum einen an die Räumlichkeiten selbst und zum anderen an die dort Beschäftigten gestellt. Einen Überblick gibt Tab. 11-1.

**Tab. 11-1**   Besonderheiten im EX-Bereich

| Anforderungen an die räumliche Ausstattung | Anforderungen an das Verhalten der Beschäftigten |
| --- | --- |
| Kennzeichnung des EX-Bereiches | Absolutes Rauchverbot |
| Kontinuierliche Raumbelüftung | Kein offenes Feuer |
| Abluft an allen Anlagen | Verwenden von funkenhemmendem Werkzeug |
| Leitfähige Fußböden | Vermeiden elektrostatischer Aufladung |
| Trennung von Nicht-EX-Bereichen durch eine Schleuse | Tragen von leitfähigem Schuhwerk |
| Feuerhemmende, selbstschließende, nach außen öffnende Türen | Leichtflüchtige Stoffe dürfen nicht an heißen Quellen lagern |
| Gasdicht verschlossene elektrische Geräte und Schalter | Nur Mobiltelefone verwenden, die für den EX-Bereich zugelassen sind. |
| Geerdete Anlage | |
| u.U. Flammenrückschlagsicherungen | |

Explosionsgefährdete Bereiche werden je nach Gefährdungsgrad in unterschiedliche Zonen eingeteilt. Diese Einteilung richtet sich nach der Wahrscheinlichkeit für das Auftreten explosiver Gemische[1].

Die verwendeten Chemikalien werden prinzipiell mit Hinweisen auf besondere Gefahren (R-Sätze), Sicherheitsratschlägen (S-Sätze) und Gefahrenkennzeichnungen versehen (s. Abschn. 1.3.4).

In Tab. 11-2 werden die in diesem Kapitel vorgestellten praktischen Arbeiten aufgeführt.

**Tab. 11-2**   Übersicht der Arbeitsvorschriften

| Vor- und Aufbereitung von Edukten und Produkten | Anorganische Reaktionen | Organische Reaktionen |
| --- | --- | --- |
| • Umkristallisation von Carboxipyrazolsäure-4 | • Herstellen von basischem Kupfercarbonat | • Herstellen des Azofarbstoffes Tartrazin O |
| • Umfällen des Natriumsalzes von 4-Aminobenzol-sulfonsäure | • Herstellen von Kupfersulfat | • Herstellen von Benzoesäureethylester |
| • Destillation von ethanolhaltigen Gemischen | • Herstellen von Calcium-carbonat | • Herstellen von Benzoesäure |
| • Rektifikation von ethanolhaltigen Gemischen | | |
| • Fällen von Schwermetallionen | | |
| • Neutralisation | | |
| • Fällen von Schwefelsäure mit Calciumcarbonat | | |

Im Einzelfall wird jeder Arbeitsvorschrift eine kurze Zusammenfassung der entsprechenden chemischen Grundlagen oder auch der verfahrenstechnischen Besonderheiten voran gestellt. Die für die Durchführung benötigten Apparaturen und Geräte werden allgemein genannt und müssen an die spezifischen örtlichen Gegebenheiten angepasst werden. Dies gilt ebenso für die Arbeitsanweisungen. Hier wurde auf die Mengenangabe der benötigten Chemikalien verzichtet, da dies nur bei Anwendung von Apparaturen gleicher Größe sinnvoll ist.

## 11.2.1
### Umkristallisation von Carboxipyrazolsäure-4

Umkristallisieren von Feststoffen ist eine physikalische Reinigungsmethode, die die Temperaturabhängigkeit der Löslichkeit eines Stoffes ausnutzt (s. Abschn. 8.3). Dazu stellt man im siedenden Lösemittel eine heißgesättigte Lösung her und filtriert die unlöslichen Verunreinigungen ab. Beim Abkühlen der Lösung kristallisieren der Feststoff wegen seiner bei niedriger Temperatur geringeren Löslichkeit wieder aus.

Strukturformel der verwendeten Carboxipyrazolsäure:

**Apparatur und Geräte**: Druckbehälter mit Rührwerk und Mantelheizung, Druckfilter, Saugnutsche, Zwischengefäß mit Rührwerk, Mantelheizung, Brüdenrohr, Kondensator und Destillatvorlage, Vorratsbehälter, Probenehmer, Becherglas.
**Chemikalien**: Carboxipyrazolsäure-4 [1-p-Sulfophenyl-pyrazolon-(5)-carbonsäure-(3)], Aktivkohle
**Arbeitssicherheit und Umweltschutz**:
Carboxipyrazolsäure-4: R 21-22; S 7-13-20/21/22-24/25-28-40; Gefahrenkennzeichnung $X_n$.
Die Mutterlauge ist über eine Abwasseraufbereitungsanlage zu entsorgen. Feste Rückstände sind der Rückstandsverbrennung zuzuführen.
**Arbeitsanweisung**: Die Apparatur wird auf Betriebsbereitschaft überprüft. Im Kessel wird Wasser vorgelegt und unter Rühren indirekt auf 60 °C erwärmt. Bei dieser Temperatur wird portionsweise die abgewogene Carboxipyrazolsäure-4 eingetragen.
a) *Lösevorgang*: Aktivkohle wird in Wasser angeschlämmt, zur Suspension gegeben sowie der Kessel und die Entlüftung geschlossen. Der Kesselinhalt ist auf 90 °C zu erwärmen und bei dieser Temperatur konstant zu halten. Gegen Ende der Haltephase ist der Druckfilter vorzuheizen. Die Suspension wird auf 75 °C abgekühlt und mit einem Druck von maximal 2,5 bar über den Druckfilter in das Zwischengefäß gedrückt.

Ist der Druck im leeren Kessel auf 0,4 bar abgesunken, wird die Leitung zum Zwischengefäß solange mit Direktdampf gespült, bis am Ende der Leitung Dampf austritt.

b) *Hauptfällung:* Das Filtrat im Zwischengefäß ist unter Rühren durch Mantelkühlung auf 20°C abzukühlen. Die entstandene Suspension wird bei 20°C auf die Saugnutsche gefördert, der Filterkuchen wird mit der Mutterlauge gewaschen, trockengesaugt, aufgeblecht und bei 100°C im Umlufttrockenschrank getrocknet.

c) *Nachfällung:* Die Mutterlauge wird in das Zwischengefäß eingesaugt und das Volumen bestimmt. Durch indirektes Heizen unter Normaldruck wird die Mutterlauge auf ein bestimmtes Restvolumen eingeengt. Das Volumen des abgedampften Wassers ist zu bestimmen und der Abwasseraufbereitung zuzuführen. Die Restlösung wird auf 20°C abgekühlt, die Suspension über die Saugnutsche filtriert und trocken gesaugt. Das Produkt wird aufgeblecht und bei 100°C im Umlufttrockenschrank getrocknet.

Das Zwischengefäß und alle produktführenden Leitungen zur Saugnutsche sind mit Wasser zu spülen. Die Mutterlauge wird der Abwasseraufbereitung zugeführt.

**Auswertung:** Es ist ein Ablaufprotokoll zu führen. Alle Berechnungen sowie die Trockenausbeute in kg (Hauptfällung und Nachfällung) sowie die Prozentausbeute bezogen auf eingesetzte Carboxipyrazolsäure-4 sind anzugeben.

Außerdem sind folgende Fragen zur Aufgabe zu bearbeiten:

1. Beschreiben Sie stichwortartig den Vorgang einer Umkristallisation.
2. Welche Aufgabe hat die Aktivkohle?
3. Welche Sicherheitseinrichtungen sollten an der Kesselanlage vorhanden sein? Begründen Sie Ihre Antwort.

### 11.2.2
**Umfällen von 4-Aminobenzolsulfonsäure**

Das Umfällen zur Reinigung von Feststoffen beruht auf chemischen Vorgängen. Dabei wird die unterschiedliche Löslichkeit von Stoffen in Säuren und Laugen ausgenutzt. Der zu reinigende Feststoff wird im entsprechenden Medium gelöst und filtriert. Durch Zugabe von Säure oder Lauge wird der Feststoff wieder zum Auskristallisieren gebracht und durch Kuchenfiltration zurückgewonnen.

Die Reaktionsgleichung zum Lösen von 4-Aminobenzolsulfonsäure in Natronlauge lautet:

$$2\ \underset{SO_3H}{\overset{NH_2}{\bigcirc}}\ +\ 2\ NaOH\ \longrightarrow\ 2\ \underset{SO_3Na}{\overset{NH_2}{\bigcirc}}\ +\ 2\ H_2O$$

Die Reaktionsgleichung zur Fällung mit Schwefelsäure lautet:

**Apparatur und Geräte:** Druckbehälter mit Rührwerk und Mantelheizung, Druckfilter, Zwischengefäß mit Rührwerk, Saugnutsche.

**Chemikalien:** Natriumsalz der 4-Aminobenzolsulfonsäure, Natronlauge $w(NaOH) = 16,5\%$, Schwefelsäure $w(H_2SO_4) = 37\%$, Aktivkohle.

**Arbeitssicherheit und Umweltschutz:** Die verwendeten Säuren und Laugen sind stark ätzend und dürfen nur unter zusätzlicher Verwendung eines Gesichtsschutzschildes, einer Gummischürze und säure- und laugebeständiger Stulpenhandschuhe abgefüllt und in geschlossenen Behältern transportiert werden.

Natriumsalz der 4-Aminobenzolsulfonsäure: R 36/38-43; S 2-24-37; Gefahrenkennzeichnung $X_i$.

Schwefelsäure $w(H_2SO_4) = 37\%$: R 35; S 2-26-30-45; Gefahrenkennzeichnung C.

Natronlauge $w(NaOH) = 16,5\%$: R 35; S 2-26-37/39-45; Gefahrenkennzeichnung C.

4-Aminobenzolsulfonsäure: R 36/38-43; S 2-24-37; Gefahrenkennzeichnung $X_i$.

**Arbeitsanweisung:** Die Apparatur ist auf Betriebsbereitschaft zu überprüfen. Im Kessel wird Wasser vorgelegt und unter Rühren indirekt erwärmt. Anschließend ist eine abgewogene Menge Natriumsalz der 4-Aminobenzolsulfonsäure portionsweise einzutragen. Durch Zugabe von Natronlauge $w(NaOH) = 16,5\%$ wird die Mischung auf pH 11 eingestellt. Aktivkohle ist in Wasser anzuschlämmen, einzutragen und die Mischung anschließend bei geschlossenem Kessel und geschlossener Abluft auf 85 °C zu erwärmen. Gegen Ende der Heizphase wird der Druckfilter vorgeheizt. Die Suspension ist auf 75 °C abzukühlen und mit einem Druck von maximal 2,5 bar über den Druckfilter in das Zwischengefäß zu fördern.

Ist der Druck im leeren Kessel auf 0,4 bar abgesunken, wird die Leitung zum Zwischengefäß solange mit Direktdampf gespült, bis am Ende der Leitung Dampf austritt. Der Kessel ist auf 40 °C abzukühlen. Die Entlüftung und der Behälter werden geöffnet.

Das Filtrat im Zwischengefäß ist auf 20 °C abzukühlen und während der Kühlphase durch Zugabe von Schwefelsäure $w(H_2SO_4) = 37\%$ auf pH 1 einzustellen.

Nach einer Nachrührzeit wird die Suspension bei einer Temperatur unter 20 °C auf die Saugnutsche gefördert und filtriert. Die gereinigte 4-Aminobenzolsulfonsäure wird aufgeblecht und im Umlufttrockenschrank bei 100 °C getrocknet. Das Zwischengefäß und alle produktführenden Leitungen zur Saugnutsche sind mit Wasser zu spülen. Die Mutterlauge wird der Abwasseraufbereitung zugeführt.

**Auswertung:** Es ist ein Ablaufprotokoll zu führen, in dem unter anderem die Mengen der verwendeten Chemikalien anzugeben sind. Alle Berechnungen sowie die

Trockenausbeute in kg und die Prozentausbeute bezogen auf eingesetztes Natriumsalz der 4-Aminobenzolsulfonsäure werden aufgeführt.

Außerdem sind die folgenden Fragen zur Aufgabe zu bearbeiten:

1. Erstellen Sie ein allgemeines Grundfließbild einer Umfällung.
2. Welche Sicherheitsmaßnahmen sind beim Umgang mit Natronlauge w(NaOH) = 16,5% zu ergreifen?
3. Benennen Sie die an der Kesselanlage installierten Sicherheitseinrichtungen und erläutern Sie deren Aufgabe.

## 11.2.3
### Destillation von ethanolhaltigen Gemischen

**Apparatur und Geräte:** Rotationsverdampfer mit Kühler und Wechselvorlagen für
das Destillat, Vorratsbehälter für das Einsatzgemisch, den Zulauf und den Rückstand, Membranvakuumpumpe mit automatischer Druckregelung, Dewargefäß mit
Kältefalle, Standzylinder, Alkoholthermometer, Aräometer

**Chemikalien:** Schwefelsaures ethanolhaltiges Gemisch, festes Kohlenstoffdioxid
(Trockeneis).

**Arbeitssicherheit:** Ethanol: R 11; S 7-16; Gefahrenkennzeichnung F, VbF B.

Die unmittelbare Berührung von festem Kohlenstoffdioxid führt zu Erfrierungen
mit verbrennungsähnlichen Hautschäden. Um ein Überschäumen des Ethanols zu
vermeiden muss die Zugabe von Trockeneis portionsweise erfolgen.

**Arbeitsanweisung:** Die Anlage wird auf Betriebsbereitschaft überprüft. Hierbei ist
eine Kontrolle auf Risse oder Sprünge in den Glasbehältern und auf Undichtigkeiten durchzuführen. Das Dewargefäß mit der Kältefalle zwischen der Anlage und der
Vakuumpumpe wird mit Ethanol und Trockeneis beschickt und auf eine Temperatur von $-20\,°C$ abgekühlt. Die Anlage wird mittels Membranvakuumpumpe auf einen Druck von $-0,86 \pm 0,02$ bar evakuiert.

Der Vorratsbehälter ist mit schwefelsaurem ethanolhaltigem Gemisch zu füllen
und der Verdampferkolben mit ca. 0,5 bis 1 L dieser Mutterlauge zu füllen.

Die Rotordrehzahl des Rotationsverdampfers wird so eingestellt, dass sich an der
Innenwandung des Verdampferkolbens ein gleichmäßiger Flüssigkeitsfilm bildet.
Das Kühlwasserventil ist einzuregulieren. Nach Erreichen eines konstanten Drucks
in der Anlage ist das Heizbad einzuschalten und das Thermostat auf $60\,°C$ einzustellen. Nach Erreichen der Badtemperatur von $55 \pm 5\,°C$ wird mit dem kontinuierlichen Zulauf des Gemisches aus dem Vorratsgefäß begonnen. Im Idealfall entspricht der Gemischzulauf der Destillatabnahme.

Die Destillatvorlagen können wechselweise benutzt werden.

Ist der Verdampferkolben zu ca. 50% gefüllt, wird der Gemischzulauf beendet
und der Sumpf ausdestilliert. Dies geschieht bis zum Erreichen einer Kopftemperatur von $45 \pm 1\,°C$.

Der Massenanteil w(Ethanol) ist mit einem Aräometer zu bestimmen.

Zum Abfahren der Anlage wird die Heizung abgestellt, die Anlage belüftet und
die Membranvakuumpumpe abgeschaltet. Nach entsprechender Abkühlzeit wird
der Motor des Rotationsverdampfers abgeschaltet sowie das Kühlwasserventil ge-

schlossen. Volumen, Dichte und Massenanteil des Destillats sind zu bestimmen und das Destillat in einen Lagerbehälter abzufüllen. Der Sumpfrückstand und das Restgemisch werden nach der Bestimmung des Volumens ebenfalls in Lagerbehälter abgefüllt.

*Hinweis:* Aus Sicherheitsgründen wird der Verdampferkolben nur bei Raumtemperatur entleert.

**Auswertung:** Es wird ein Ablaufprotokoll geführt, in dem Temperaturen und Drücke, die Mengen an Einsatzgemisch, Destillat und Rückstand, der Inhalt der Kältefalle sowie die Ergebnisse der Dichtebestimmungen anzugeben sind. Es sind die folgenden Fragen zur Aufgabe zu bearbeiten:
1. Erklären Sie die Funktionsweise eines Rotationsverdampfers.
2. Aus welchen Gründen wird unter Vakuum gearbeitet?

## 11.2.4
### Rektifikation eines Ethanol-Wasser-Gemisches bei Normaldruck

**Apparatur und Geräte:** Rektifizieranlage mit Blase, Kolonne, automatischem Flüssigkeitsteiler, Vorratsbehälter für den Zulauf und für das Destillat, Standzylinder, Aräometersatz, Thermometer.
**Chemikalien:** Ethanol-Wasser-Gemisch
**Arbeitssicherheit:** Ethanol: R 11; S 7-16; Gefahrenkennzeichnung F, VbF B.
**Arbeitsanweisung:** Das Steuergerät für den Flüssigkeitsteiler wird eingeschaltet, ein Rücklaufverhältnis von 9,9:1 und totaler Rückfluss eingestellt. Die Temperaturanzeige wird eingeschaltet. Die Kältefalle zwischen Anlage und Vakuumpumpe ist mit Ethanol zu füllen und durch Zugabe von Trockeneis auf –20 °C abzukühlen. Die Gesamtanlage wird auf einen Druck von 0,65 bar evakuiert. Die Blase ist über das Vorratsgefäß zu ca. 80% mit Ethanol-Wasser-Gemisch zu füllen und anschließend die Gesamtanlage zu belüften.

Das Kühlwasserventil ist einzuregulieren und der Inhalt der Blase zum Sieden zu erhitzen. In der Rektifizieranlage hat sich ein Gleichgewicht eingestellt, wenn alle Böden der Kolonne gefüllt sind und die Anlage 20 Minuten unter totalem Rückfluss läuft. Das Steuergerät wird auf Automatik umgestellt und in Abständen von 30 Minuten eine Probenahme durchgeführt. Der Brechungsindex bzw. die Dichte des Destillats ist zu bestimmen und anhand eines gegebenen Diagramms der Massenanteil w(Ethanol) in % ermittelt.

Das Rücklaufverhältnis ist so einzustellen, dass der Massenanteil w(Ethanol) des Destillats mindestens 91% beträgt. Der Flüssigkeitsstand in der Blase ist durch Einregulieren des Zulaufs konstant zu halten. Bei einer Sumpftemperatur von über 90 °C wird die Rektifikation beendet.

Das Steuergerät ist auf totalen Rücklauf einzustellen, die Heizphase zu beenden und das Kühlwasser abzustellen. Die Gesamtmenge an Destillat wird ermittelt und das Ethanol in einen Lagerbehälter gegeben. Der Rückstand in der Blase wird bei einer Temperatur unter 50°C abgelassen und nach Vorschrift neutralisiert (s. Abschn. 11.2.6).

**Auswertung:** Es ist ein Ablaufprotokoll zu führen, in dem unter anderem die Ausbeute an Ethanol anzugeben ist. In einem Diagramm werden die Temperatur und der Massenanteil w(Ethanol) in Abhängigkeit von der Zeit dargestellt.

Es sind die folgenden Fragen zur Aufgabe zu bearbeiten:

1. Erklären Sie die Vorgänge, die sich in einer Rektifizierkolonne abspielen.
2. Erklären Sie den Unterschied zwischen einer Destillation und einer Rektifikation.
3. Zeichnen Sie einen Glockenboden im Schnitt.
4. Markieren Sie die Kältefalle und erklären Sie ihre Aufgabe.

## 11.2.5
## Fällen von Schwermetallionen

In einer Fällungsreaktion werden im Abwasser enthaltene Schwermetallionen in Carbonate überführt. Diese sind in Wasser unlöslich und werden durch Filtrieren abgetrennt. Die festen Schwermetallcarbonate werden als Sondermüll entsorgt.

Die Fällung geschieht am Beispiel von Kupfersulfat nach der folgenden Reaktionsgleichung:

$$CuSO_4 + \quad CaCO_3 \quad \rightarrow \quad \underline{CuCO_3} \downarrow + \quad CaSO_4$$

Fällungsreaktionen dieser Art werden insbesondere in der Abwasseraufbereitung eingesetzt. Schwermetallionen, die in einer chemisch-biologischen Abwasseraufbereitungsanlage als Bakteriengift wirken würden, können vor der biologischen Reinigung durch chemische Fällung entfernt werden.

**Apparatur und Geräte:** Emailreaktionsbehälter mit Rührwerk und Mantel, Saugnutsche, Probenehmer, Probeflasche, Saugflasche und Porzellansaugnutsche

**Chemikalien:** Calciumcarbonat, Natriumhydrogencarbonatlösung w(NaHCO$_3$) = 4%, Schwefelsäure w(H$_2$SO$_4$) = 37%, Abwässer.

**Arbeitssicherheit:** Säuren sind stark ätzend und dürfen nur unter zusätzlicher Verwendung eines Gesichtsschutzschildes, einer Gummischürze und säure- und laugebeständiger Stulpenhandschuhe abgefüllt und in geschlossenen Behältern transportiert werden. Schwefelsäure: R 35 ; S 2-26-30-45; Gefahrenkennzeichnung C

Abwässer: R 22 ; S 24; Gefahrenkennzeichnung T

**Arbeitsanweisung:** Die Apparatur wird auf Betriebsbereitschaft überprüft. Im Emailbehälter wird Wasser und Abwasser vorgelegt und der pH-Wert der Lösung bestimmt. Bei einem pH-Wert über 4 wird durch Zugabe von Schwefelsäure w(H$_2$SO$_4$) = 37% auf pH 4 eingestellt. Die Lösung ist unter Rühren indirekt auf 40 °C zu erwärmen und während der gesamten Reaktionszeit bei konstanter Temperatur zu halten. Calciumcarbonat wird fein zerkleinert und portionsweise zudosiert bis pH 5 erreicht ist. Die benötigte Menge Calciumcarbonat ist anzugeben. Anschließend wird portionsweise Natriumhydrogencarbonat-Lösung w(NaHCO$_3$) = 4% zudosiert, bis die Suspension pH 7 erreicht hat. Nach einer Nachreaktionszeit wird eine Probe gezogen, abfiltriert und das Filtrat mit Natriumhydrogencarbonat-Lösung auf vollständige Fällung überprüft. Bei unvollständiger Fällung ist das Reaktionsgemisch mit Natriumhydrogencarbonat-Lösung zu fällen, bis bei einer weiteren Probe die Fällung vollständig ist.

Der Kesselinhalt ist abzukühlen und mit einem Druck von maximal 0,5 bar auf die Saugnutsche zu drücken. Der Kessel und das Leitungssystem werden mit Wasser gespült, welches ebenfalls auf die Saugnutsche gedrückt wird. Der Filterkuchen wird trockengesaugt und als Sondermüll entsorgt. Das Filtrat wird der Abwasseraufbereitung zugeführt.

**Auswertung:** Es ist ein Ablaufprotokoll zu führen, in dem unter anderem die genauen Mengen der eingesetzten Stoffe aufzuführen sind. Es sind die folgenden Fragen zur Aufgabe zu bearbeiten:

1. Weshalb wird die Fällung von Schwermetallionen in einem Emailkessel durchgeführt?
2. Geben Sie die Reaktionsgleichung für die Fällung von Kupfer(II)chlorid an.

## 11.2.6
## Neutralisation

Bei der Reaktion einer Säure mit einer Lauge entstehen das entsprechende Salz und Wasser. Da hierbei aus einem sauren und einem basischen Stoff Wasser entsteht, wird diese Reaktion als Neutralisation bezeichnet. Die übrigen beteiligten Ionen liegen auch nach der Neutralisation unverändert in Lösung vor. Abdampfen des Wassers würde zum Kristallisieren des Salzes führen.

Die Stoffumwandlung kann nach der folgenden Reaktionsgleichung erfolgen:

$$H_2SO_4 \quad + \quad 2\,NaOH \quad \rightarrow \quad Na_2SO_4 + 2\,H_2O$$

$$2\,H^+ + SO_4^{2-} + \quad 2\,Na^+ \quad + \quad 2\,OH^- \rightarrow \quad 2\,Na^+ + SO_4^{2-} + 2\,H_2O$$

In der Praxis kann diese Reaktion zur Aufbereitung von sauren oder basischen Produktionsabwässern ausgenutzt werden.

**Apparatur und Geräte:** Neutralisationsbehälter mit Rührwerk, Kreiselpumpe, Wärmetauscher und pH-Wert-Regelung, Vorratsbehälter für Schwefelsäure und Natronlauge mit Regelung des Säure- bzw. Laugezulaufs, Vorlagebehälter für das zu neutralisierenden Abwasser mit Bodenablassventil.

**Chemikalien:** Schwefelsäure $w(H_2SO_4) = 10\%$, Natronlauge $w(NaOH) = 10\%$, saure und alkalische Abwässer.

**Arbeitssicherheit:** Säuren und Laugen sind stark ätzend und dürfen nur unter zusätzlicher Verwendung eines Gesichtsschutzschildes, einer Gummischürze und säure- und laugebeständiger Stulpenhandschuhe abgefüllt und in geschlossenen Behältern transportiert werden. Die zu neutralisierenden Abwässer sind zu behandeln wie konzentrierte Schwefelsäure oder Natronlauge.

Schwefelsäure $w(H_2SO_4) = 10\%$: R 36/38; S 2-26-30-45; Gefahrenkennzeichnung $X_i$
Natronlauge $w(NaOH) = 10\%$: R 35; S 2-26-37/39-45; Gefahrenkennzeichnung C

**Arbeitsanweisung:** Die Apparatur ist auf Betriebsbereitschaft zu überprüfen. Im Neutralisationsbehälter wird Reinwasser vorgelegt und dieses unter Rühren umgepumpt. Die pH-Wert-Regelung wird in Betrieb genommen. Das zu neutralisierende Abwasser wird mit einem vorgegebenen Volumenstrom zudosiert. Zum Abführen der frei werdenden Neutralisationswärme wird das Kühlwasser zum Wärmetauscher einreguliert. Nach Beendigung des Abwasserzulaufs wird der pH-Wert überprüft. Hat die Abwasserlösung pH 7, wird die Neutralisation beendet. Das Abwasser wird der Abwasseraufbereitung zugeführt.

**Auswertung:** Es wird ein Ablaufprotokoll geführt. Die folgenden Fragen zur Aufgabe sind zu bearbeiten:

1. Erklären Sie den Begriff Neutralisation.
2. Geben Sie die Reaktionsgleichung für die Umsetzung von Abfallnatronlauge mit Schwefelsäure an.

## 11.2.7
### Umsetzung von Schwefelsäure mit Calciumcarbonat

Schwefelsäure kann durch Calciumcarbonat als wasserunlösliches Calciumsulfat ausgefällt werden. Auf diese Weise kann beispielsweise Abfallschwefelsäure entsorgt werden.

Die Reaktionsgleichung der Fällung lautet:

$$H_2SO_4 \quad + \quad CaCO_3 \quad \rightarrow \quad \underline{CaSO_4}\downarrow \quad + \quad H_2O \quad + \quad CO_2$$

**Apparatur:** Emailreaktionsbehälter mit Rührwerk und Mantel, Saugnutsche

**Chemikalien:** Schwefelsäure; Calciumcarbonat

**Arbeitssicherheit und Umweltschutz:** Schwefelsäure ist stark ätzend und darf nur unter zusätzlicher Verwendung eines Gesichtsschutzschildes, einer Gummischürze und säure- und laugebeständiger Stulpenhandschuhe abgefüllt und in geschlossenen Behältern transportiert werden. Um ein Aufschäumen zu vermeiden, darf Calciumcarbonat nur langsam in den Kessel gegeben werden.

Schwefelsäure: R 35; S 2-26-30-45; Gefahrenkennzeichnung C

**Arbeitsanweisung:** Die Anlage wird auf Betriebsbereitschaft überprüft. Im Kessel ist ein Eis-Wasser-Gemisch vorzulegen. Unter Rühren wird langsam die abgemessene Abfallschwefelsäure eingefüllt. Die Nachrührzeit beträgt 15 Minuten. Dabei sollte die Temperatur nicht über 3 °C steigen. Feinpulverisiertes Calciumcarbonat wird bereitgestellt und portionsweise eingetragen bis die Suspension pH 6 aufweist. Der Verbrauch an Calciumcarbonat ist zu notieren. Anschließend wird auf 40 °C erwärmt und diese Temperatur konstant gehalten. Der pH-Wert wird nochmals überprüft und eventuell durch Zugabe von Calciumcarbonat nachreguliert. Die Suspension wird über die Saugnutsche filtriert. Der Kessel wird portionsweise mit Wasser nachgespült, welches ebenfalls auf die Saugnutsche gefördert wird. Das Calciumsulfat wird trockengesaugt, aufgeblecht und getrocknet. Das Filtrat wird der Abwasseraufbereitung zugeführt.

**Auswertung:** Es ist ein Ablaufprotokoll zu führen und eine Trockengehaltsbestimmung des Calciumsulfats durchzuführen. Anzugeben ist die Ausbeute an Calciumsulfat in kg und % bezogen auf eingesetztes Calciumcarbonat.

11.2.8
**Herstellen von basischem Kupfercarbonat**

Bei dieser Reaktion handelt es sich um eine Fällungsreaktion. Darunter versteht man einen Reaktionstyp, bei dem aus gelösten Ausgangsstoffen als Produkt eine schwerlösliche Verbindung entsteht. Diese schwer lösliche Verbindung kann durch Filtration von den übrigen Bestandteilen des Reaktionsgemisches abgetrennt werden.

Fällt man Kupfersulfatlösungen mit Natriumcarbonatlösungen, so entstehen grünlichblaue, kolloide Niederschläge, die allmählich in das kristalline Carbonat übergehen.

Normales Kupfercarbonat ist nicht bekannt. Vielmehr entsteht hierbei ein Doppelsalz bestehend aus $CuCO_3$ und $Cu(OH)_2$, welches als basisches Kupfercarbonat bezeichnet wird.

Die Stoffumwandlung erfolgt nach der Reaktionsgleichung:

$$2\,CuSO_4 \cdot 5\,H_2O + 2\,Na_2CO_3 \rightarrow CuCO_3 \cdot Cu(OH)_2 \cdot 0,5\,H_2O + 2\,Na_2SO_4 + CO_2 + 8,5\,H_2O$$

**Apparatur und Geräte:** Lösegefäß mit Rührer und Kolbenpumpe, Vorratsgefäße, Reaktionsgefäß mit Kreiselpumpe und Wärmetauscher, Saugflasche und Porzellansaugnutsche, Probenehmer, Standgefäß, Aräometer.
**Chemikalien:** Kupfersulfat, Natriumcarbonat.
**Arbeitssicherheit:**
   Natriumcarbonat: R 36 ; S 2-22-26, Gefahrenkennzeichnung $X_i$
   Kupfersulfat-5-hydrat: R 22-36/38-50/53; S 2-22-60-61; Gefahrenkennzeichnung $X_n$, N
   Basisches Kupfercarbonat: R 20/22; S 20, Gefahrenkennzeichnung $X_n$
**Arbeitsanweisung:** Die Apparatur wird auf Betriebsbereitschaft überprüft. Im Reaktionsgefäß wird Wasser vorgelegt, umgepumpt und auf 60 °C erwärmt. Diese Temperatur wird während der gesamten Reaktion gehalten. Die abgewogene Masse $CuSO_4 \cdot 5\,H_2O$ wird portionsweise eingetragen. Der Massenanteil $w(Na_2CO_3)$ des einzusetzenden Natriumcarbonats wird durch eine Trockengehaltsbestimmung festgestellt und die zur Umsetzung des Kupfersulfats benötigte Masse an Natriumcarbonat ist zu berechnen. Im Lösegefäß wird Wasser vorgelegt und die abgewogene Masse an Natriumcarbonat portionsweise eingetragen.

Die Natriumcarbonatlösung wird in das Reaktionsgefäß gepumpt bis die Lösung im Reaktionsgefäß pH 7 hat. Der Zulauf ist zu beenden und die Menge an Natriumcarbonatlösung im Protokoll festzuhalten. Nach einer Nachrührzeit wird die Reaktionsmischung auf vollständige Fällung überprüft. Dazu wird eine Probe genommen und abfiltriert. Dem klaren Filtrat werden eine Tropfen Natriumcarbonatlösung zugegeben. Entsteht eine Trübung, ist die Ausfällung unvollständig.In diesem Fall ist die Reaktionsmischung solange mit Natriumcarbonatlösung zu versetzen, bis die Fällung vollständig ist. Dies wird durch eine weitere Probe kontrolliert.

Die Reaktionsmischung ist auf 40 °C abzukühlen. Das Produkt wird abgelassen und abfiltriert. Der Reaktionskessel wird mit Wasser nachgespült, welches dann zum Auswaschen des Filterkuchens verwendet wird. Der Filterkuchen wird trockengesaugt und getrocknet.

Die Mutterlauge wird der Abwasseraufbereitung zugeführt. Die restliche Natriumcarbonatlösung wird in einem Vorratsbehälter deponiert.

**Auswertung:** Es ist ein Ablaufprotokoll zu führen, in dem unter anderem die Mengen der eingesetzten Chemikalien anzugeben sind. Weiterhin sind alle Berechnungen, die Ausbeute in kg und die Prozentausbeute bezogen auf das eingesetzte Kupfersulfat aufzuführen.

## 11.2.9
### Herstellen von Kupfersulfat

Diese Umsetzung beruht im Prinzip auf einer Verdrängungsreaktion. Aus dem Salz einer schwachen Säure wird dieser Säurerest durch die Zugabe einer starken Säure freigesetzt. Dabei entsteht das Salz der starken Säure. Der basische Anteil des Kupfercarbonats reagiert mit der Schwefelsäure im Sinne einer Neutralisation zu Kupfersulfat.

Die Stoffumwandlung erfolgt nach der Reaktionsgleichung:

$$CuCO_3 \cdot Cu(OH)_2 \cdot 0{,}5 \, H_2O + 2 \, H_2SO_4 + 6{,}5 \, H_2O \rightarrow 2 \, CuSO_4 \cdot 5 \, H_2O + CO_2$$

Zum Ausfällen des wasserlöslichen Kupfersulfats wird dem wässrigen Reaktionsgemisch Ethanol zugegeben. Die Löslichkeit von Kupfersulfat in Ethanol ist deutlich geringer als in Wasser, so dass es als Feststoff auskristallisiert.

**Apparatur und Geräte:** Lösegefäß mit Rührer und Kolbenpumpe, Reaktionsgefäß mit Kreiselpumpe und Wärmetauscher, Saugflasche und Porzellansaugnutsche, Probenehmer, Standgefäß, Aräometer

**Chemikalien:** Basisches Kupfercarbonat, Schwefelsäure $w(H_2SO_4) = 37\%$, Ethanol $w(C_2H_5OH) \geq 92\%$.

**Arbeitssicherheit:** Die verwendete Säure ist stark ätzend und darf nur unter zusätzlicher Verwendung eines Gesichtsschutzschildes, einer Gummischürze und säure- und laugebeständiger Stulpenhandschuhe abgefüllt und in geschlossenen Behältern transportiert werden.

Schwefelsäure: R 35 ; S 2-26-30-45, Gefahrenkennzeichnung C

Ethanol: R 11 ; S 7-16, Gefahrenkennzeichnung F; VbF B

Kupfersulfat-5-hydrat: R 22-36/38-50/53; S 2-22-60-61, Gefahrenkennzeichnung $X_n$, N

Basisches Kupfercarbonat: R 20/22; S 20, Gefahrenkennzeichnung $X_n$

**Arbeitsanweisung:** Die Anlage ist auf Betriebsbereitschaft zu prüfen. Im Reaktionsgefäß wird Wasser vorgelegt, umgepumpt und auf 40 °C erwärmt. Diese Temperatur ist während der gesamten Reaktion konstant zu halten.

Die abgewogene Masse basisches Kupfercarbonat wird portionsweise eingetragen. Im Vorratsgefäß ist Schwefelsäure $w(H_2SO_4) = 37\%$ vorzulegen und langsam in den Reaktionskessel zu dosieren, bis die Reaktionsmischung pH 3 erreicht hat. Der Zulauf wird beendet und nach einer Nachreaktionszeit nochmals der pH-Wert überprüft und eventuell Schwefelsäure nachdosiert. Die restliche Schwefelsäure wird in einen Sammelbehälter zurückgegeben, die Heizphase der Reaktionsmischung beendet.

Im mit Wasser gespülten Lösegefäß wird eine abgemessene Menge Ethanol, dessen Massenanteil zuvor anhand einer Dichtebestimmung festgestellt wurde, vorgelegt und in die Reaktionsmischung gepumpt. Es wird eine Probe entnommen und über eine Saugnutsche filtriert. Dem klaren Filtrat werden einige mL Ethanol zugegeben. Entsteht eine Fällung, so muss die Suspension im Reaktionsgefäß mit Ethanol nachgefällt werden. Ist die Ausfällung vollständig, wird das Produkt abgelassen und abfiltriert. Die Anlage wird mit Mutterlauge nachgespült und diese Suspension ebenfalls abfiltriert. Das Produkt wird trockengesaugt und bei 40 °C im Vakuumtrockenschrank getrocknet.

Die Mutterlauge wird zur Rückgewinnung des Ethanols (s. Abschn.11.2.3) bereitgestellt.

**Auswertung**: Es ist ein Ablaufprotokoll zu führen, in dem unter anderem die genauen Mengen der eingesetzten Chemikalien anzugeben sind. Alle Berechnungen, die Ausbeute in kg und die Prozentausbeute bezogen auf eingesetztes basisches Kupfercarbonat sind aufzuführen.

Es sind die folgenden Fragen zur Aufgabe zu bearbeiten:
1. Wie verändert sich die Farbe des Produkts während der Reaktion?
2. Welche Aufgabe hat bei dieser Reaktion das Ethanol?

## 11.2.10
### Herstellen von Calciumcarbonat

Bei dieser Reaktion handelt es sich um eine Fällungsreaktion. Hierbei wird durch Mischen der wässrigen Lösungen von Calciumchlorid und Natriumcarbonat die schwerlösliche Verbindung Calciumcarbonat hergestellt. Die Abtrennung des Feststoffes von der Natriumchloridlösung erfolgt wieder durch Filtration.

Die Stoffumwandlung erfolgt nach der Reaktionsgleichung:

$$Na_2CO_3 \quad + \quad CaCl_2 \quad \rightarrow \quad \underline{CaCO_3} \quad + \quad 2\,NaCl$$

Die entsprechenden Reaktionstemperaturen haben unwesentlichen Einfluss auf den Reaktionsverlauf und sind den örtlichen Gegebenheiten anzupassen.

**Apparatur und Geräte**: Reaktionsbehälter mit Rührwerk und Mantelheizung, Druckfilter, Saugnutsche, Zwischengefäß mit Rührwerk, Probenehmer, Probeflasche, Saugflasche und Porzellansaugnutsche

**Chemikalien**: Natriumcarbonat $w(Na_2CO_3)$ = 92%, Calciumchlorid $w(CaCl_2)$ = 77%, Natriumcarbonatlösung $w(Na_2CO_3)$ = 10%

**Arbeitssicherheit**:
Calciumchlorid: R 36 ; S 2-22-24, Gefahrenkennzeichnung $X_i$
Natriumcarbonat: R 36 ; S 2-22-26, Gefahrenkennzeichnung $X_i$

**Arbeitsanweisung**: Die Apparatur wird auf Betriebsbereitschaft überprüft. Im Reaktionsbehälter wird Wasser vorgelegt und indirekt erwärmt. Nach Erreichen der Zieltemperatur wird eine abgewogene Masse an Calciumchlorid portionsweise eingetragen und nachgerührt. Die Calciumchloridlösung wird indirekt abgekühlt und die Lösung mit einem Druck von maximal 2,5 bar über den Druckfilter in das Zwischengefäß gefördert. Der Reaktionsbehälter wird mit Wasser nachgespült und dieses ebenfalls in das Zwischengefäß gefördert.

Im Reaktionsbehälter wird Wasser vorgelegt und temperiert. Bei konstanter Temperatur wird die entsprechende Masse Natriumcarbonat zugegeben und die Lösung nachgerührt. Anschließend wird die Calciumchloridlösung aus dem Zwischengefäß der Natriumcarbonatlösung im Reaktionsbehälter zudosiert. Dabei ist die Reaktionstemperatur bei konstant zu halten. Das Zwischengefäß wird mit Wasser nachgespült.

Nach einer Nachreaktionszeit wird eine Probe gezogen und auf vollständige Fällung überprüft. Dazu wird die Probe auf Raumtemperatur abgekühlt, über eine Saugnutsche filtriert und das klare Filtrat mit Natriumcarbonatlösung versetzt. Entsteht eine Trübung, ist die Fällung unvollständig. Der Suspension wird dann in Portionen Natriumcarbonat nachdosiert, bis bei einer nochmaliger Probe keine Trübung mehr auftritt.

Die Suspension wird abgekühlt und mit einem Druck von maximal 0,5 bar über eine Saugnutsche getrennt. Im Reaktionsbehälter wird Wasser direkt erwärmt und zum Waschen des Filterkuchens auf die Saugnutsche gedrückt. Dieser Waschvorgang wird solange wiederholt, bis im Filtrat keine Chloridionen mehr nachzuweisen sind. Der Filterkuchen wird trockengesaugt, aufgeblecht und eine Trockengehaltsbestimmung des feuchten Produkts durchgeführt. Das Calciumcarbonat wird bei 80°C im Umlufttrockenschrank getrocknet und das Filtrat der Abwasseraufbereitung zugeführt.

**Auswertung:** Es ist ein Ablaufprotokoll zu führen. Die Mengen der eingesetzten Stoffe, alle Berechnungen sowie die Feucht- und die Trockenausbeute in kg und die Prozentausbeute bezogen auf das eingesetzte Calciumchlorid sind aufzuführen. Es sind die folgenden Fragen zur Aufgabe zu bearbeiten:

1. Geben Sie die Reaktionsgleichung für die Dissoziation von Calciumchlorid an.
2. Wie wird auf vollständige Ausfällung des Calciumcarbonats geprüft? Begründen Sie Ihr Vorgehen.
3. Welche Aufgabe hat der Kondensatableiter am Mantel des Reaktionsbehälters?

## 11.2.11
### Herstellen des Azofarbstoffes Tartrazin O

Elektromagnetische Strahlen der Wellenlänge 380 bis 780 nm empfindet das menschliche Auge als sichtbares Licht. Weißes Licht (der Eindruck »weiß« wird erst im Bewusstsein gebildet) enthält alle Wellenlängen dieses Spektralbereiches. Ein Körper erscheint dann als farbig, wenn er aus diesem Spektralbereich bestimmte Wellenlängen absorbiert.

- Werden alle Wellenlängen des sichtbaren Spektrums bis auf einen kleinen Restbereich absorbiert, so wird dieser Bereich als Restfarbe reflektiert.
- Wird nur ein geringer Teil des sichtbaren Spektrums absorbiert, so entspricht die vom menschlichen Auge wahrgenommene Farbe der jeweiligen Komplementärfarbe des absorbierten Spektralbereiches.

Eine Verbindung erscheint erst dann als farbig, wenn in ihrem Molekül Gruppierungen vorhanden sind, die für die Absorption bestimmter Bereiche des sichtbaren

Lichtes verantwortlich sind. Eine solche »farbtragende« Gruppe bezeichnet man als **Chromophor**.

Charakteristisch für solche Chromphore ist ihr ungesättigter Charakter. Beispiele sind die Gruppierungen -C≡C-, -N=O, -NO$_2$ oder auch die **Azogruppe -N=N-**.

Azoverbindungen sind Verbindungen, die diese Atomgruppe -N=N- enthalten. Ihre Herstellung geschieht in zwei Prozessschritten:

Im ersten Schritt erfolgt die Umsetzung eines primären aromatischen Amins Ar-NH$_2$ mit salpetriger Säure HNO$_2$. Dabei entsteht ein Aryldiazonium-Salz, weshalb dieser Schritt auch als **Diazotierung** bezeichnet wird.

Dazu wird die ansonsten unbeständige salpetrige Säure aus Natriumnitrit NaNO$_2$ und einer Mineralsäure hergestellt.

$$2\,NaNO_2 \quad + \quad H_2SO_4 \quad \rightarrow \quad Na_2SO_4 \quad + \quad 2\,HNO_2$$

Die salpetrige Säure ist äußerst unbeständig und kann bereits bei gewöhnlichen Temperaturen unter Bildung von Distickstofftrioxid N$_2$O$_3$ zerfallen. Aus diesem kann durch weitere Zerfallsreaktionen Stickstoffoxid NO und Stickstoffdioxid NO$_2$ entstehen. Diese Oxide des Stickstoffs sind auch bekannt unter dem Namen »nitrose Gase« und erfordern auf Grund ihrer toxikologischen Eigenschaften besondere Sicherheitsmaßnahmen.

Die Durchführung der Diazotierung im sauren Medium (pH ≈ 2) sorgt dafür, dass durch Protonierung überschüssiges Amin vor einem eventuellen Angriff des entstandenen Diazonium-Ions blockiert wird. Von ebenfalls großer Bedeutung ist die Temperatur. Bei Temperaturen über +5 °C findet Zersetzung unter Abspaltung von N$_2$ statt.

Als grundsätzliche Reaktionsbedingungen für die Diazotierung gelten daher:
- Durchführung im stark sauren Medium sowie
- Reaktionstemperatur unter +5 °C.

Diazoniumsalze zersetzen sich im trockenen Zustand bei Erhitzen oder durch Schlag explosionsartig.

Im zweiten Reaktionsschritt, der **Kupplung** reagieren das elektrophile Diazonium-Ion und eine elektronenreiche aromatische Kupplungskomponente, besonders aromatische Amine oder Phenole. Als Produkt entsteht eine aromatische Azo-Verbindung.

Die Reaktionsgleichung für die Diazotierung zur Herstellung von Tartrazin O lautet:

Die Reaktionsgleichung für die Kupplung des Diazoniumsulfats mit Carboxipyrazolsäure lautet:

**Apparatur und Geräte:** Diazotiergefäß mit Rührwerk und Abluft, Kreiselpumpe und Wärmetauscher, Vorlagegefäße mit Membrandosierpumpen, Kupplungsgefäß mit Rührwerk, Exzenterschneckenpumpe und Wärmetauscher, Saugflasche und Porzellansaugnutsche, Probenehmer, Glasstab, Filterpapier

**Chemikalien:** 4-Aminobenzolsulfonsäure, Natriumnitrit $w(NaNO_2)$ = 10%, Schwefelsäure $w(H_2SO_4)$ = 10%, Natronlauge $w(NaOH)$ = 10%, Carboxipyrazolsäure-4 [1-p-Sulfophenyl-pyrazolon-(5)-carbonsäure-(3)], Amidosulfonsäurelösung $w(NH_2SO_3H)$ = 20%, Natriumcarbonat, Natriumchlorid, H-Säure-Lösung (1-Naphthylamin-(8)-hydroxi-(3,6)-disulfonsäure), Kongopapier, Kaliumiodidstärkepapier.

**Arbeitssicherheit und Umweltschutz:** Die verwendeten Säuren und Laugen sind stark ätzend und dürfen nur unter zusätzlicher Verwendung eines Gesichtsschutzschildes, einer Gummischürze sowie säure- und laugebeständiger Stulpenhandschuhe ab-, um-, eingefüllt und in geschlossenen Behältern transportiert werden.

4-Aminobenzolsulfonsäure: R 36/38-43; S 2-24-37; Gefahrenkennzeichnung $X_i$
Natriumnitrit $w(NaNO_2)$ = 10%: R 25-50; S 1/2-45-61; Gefahrenkennzeichnung T
Schwefelsäure $w(H_2SO_4)$ = 10%: R 36/38; S 2-26-30-45; Gefahrenkennzeichnung $X_i$
Natronlauge $w(NaOH)$ = 10%: R 35 ; S 2-26-37/39-45; Gefahrenkennzeichnung C
Carboxipyrazolsäure-4: R 21-22; S 7-13-20/21/22-24/25-28-40; Gefahrenkennzeichnung $X_n$

Amidosulfonsäurelösung w(NH$_2$SO$_3$H) = 20%: R 36/38; S (2) 26-28; Gefahrenkennzeichnung X$_i$

**Diazoniumsalze** sind nur bei Temperaturen unter 20 °C beständig. Sie dürfen nicht
trocken aufbewahrt werden, da sonst eine *explosionsartige* Zersetzung eintreten kann.
Alle Behälter, die Diazoniumsalzlösung enthielten, sind mit viel Wasser nachzuspü-
len. Aus der salpetrigen Säure können durch Zersetzung nitrose Gase entstehen.

**Arbeitsanweisung:**

a) *Diazotierung*:

Im **Diazotiergefäß** ist Wasser vorzulegen und umzupumpen. Unter Rühren wird
Schwefelsäure w(H$_2$SO$_4$) = 10 % zugegeben. Während auf +5 °C gekühlt wird, ist die
berechnete Masse an 4-Aminobenzolsulfonsäure zu pulverisieren und portionsweise einzutragen. Danach wird der Einfüllstutzen geschlossen und nur zur Probenahme kurz geöffnet (nitrose Gase). Die Suspension wird während der Diazotierung
bei dieser Temperatur gehalten.

Im **Dosiergefäß** ist Natriumnitritlösung w(NaNO$_2$) = 10% vorzulegen. Durch por-
tionsweises Zudosieren wird die Diazotierung begonnen. Nach jedem Dosiervor-
gang sind der Säureüberschuss und der Überschuss an salpetriger Säure zu kontrollieren. Färbt sich das Kongopapier *nicht* blau, so muss Schwefelsäure w(H$_2$SO$_4$) =
10% zugegeben werden.

Die Diazotierung ist beendet, wenn sich Kaliumiodidstärkepapier *sofort violett
färbt*, d.h. salpetrige Säure liegt dann im Überschuss vor. Nach einer Nachreaktionszeit wird eine weitere Kontrolle mit Kongopapier und Kaliumiodidstärkepapier
durchgeführt. Überschüssige salpetrige Säure wird durch Zugabe von Amidosulfonsäurelösung w(NH$_2$SO$_3$H) = 20% umgesetzt.

b) *Kupplung*:

Im **Kupplungsgefäß** wird Wasser vorgelegt und unter Rühren und Umpumpen
eine Temperatur von 20 °C eingestellt. Die benötigte Menge an Carboxipyrazolsäure-
4 wird eingetragen und durch Zugabe von Natronlauge w(NaOH) = 10% neutralisiert. Nach 10 Minuten ist der pH-Wert zu prüfen und gegebenenfalls auf pH 7 einzustellen. Um den pH-Wert zu puffern wird anschließend Natriumcarbonat eingetragen und innerhalb von 15 Minuten die Suspension vom Diazotiergefäß in das
Kupplungsgefäß gepumpt. Das Diazotiergefäß wird mit Wasser nachgespült.

Nach einer Nachreaktionszeit wird die Farbstofflösung durch eine Tüpfelprobe
auf vollständige Kupplung überprüft. Dazu werden je ein Tropfen der Farbstofflösung und der H-Säure-Lösung so auf ein Filterpapier gegeben, dass beide ineinander verlaufen. Entsteht an der Berührungsfläche ein roter Farbstoff, so ist noch Diazoniumsalz vorhanden. In diesem Fall wird dieser Überschuss an Diazoniumsalz
durch Zugabe von Carboxipyrazolsäure-4 umgesetzt und eine weitere Tüpfelprobe
durchgeführt.

c) *Aufarbeitung*:

Die Farbstofflösung ist mit einer abgewogenen Masse an Natriumchlorid zu versetzen und dann auf +8°C abzukühlen. Die Ausfällung wird überprüft und gegebenenfalls durch nochmaliges Dosieren von Salz vervollständigt. Nach weiterer Überprüfung wird die Farbstoffsuspension abgelassen und filtriert. Der im Kupplungsgefäß verbliebene Restfarbstoff wird mit Mutterlauge ausgespült und ebenfalls abfil-

triert. Es wird eine Trockengehaltsbestimmung des Farbstoffs durchgeführt und das gesamte Produkt in einem Vorratsbehälter deponiert. Die Mutterlauge ist der Abwasseraufbereitung zuzuführen. Alle Anlagenteile, Rohrleitungen und Geräte werden solange gespült, bis keinerlei Produktrückstände mehr vorhanden sind.

**Auswertung:** Es ist ein Ablaufprotokoll zu führen, in dem unter anderem die Mengen aller eingesetzten Chemikalien anzugeben sind. Alle Berechnungen sowie die Ausbeute in kg und die Prozentausbeute bezogen auf die eingesetzte 4-Aminobenzolsulfonsäure sind aufzuführen.

Die folgenden Fragen zur Aufgabe sind zu bearbeiten:
1. Was sind Azofarbstoffe?
2. Beschreiben Sie den Vorgang einer Diazotierung.
3. Beschreiben Sie den Vorgang einer Kupplung.
4. Wie wird überprüft, ob in der Farbstofflösung noch Diazoniumsalze vorhanden sind?

### 11.2.12
#### Herstellen von Benzoesäureethylester

Ester entstehen aus Säuren und Alkohol durch Kondensation, d.h. unter Abspaltung von Wasser. Die im Ester enthaltene Säurekomponente kann anorganisch oder organisch sein.

Die Umsetzung verläuft nicht quantitativ, es handelt sich um eine Gleichgewichtsreaktion. Dies bedeutet, dass der entstandene Ester mit Wasser unter Bildung von Säure und Alkohol wieder zurück reagieren kann. Im Gleichgewicht verläuft die Hinreaktion mit der gleichen Geschwindigkeit wie die Rückreaktion. Hat sich das Gleichgewicht eingestellt, ändern sich die Konzentrationen der Reaktanten nicht mehr.

Die Lage des Gleichgewichts kann zu höheren Ester-Ausbeuten hin verschoben werden, indem Alkohol oder Säure im Überschuss eingesetzt werden. Auch das Entfernen von entstehendem Wasser aus dem Gleichgewicht hat diesen Effekt. Daher kann das Wasser während der Reaktion abdestilliert oder durch einen anderen Stoff chemisch gebunden werden. Bei der Herstellung von Benzoesäureethylester wird Schwefelsäure im Überschuss eingesetzt, um das entstehende Wasser zu binden.

Die Stoffumwandlung erfolgt nach der Reaktionsgleichung:

$$\text{(Benzoesäure)} + C_2H_5OH \xrightleftharpoons{H_2SO_4} \text{(Benzoesäureethylester)} + H_2O$$

**Apparatur und Geräte:** Reaktionsgefäß mit Kühlmantel, Kreiselpumpe mit Wärmetauscher, Brüdenrohr mit Kondensator, Vorlagebehälter für Ethanol und Schwefelsäure, Abscheidegefäß, Destillatvorlage, Vorlagegefäß für Schwefelsäure.

**Chemikalien:** Ethanol $w(C_2H_5OH) = 96\%$, Schwefelsäure $w(H_2SO_4) = 98\%$, *trockene* Benzoesäure.

**Arbeitssicherheit**: An der Apparatur vorhandene Schutzscheiben dürfen nicht entfernt werden.

Die verwendeten Chemikalien sind zum Teil stark ätzend, gesundheitsschädlich und brennbar. Deshalb sind zusätzlich zur Arbeitsschutzkleidung ein Gesichtsschutzschild, eine Gummischürze und säurebeständige Stulpenhandschuhe zu tragen. Der Transport der Chemikalien darf nur in geschlossenen Behältern durchgeführt werden.

Ethanol: R 11; S 7-16; Gefahrenkennzeichnung F, VbF B

Schwefelsäure $w(H_2SO_4) = 98\%$: R 35; S 2-26-30-45; Gefahrenkennzeichnung C

Benzoesäure: R 22-36; S 24; Gefahrenkennzeichnung $X_n$

**Arbeitsanweisung**: Bei der durchzuführenden Reaktion handelt es sich um eine Gleichgewichtsreaktion, bei der Wasser abgespalten wird. Daher ist es erforderlich,

- mit einer absolut trockenen Apparatur zu arbeiten,
- mit trockenen Substanzen zu arbeiten,
- das entstehende Wasser durch Schwefelsäure zu binden,
- das entstandene Wasser durch Destillieren aus dem Kreislauf zu entfernen und
- für eine ausreichende Reaktionszeit zu sorgen.

Die Apparatur ist auf Betriebsbereitschaft zu prüfen, die Vorlagebehälter müssen mit den jeweiligen Stoffen ausreichend gefüllt sein.

Im Reaktionsgefäß wird eine abgemessene Menge Ethanol vorgelegt. Vor dem Einschalten der Kreiselpumpe ist das Kühlwasser zur Gleitringdichtung auf einen Durchfluss von 40 L/h einzustellen. Unter Umpumpen wird eine abgewogene Masse an Benzoesäure portionsweise eingetragen. Das Kühlwasser zum Kondensator ist einzuregulieren. Die Suspension wird zum Sieden erhitzt, bis eine vollständige Lösung vorliegt. Anschließend wird innerhalb einer vorgegebenen Zeit die Schwefelsäure $w(H_2SO_4) = 98\%$ vorsichtig zudosiert und die Lösung unter Umpumpen am Rückfluss gekocht. Die Reaktionszeit beträgt 4 Stunden.

Das Produkt wird durch Mantelkühlung auf 25 °C abgekühlt. Im Abscheidegefäß wird eine entsprechende Masse Eis vorgelegt und das Reaktionsgemisch aus dem Reaktionsgefäß in das Abscheidegefäß gesaugt. Das Reaktionsgefäß wird vollständig in das Abscheidegefäß entleert, der Einsaugschlauch mit Eiswasser nachgespült. Nach der Phasentrennung des Reaktionsgemisches wird der Ester in ein Vorratsgefäß abgelassen. Das Schwefelsäure-Wasser-Gemisch wird in einen Transportbehälter abgelassen und der Fällung von Schwermetallionen (s. Abschn 11.2.5) zugeführt.

**Auswertung**: Es ist ein Ablaufprotokoll zu führen, in dem die Mengen der verwendeten Substanzen, der Temperaturverlauf und die Uhrzeiten einzutragen sind.

## 11.2.13
### Herstellen von Benzoesäure

Die Bildung von aromatischen Carbonsäuren durch Hydrolyse von Estern wird als Verseifung bezeichnet. Dies ist die Umkehrung der Gleichgewichtsreaktion in Abschn. 11.2.12.

Es wird der gleiche Gleichgewichtszustand erreicht wie bei der Esterherstellung.

Bei dieser Reaktion greift ein $OH^-$-Ion das positivierte Kohlenstoffatom an der Estergruppe an. Als Abgangsgruppe verlässt Alkohol das Molekül. Begünstigt wird dies durch hohe Konzentration an $OH^-$-Ionen, d.h. es werden dann Alkalilaugen eingesetzt.

Die Verseifung geschieht nach der folgenden Reaktionsgleichung:

Das entstehende Natriumbenzoat wird durch Schwefelsäure im Sinne einer Verdrängungsreaktion als Benzoesäure ausgefällt. Die Reaktionsgleichung lautet:

**Apparatur und Geräte**: Reaktionsgefäß mit Rührwerk, Pumpe und Wärmeübertrager, Fällbehälter mit Rührwerk, Pumpe und Wärmetauscher, Vorratsbehälter, Probenehmer, 10 mL Vollpipette, Pipettierhilfe, Erlenmeyerkolben, Bürette, Bürettentrichter, Stechheber.

**Chemikalien**: Benzoesäureethylester, Natronlauge $w(NaOH) = 16{,}5\%$, Schwefelsäure $w(H_2SO_4) = 37\%$, Salzsäure $c(HCl) = 0{,}1$ mol/L, Phenolphthaleinlösung.

**Arbeitssicherheit**: Säuren und Laugen sind ab einer bestimmten Konzentration stark ätzend und dürfen nur unter zusätzlicher Verwendung eines Gesichtsschutzschildes, einer Gummischürze sowie säure- und laugebeständiger Stulpenhandschuhe abgefüllt und in geschlossenen Behältern transportiert werden.

Schwefelsäure $w(H_2SO_4) = 37\%$: R 35; S 2-26-30-45; Gefahrenkennzeichnung C

Natronlauge $w(NaOH) = 16{,}5\%$: R 35 ; S 2-26-37/39-45; Gefahrenkennzeichnung C

Benzoesäure: S 22-36; S 24; Gefahrenkennzeichnung $X_n$

**Arbeitsanweisung**:

a) *Verseifung*: Im Reaktionsgefäß wird Wasser vorgelegt, umgepumpt sowie der Rührer eingeschaltet. Es wird Natronlauge $w(NaOH) = 16{,}5\%$ und Benzoesäureethylester zugegeben und der Einfüllstutzen geschlossen. Über das Ablaufventil ist eine Probe zu entnehmen und der Gehalt an Natriumhydroxid durch eine Titration zu bestimmen.

b) *Titration*: 10 mL der Probe werden in einen Erlenmeyerkolben pipettiert und mit entsalztem Wasser auf ein Volumen von 200 mL aufgefüllt. Nach Zugabe von Phenolphthaleinlösung ist mit Salzsäure $c(HCl) = 0{,}1$ mol/L bis zum Farbumschlag zu titrieren.

Das Kühlwasser zum Kondensator wird angestellt und die Reaktionsmischung auf 60 °C erwärmt. Diese Temperatur wird über den gesamten Reaktionsverlauf konstant gehalten. Bei 60 °C wird in vorgegebenen Zeitabständen jeweils eine Probe genommen, der Gehalt des Reaktionsgemisches an Natriumhydroxid durch Titration bestimmt und auf dieser Basis der Reaktionsfortschritt beurteilt.

Verändert sich der Gehalt an Natriumhydroxid nicht mehr, so ist die Reaktion beendet. Die Heizung wird abgeschaltet, die Lösung auf 25 °C abgekühlt und die Kreiselpumpe ausgeschaltet.

c) *Fällung*: Die Natriumbenzoatlösung wird in den Fällbehälter gefördert. Unter Rühren und Umpumpen wird durch vorsichtiges Zudosieren von Schwefelsäure $w(H_2SO_4)$ = 37% pH 2-3 eingestellt. Nach 45 Minuten wird der pH-Wert nochmals überprüft und gegebenenfalls Schwefelsäure $w(H_2SO_4)$ = 37% nachdosiert. Es wird eine Probe entnommen und abgesaugt. Das Filtrat wird mit Schwefelsäure $w(H_2SO_4)$ = 37% versetzt. Entsteht eine Fällung, so wird der Gesamtsuspension nochmals Schwefelsäure $w(H_2SO_4)$ = 37% nachgegeben. Nach vollständiger Ausfällung wird die Suspension abgelassen und abfiltriert. Der Fällbehälter wird mit Wasser nachgespült, welches zum Nachwaschen des Filterkuchens verwendet wird. Die Benzoesäure wird trockengesaugt, aufgeblecht und bei 40 °C im Vakuumtrockenschrank getrocknet. Die Mutterlauge wird der Fällung von Schwermetallionen (s. Abschn. 11.2.5) zugeführt.

**Auswertung**: Es ist ein Ablaufprotokoll zu führen, in dem unter anderem die genauen Mengen aller eingesetzten Chemikalien anzugeben sind. Es ist eine Tabelle entsprechend Tab.11-3 zu erstellen

**Tab. 11-3** Probenahme zum Versuch »Herstellen von Benzoesäure«

| Uhrzeit | Probemenge in mL | Verbrauch an Salzsäure c(HCl) = 0,1 mol/L in mL | Gehalt an NaOH in der Gesamtlösung in g |
|---|---|---|---|
| | | | |

Alle Berechnungen sowie die Trockenausbeute in kg und die Prozentausbeute bezogen auf die eingesetzte Menge an Benzoesäureethylester sind aufzuführen. Die folgenden Fragen zur Aufgabe sind zu bearbeiten:
1. Erklären Sie an einem Beispiel die Verseifung eines Esters.
2. Welche Aufgabe hat die Natronlauge bei der Verseifung?
3. Weshalb ist bei der Ausfällung mit Salzsäure pH 5 nicht ausreichend?
4. Wie kann die vollständige Ausfällung der Benzoesäure überprüft werden?

**Begriffserklärung**

1 An dieser Stelle soll zur weiteren Information auf das Buch »*Messen, Regeln und Steuern*«, von J. Reichwein, G. Hochheimer, D. Simic, erschienen im gleichen Verlag, verwiesen werden.

# Register

**a**

Abfall, fest   7 ff.
- Abfallverbrennungsanlage   9
- Chemisch-biologische Abwasserauf-
  bereitungsanlage   7
Abfallschwefelsäure   278
Abkühlen   207
- Eis   207
- Kühlsohlen   207
- Luft   207
- Trockeneis   207
- Wasser   207
Ablaufplan   262
Ablaufprotokoll *siehe* Verlaufsprotokoll
Abluft   7 ff.
Absetzapparat   166
Absperrvorrichtungen   94
- Arbeitsanweisungen   94 ff.
Abwasser   7 f.
Aerosol   140
Agglomerieren   139 ff., 147, 151
- Abbauagglomeration   147
- Arbeitsanweisung   151
- Aufbauagglomeration   147
Anreißen   38
Arbeitssicherheit   9 ff.
Armaturen   74
Ausbeuteberechnung   266
Azofarbstoff Tartrazin O   282
4-Aminobenzolsulfonsäure   272

**b**

Backenbrecher   194
Bandfilter   175
Bandtrockner   225
Bearbeiten von Werkstoffen   38
Becherwerk *siehe* Elevator
Benzoesäure   287
Benzoesäureethylester   286
Berstscheibe *siehe* Sicherheitseinrichtungen

Betriebsanweisung   15 ff.
Betriebsbereitschaft einer Anlage   18
Biegen   39
Blindflansch *siehe* Nichtregelbare Absperr-
  vorrichtungen
Blindscheibe *siehe* Nichtregelbare Absperr-
  vorrichtungen
Böden   242
Bohren   41
Brechen   192
Brecher   193
Brikettieren   151
Brüden   220
Bunker   135

**c**

Calciumcarbonat   281
Carboxipyrazolsäure-4   271
Chemikaliengesetz *siehe* Arbeitssicherheit
Chemisch-biologische Abwasseraufberei-
  tungsanlage *siehe* Abwasser
Chromophor   282
Container   135

**d**

Dalton   237
Dampfdruck   221, 233
Dekantieren   166
Destillierblase   235
Destillieren   233, 236, 274
- Arbeitsanweisung   274
Destillierverfahren   235
- diskontinuierlich   235
- fraktioniert   235
- kontinuierlich   235
- Schleppmitteldestillation   236
- Trägerdampfdestillation   236
Diazoniumsalze   285
Diazotierung   283
- Azogruppe   283

– Diazoniumsalze 283
– Reaktionsbedingungen 283
Dichtesortieren 156
Dichtungen 69 ff.
– Dilo-Dichtung 69
– Flachdichtung 70
– Linsendichtung 71
– O-Ring 71
– Planschliff 69
Dichtungsmaterial 70
Diffusion 140
Dilo-Dichtung *siehe* Dichtungen
Direkte Kühlung 209
Direktes Heizen 208
Dispersion 139
– disperse Phase 139
– Dispersionsmittel 139
– Einteilung 139
Disposition von Arbeitsabläufen 261
Dokumentation 18 ff.
Doppelrohrwärmeübertrager 211
Doppelsalz 279
Dosieren *siehe* Fördern von Feststoffen
Dragée 148 ff.
Drehkolbenverdichter 123
Drehschiebervakuumpumpe 118
Druckfilter 173
Druckgasflaschen 136
– Entnahme von Gasen 137
– Gewinde 137
– Kennfarben 136
– Lagern 137
– Reduzierstation 137
– Transport 137
Druckgefälle 167, 171
– kritischer Druck 171
Druckluftförderer 129 f.
Druckluftmembranpumpe 130
Druckminderventil 79 f.
Dünnschichtverdampfer 218
Duroplast *siehe* Kunststoff

*e*
Eisenmetalle *siehe* Metalle
Elastomer *siehe* Kunststoff
Elevator 127
Email 30
Emulsion 140
Energieträger 207
– elektrische Energie 207
– Wasserdampf 207
Entmischung 143
Ester 286
EX-Bereich 269 ff.

Extrahieren 251 ff., 259
– Arbeitsanweisung 259
– Extrakt 251
– Extraktionsgut 251
– Extraktionsmittel 251
– Extraktlösung 251
– Raffinat 251
Extraktionskolonne 257
Exzenterschneckenpumpe 107

*f*
Fällungsreaktion 276 ff.
Farbigkeit *siehe* Spektralbereich
Feed 170
Feilen 40
Feststoffextraktion 252 ff.
– diskontinuierlich 253
– Gegenstrom 254
– Gleichstrom 254
– halbkontinuierlich 254
– kontinuierlich 255
Feststofftransport 126 f., 129, 132
– Arbeitsanweisung 132
– diskontinuierlich 126
– in Gebinde 126
– kontinuierlich 127, 129 ff.
– mechanisch 127
– pneumatisch 29 ff.
Feuchtgranulation 148
Filterapparate 173, 175
– diskontinuierliche Filtrierapparate 173
– kontinuierliche 175
Filterhilfsmittel 171
Filterkuchen 168
Filterleistung 171
Filtermittel 167, 172
– Filtergewebe 172
– lose Filtermittel 172
– poröse Filtermassen 172
Filtrat 168
Filtrationsarten 171
– Mikrofiltration 171
– Nanofiltration 171
– Ultrafiltration 171
– Umkehrosmose 171
Filtrieren 167, 169, 181
– Arbeitsanweisungen 181
– Cross-Flow-Filtration 169
– Dead-End-Filtration 169
– Klärfiltration 167
– Kuchenfiltration 167
– Tangenzialflussfiltration 169
Filtrierstrasse 183
Flachdichtung *siehe* Dichtungen

Flammenrückschlagsicherung *siehe* Sicherheitseinrichtungen
Flanschverbindung *siehe* Rohrverbindung
Fliehkraftkugelmühle *siehe* Kugelmühle
Flotieren   157
Flüssigkeitsextraktion   255
– Verteilungsgesetz von Nernst   256
Flüssigkeitsextraktoren   257
Flüssigkeitspumpen   99 f., 109
– Arbeitsanweisungen   109 ff.
– Einteilung   100
Flüssigkeitsringpumpe   119
Fördern   99 ff., 116, 126
– von Feststoffen   126
– von Gasen   116 ff.
– von Flüssigkeiten   99 ff.
Fraktion   235
Freifallmischer   143
Freilager   134
Füllkörper   241
– Schüttung   241

**g**
Gebäudelager   134
Gebläse   121 f.
Gefahrstoffe   11 ff.
– Gefahrensymbol   11
– Gefahrstoffverordnung   11
– R- und S-Sätze   11
Gegenstromdestillation   233
Gegenstromextraktion   256
Gewindeschneiden   41
Glas   29 f.
– Borosilikatglas   29
– Glasfaser   30
– Quarzglas   29
Glasmontage   87
– Arbeitsanweisungen   87 ff.
Gleichgewichtskurve   234
Gleichgewichtsreaktion   286
Gleichstromdestillation   233
Gleitringdichtung *siehe* Wellenabdichtung
Glockenboden   242
Glockengasbehälter   136
GMP   1, 18
– EU-GMP-Leitfaden   18 f.
Granulat   148
Graphit   31
Grobdisperse Systeme   140
Grünpellets *siehe* Pellets
Gummi   32
Gurtbandförderer   127
Gusseisen   24 f.
– Grauguss   24

– Kugelgraphitguss   24
– Stahlguss   25
– Temperguss   24

**h**
Hahn   75
Handfilterplatte   181
Hanf   31
Haufwerk   155
Hauptlauf   236
Hohlrührer   141
Holz   31
H-Säure-Lösung   284
Hubkolbenpumpe *siehe* Kolbenpumpe
Hubkolbenverdichter   123
Hydrolyse   287

**i**
Indirektes Heizen   210
Indirektes Kühlen   210
Induktivheizung   207

**k**
Kammerfilterpresse   173
Kavitation   103
Kenngrößen der Rohrleitung   59
Kennzeichnen   39
Kennzeichnung von Rohrleitungen   60 f.
Keramik   30
Kerzenfilter   173
Kesselverdampfer   217
Klassieren   155
Kneter   145 f.
Kolbenpumpe   105
Kolloiddispers *siehe* Dispersionen
Kolonne   239, 241
– Kolonnenschuss   241
– Randgängigkeit   241
– Übertragungsvorgänge   239
Kolonnenböden *siehe* Böden
Kompensator   65
Kompressor   123 f.
Kondensatableiter   83 ff.
– mechanischer Kondensatableiter   84
– thermischer Kondensatableiter   84
– thermodynamischer Kondensatableiter   84
Kondensatabscheider   83
Kondensationswärme *siehe* Niederdruckdampf
Kontinuitätsgleichung   62
Konvektion   205
– erzwungene   205
– freie   205
Konzentrationsgefälle   251
Kopfprodukt   239

Körnen 38
Korngröße 155
Korngrößenanalytik 160
– Kegelverfahren 160
– Korngrößenverteilung 160
– Rückstandssummendiagramm 160
– Siebanalyse 160
– Verteilungsdichtediagramm 160
Körnungsnetz 161
Korrosion 35 ff., 56
– Arbeitsanweisung 56
– Erscheinungsformen 35 ff.
– Ursache 35
Korrosionsschutz 37 f.
Kreiselpumpe 101
– Anfahranweisung 102
– Betriebspunkt 102
– Magnetkupplung 103
– Pumpenkennlinie 102
Kreuzstromextraktion 256
Kristallisationsvorgang 228
Kristallisationswalze 228
Kristallisieren 227, 230
– Arbeitsanweisung 230
– Kühlkristallisation 227
– Verdampfungskristallisation 227
Kugelgasbehälter 136
Kugelmühle 196
– kritische Drehzahl 196
Kühlsole 207
Kühlturm 209
Kunststoff 31 ff., 53 ff.
– Arbeitsanweisungen 53 ff.
– Duroplast 32
– Elastomer 32
– Thermoplast 32
Kupfercarbonat 279
Kupfersulfat 280
Kupplung 283

*l*

Laborsiebmaschine 160
Lagern 133 ff.
– Feststoffe 134 ff.
– Flüssigkeiten 135
– Gase 136
– Sicherheitsmaßnahmen 135
Lamellen 140
Laminar Flow 120
Längenausdehnung 66
Legierungen *siehe* Metalle
Legierungselement 23
Leichtsieder 234
Linsendichtung *siehe* Dichtungen

Lösevermögen 252
Luftstrahlsieb 159
Luftverunreinigungen 8

*m*

Magnetscheiden 156
Mahlapparate *siehe* Mühlen
Mahlen 192, 198
– Nassmahlen 198
Mahlkörper 195 ff.
– Mahlkörperfüllgrad 196
MAK-Wert 15
Massenstrom 61
McCabe-Thiele-Diagramm 234
Mehrkörperverdampfer 220
Meißeln 39
Membranpumpe 106
Messen 38
Metalle 22 ff., 47 ff.
– Arbeitsanweisungen 47 ff.
– Eisenmetalle 22
– Leichtmetalle 25
– Nichteisenmetalle 25
– Nichteisenmetalllegierungen 25 f.
– Schwermetalle 25
Mischapparate 143 ff.
– Arbeitssicherheit 146
– Freifallmischer 144
– pneumatischer Mischer 144
– Zwangsmischer 144
Mischdauer 143
Mischdüse 142
Mischen 139 ff., 143, 146
– Arbeitsanweisung 146
– Ideal 143
– Real 143
Mischgrad 140
Mischverfahren 140 ff.
– Begasen 141
– Emulgieren 141
– Homogenisieren 141
– Lösen 141
– Pneumatisches Rühren 141
– Suspendieren 141
Mixer-Settler-Extraktoren 257
Molekulardispers *siehe* Dispersionen
Mörsermühle 195
Muffe *siehe* Rohrverbindung
Mühlen 195
– Einteilung 195

*n*

Nachklärung *siehe* Abwasser
Nebel *siehe* Aerosol

Nenndruck 60
Nennweite 59
Nernst *siehe* Verteilungsgesetz
Neutralisation 277
Nichteisenmetalle *siehe* Metalle
Nichtmetalle 29
Nichtregelbare Absperrvorrichtungen 74
– Blindflansch 75
– Blindscheibe 74
– Schwenkscheibe 75
– Umsteckscheibe 74
Niederdruckdampf 207
Nieten 43
Nitrilkautschuk *siehe* Verbundwerkstoffe
Nitrose Gase 283

**o**
Oberflächenfiltration 168
O-Ring *siehe* Dichtungen

**p**
Packungen 241
Partialdampfdruck 237
Paste 140
Pellets 148, 150
– Pelletieren 150
– Pelletierteller 150
– Pelletiertrommel 150
Permeat 171
Planschliff *siehe* Dichtungen
Planzellenfilter 175
Plattenwärmeübertrager 211
Präparative Arbeitstechniken 261, 269 f.
– Arbeitsanweisungen 269 ff.
– Übersicht der Arbeitsvorschriften 270
Pressdruck *siehe* Brikettieren
Pressvolumen *siehe* Brikettieren
Profildichtung *siehe* Dichtungen
Protokollierung 19 f., 263
– Lückenprotokoll 263
– Verlaufsprotokoll 263
Prozessbetrachtung 3 ff.
PTFE *siehe* Thermoplaste
Pulsationskolonne 258
Pumpvorgang 99 ff.
– Druckhöhe 99
– Gesamtförderhöhe 99
– Leistung 99 f.
– Saughöhe 99
– Wirkungsgrad 101

**q**
Qualität 18 ff.
– Qualitätsmanagement-Handbuch 18
– Qualitätsmanagementsystem 18
– Qualitätssicherungssystem 18

**r**
R- und S-Sätze *siehe* Gefahrstoffe
Radialwellendichtung *siehe* Wellenabdichtung
Rahmenfilterpresse 173
Rauch *siehe* Aerosol
Reduzierventil 79 f.
Regelbare Absperrvorrichtungen 75
Reißscheibe *siehe* Sicherheitseinrichtungen
Rektifizieren 233, 245, 275
– Arbeitsanweisungen 245, 275
Rektifizierkolonne 240, 244
– Abtriebssäule 244
– Verstärkersäule 244
Rektifizierverfahren 244
Restfeuchte 221
Reststoffverwertung 2 ff.
Retentat 171
Roheisen 22
Rohrbündelwärmeübertrager 211
Rohrformstück 65
Rohrisolierung 67
Rohrkugelmühle 197
Rohrleitungskennlinie 63
– Druckverlust 63
Rohrleitungssysteme 59, 64, 85
– Arbeitsanweisungen 85 ff.
– Ringleitung 64
– Sammelleitung 64
Rohrschlangenwärmeübertrager 211
Rohrverbindung 67 f.
– Flanschverbindung 68
– Muffe 68
– Rohrverschraubung 68
– Schweißverbindung 67
Rohrverdampfer 217
Rohrverschraubung *siehe* Rohrverbindung
Rohrzentrifuge 179
Rootsgebläse 122
Rotationskolonne 258
Rotationsverdampfer 217
Rotationsverdichter *siehe* Rootsgebläse
Rotor 103, 107
RRSB-Verteilung 161
Rücklaufteiler 243
Rücklaufverhältnis 239
Rückschlagarmatur 79
– Kugelrückschlagventil 79
– Rückschlagklappe 79
Rührerformen 142
Rührkristallisator 228
Rührwerksmühle 198

Rüttelrinne *siehe* Schwingförderer

**s**

Sägen 40
Sattdampf *siehe* Niederdruckdampf
Saugluftförderer 129 f.
Saugnutsche 173
Schamottestein 31
Schaufelkneter 145
Schaufelmischer 144
Schaum 140
Scheibengasbehälter 136
Schieber 76
Schlagmühlen 195
– Hammermühle 195
– Schlagkreuzmühle 195
– Schlagstiftmühle 195
Schlauchquetschpumpe 107
Schleifen 40
Schneckenextraktor 255
Schneckenförderer 128
Schneckenkneter 145
Schneckenmischer 144
Schrauben 44 ff.
– Schlüsselweite 44
– Schraubenarten 45 f.
– Schraubensicherungen 45 f.
Schubzentrifuge 180
Schweißverbindung *siehe* Rohrverbindung
Schwenkscheibe *siehe* Nichtregelbare
 Absperrvorrichtungen
Schwermetallionen 276
Schwersieder 234
Schwingförderer 129
Schwingmühle 197
Sedimentieren 166 f.
– Längseindicker 167
– Rundeindicker 166
– Stufensedimentation 167
Sedimentierzentrifuge *siehe* Vollmantel-
 zentrifuge
Seitenkanalpumpe 104
Senken 41
Separator *siehe* Tellerzentrifuge
Sicherheitseinrichtungen 81 f.
– Flammenrückschlagsicherung 82
– Reißscheibe 82
– Sicherheitsventil, federbelastet 81
– Sicherheitsventil, gewichtsbelastet 81
Sicherheitsvorrichtungen 96
– Arbeitsanweisung 96
Sichtbares Licht *siehe* Spektralbereich
Sichten 163
Siebboden 242

Sieben 157 f., 164
– Arbeitsanweisung 164
– Siebdurchgang 158
– Siebhilfsmittel 158
– Siebleistung 158
– Siebrückstand 158
– Trenngrenze 157
– Trennsiebe 157
Siebmaschinen 158
Siebzentrifuge 179
Siedetemperatur 233
Silo *siehe* Bunker
Solvent *siehe* Extraktionsmittel
Sortieren 155
Soxhlet-Extraktion 253
Spaltrohrmotorpumpe 103
Spektralbereich 282
Spezifische Wärmekapazität 205
Sprühkolonne 258
Sprühtrockner 224
Stahl 23 f.
– allgemeiner Baustahl 23
– legierter Stahl 24
– unlegierter Edelstahl 24
– unlegierter Qualitätsstahl 23
– unlegierter Stahl 23
Stator 103, 107
Stopfbuchse *siehe* Wellenabdichtung
Strahlmühle 198
Strahlpumpe 120
Strombrecher 142
Stromklassieren 164
Strömungsgeschwindigkeit 61
Strömungsverhalten in Rohrleitungen 61
Sulfanilsäure *siehe* 4-Aminobenzolsulfonsäure
Sumpfprodukt 235
Suspension 140

**t**

Tablette 148 f.
Tablettenpresse 148
– Exzenterpresse 148
– Rundläuferpresse 148
Tellerzentrifuge 179
Temperaturdifferenz 205
Thermoplast *siehe* Kunststoff
Tiefenfiltration 169
Trennen 155, 165
– Emulsionen 165
– Feststoffgemische 155
– Suspensionen 165
– Trennmerkmal 155
Tripelpunkt 223
TRK-Wert 15

Trockengranulation 148
Trockenverfahren 222
– Gefriertrocknung 222
– Kontakttrocknen 222
– Konvektionstrocknen 222
– Strahlungstrocknen 222
Trocknen 221, 225
– Arbeitsanweisung 225
– Verdampfungstrocknen 221
– Verdunstungstrocknen 221
Trockner 223 ff.
Turboverdichter 121

**u**
Umfällen 272
Umkristallisation 271 f.
– Hauptfällung 272
– Nachfällung 272
Umlaufverdampfer 217
– *siehe* Rohrverdampfer
Umlufttrockenschrank 224
Umsteckscheibe *siehe* Nichtregelbare
  Absperrvorrichtungen
Umweltschutz 2 ff.
– Protokoll zum Umweltschutz 3
Unfallverhütung 10 ff.

**v**
Vakuumpumpen 118 ff., 124 ff.
– Arbeitsanweisungen 124 ff.
Vakuumtrockenschrank 223
Vakuumtrommelzellenfilter 175
Ventil 76 ff.
– Durchgangsventil 77
– Kegelventil 77
– Kolbenventil 77
– Membranventil 78
– Schrägsitzventil 78
Ventilator 120 f.
– Axialventilator 121
– Radialventilator 121
Ventilboden 243
Verantwortliches Handeln 1
– Responsible Care 1
Verbundwerkstoffe 34 f.
Verdampfen 217
Verdampferanlagen 217
Verdampfungskristallisator 229
Verdichten 116
– Verdichtungsverhältnis 116
– Vorgänge 117
Verdichter 118
– Übersicht 118
Verdrängerpumpe 105, 107

– oszillierend 105
– rotierend 107
Verdrängungsreaktion 280
Verschrauben 44
Verseifung 287
Vollmantelwärmetauscher 210
Vollmantelzentrifuge 178
Volumenstrom 61
Vorklärung *siehe* Abwasser
Vorlauf 236

**w**
Walzenbrecher 194
Walzentrockner 223
Wälzkolbenverdichter *siehe* Rootsgebläse
Wärmedurchgang 206
Wärmemenge 205
Wärmeübergang 205
Wärmeübertragung 205 f., 212
– Arbeitsanweisungen 212
– Wärmekonvektion 205
– Wärmeleitung 205
– Wärmestrahlung 206
– Wärmeströmung 205
Wärmeübertragungsverfahren 207
– Gegenstromwärmeübertragung 207
– Gleichstromwärmeübertragung 207
– indirekte Wärmeübertragung 207
– Wärmeübertragung 207
Wellenabdichtung 69, 72 ff.
– Gleitringdichtung 72
– Radialwellendichtung 73
– Stopfbuchse 72
Werkstoffe 21 ff.
– Anhängezahl 27
– Bezeichnung 27
– Eigenschaften 22
– Einteilung 21
– Sortennummer 27
– Werkstoffhauptgruppe 27
– Werkstoffnummer 27
Widerstandsheizung 207
Windsichten 163
Wirbelschichttrockner 224

**z**
Zahnradpumpe 108
Zellenrad 128
Zentrifugalpumpen 101 ff.
Zentrifugen 178, 181
– Arbeitssicherheit 181
Zentrifugieren 177, 189
– Arbeitsanweisungen 189
– Schleuderzahl 177

– Zentrifugalkraft  177
Zerkleinern  155, 192 ff., 199
– Arbeitsanweisungen  199
– Arbeitssicherheit  199
– Beanspruchungsarten  193
Zerkleinerungsgrad  193

Zerkleinerungsverfahren  192
Zerstäubungstrockner  224
Zick-Zack-Sichtrohr  164
Zustandsdiagramm des Wassers  222
Zwischenlauf  236